고분자화학

고분자의 화학적 합성부터 소재로의 활용까지

정찬문 지음

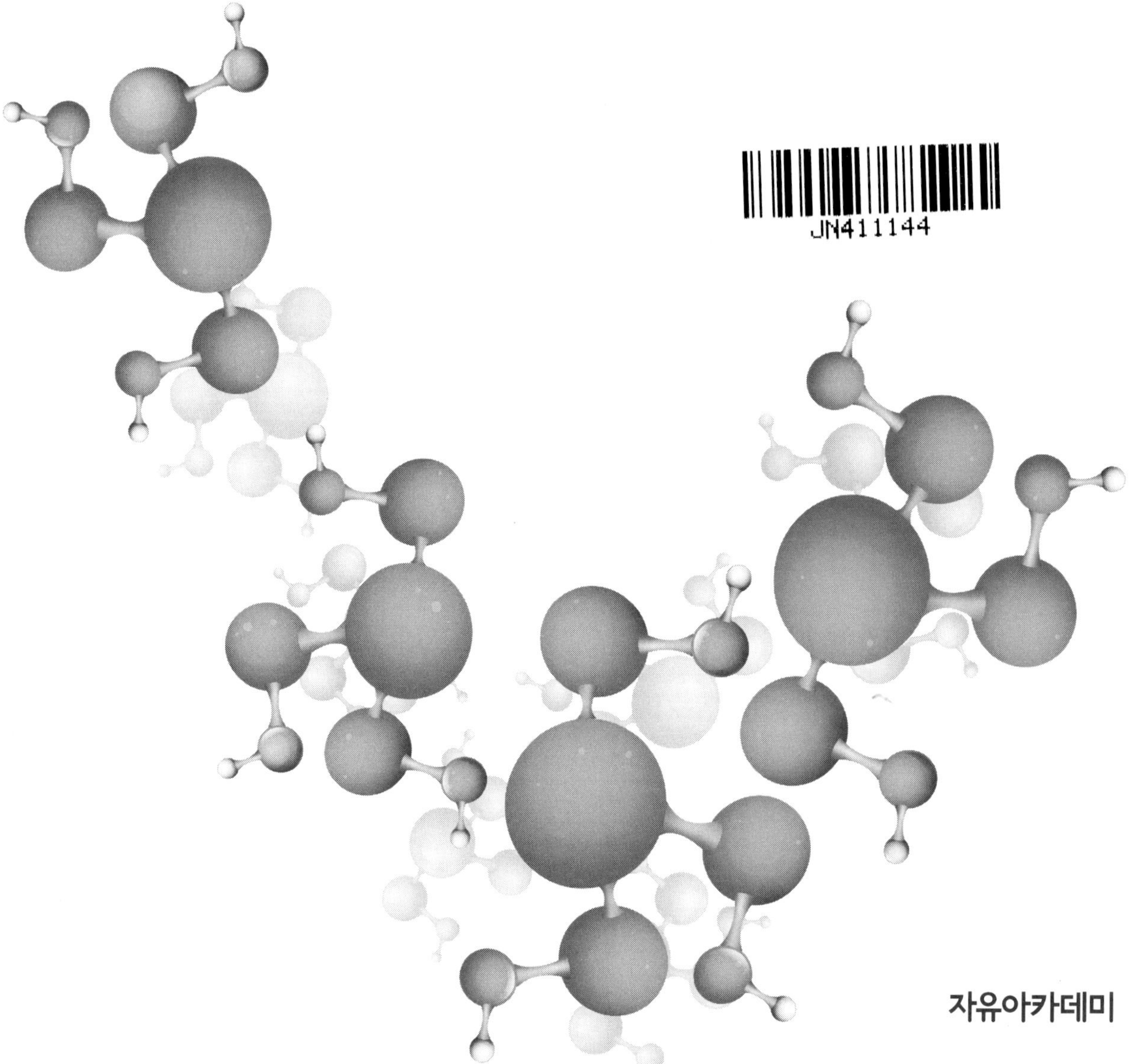

자유아카데미

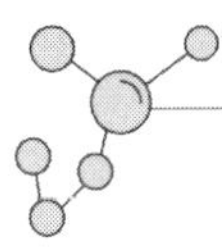

서론

고분자는 인류의 의식주 생활뿐만 아니라 산업 현장에서도 필수적으로 사용되고 있는 중요한 재료이다. 반도체, 디스플레이, 휴대전화, 이차 전지, 연료전지, 항공우주, 생체의료 등의 첨단 분야에도 두루 사용되고 있다. 고분자는 금속, 세라믹과 함께, 인류 문명의 토대가 되는 '3대 재료'의 한 축을 담당하고 있다.

고분자는 인류의 삶을 편리하고 윤택하게 만들어 주는 고마운 재료이지만, 무분별한 사용과 폐기는 인류에 해가 되어 돌아온다. 다양한 기능과 높은 성능을 가진 고분자를 개발하면서도, 환경에 부담이 되지 않는 방향으로 고분자를 활용하기 위해서는 고분자의 본질을 잘 이해할 필요가 있다.

현재 고분자를 소개하는 교재들이 나와 있지만 화학적 관점에서 설명한 교재가 많지 않은 것이 이 책을 집필하는 주요 동기가 되었다. 주로 화학, 화학공학, 신소재공학 등의 학과에서 교재로 사용될 수 있도록 작성되었다. 이 책의 집필을 위해 다양한 도서, 잡지, 인터넷 기사 등을 참고하였음을 미리 밝혀 둔다.

좋은 책을 만들기 위해 나름대로 최선을 다했지만 미흡한 부분이 있을 수 있다. 이 점은 양해를 바라며, 수정 또는 보완이 필요한 부분이 있으면 출판사나 저자(cmchung@yonsei.ac.kr)에게 알려주시길 부탁드린다. 추후 수정사항이 정리되면 자유아카데미 홈페이지 자료실(www.freeaca.com)을 통해 제공하고, 다음 인쇄판 또는 개정판에 반영할 계획이다.

끝으로, 이 책의 집필을 적극 권유하고 또 도움을 아끼지 않은 자유아카데미 관계자들에 감사의 뜻을 전하고 싶다.

정찬문

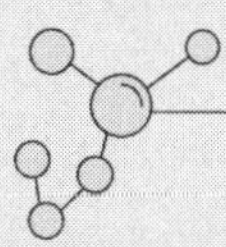

차례

제5장 고분자 재료의 특성

제6장 고분자 재료의 가공 및 복합화

제7장 고분자 신소재

서론

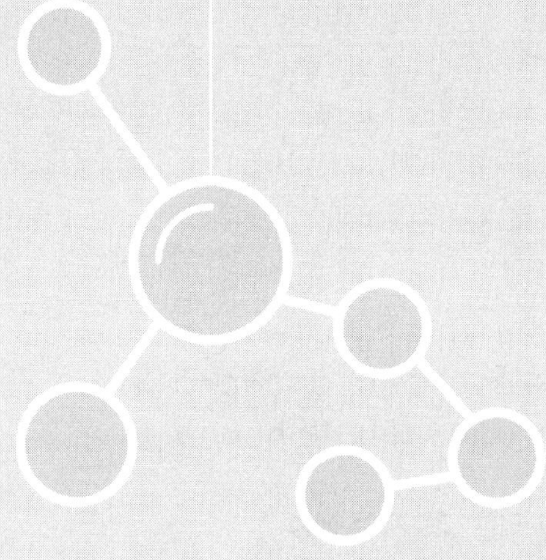

1.1 고분자란?

1.1.1 고분자의 의미

'고분자'를 한마디로 표현한다면 '고분자량(high molecular weight)의 분자' 또는 '거대 분자'라고 할 수 있다. 좀 더 구체적으로는 '간단한 구조의 **단량체**(monomer)가 반응에 의해 반복적으로 많이 결합하여 생성된 고분자량의 분자'라고 표현할 수 있다. 그림 1.1(왼쪽)에서 보듯이, 타원형 구슬을 하나의 단량체로 생각했을 때 이 구슬들을 실로 꿰면(즉, 화학 반응을 통해 연결하면) 긴 사슬 형태(즉, 고분자)로 만들 수 있다. 대표적인 예로서, 그림 1.1(오른쪽)에 나타낸 것처럼, 에틸렌(ethylene) 단량체를 중합시키면 단량체가 사슬 모양으로 길게 연결되어 폴리에틸렌(polyethylene)이라는 고분자가 생성된다.

고분자의 영어 표현은 polymer 또는 macromolecule인데, 'poly'는 many를, 'mer'는 part를 의미한다. 단량체를 뜻하는 monomer의 의미는 'mono'는 single을, 'mer'는 part이므로, polymer는 많은 '부분'들이 모여서 만들어진 '큰 전체'라는 의미를 가진다. 단량체가 반복적으로 결합하는 반응을 중합(polymerization)이라고 하며, 따라서 고분자를 '중합체'라고 부르기도 한다. 한편 'macro'는 크다는 의미를, 'molecule'은 분자를 뜻하므로 macromolecule은 '거대 분자'라는 의미가 된다.

공유 결합은 주로 비금속 원자들이 전자를 공유함으로써 형성된다. 공유 결합에 의한 긴 사슬 형태를 가지는 고분자는, 사슬 내에는 원자들 간의 강한 공유 결합이

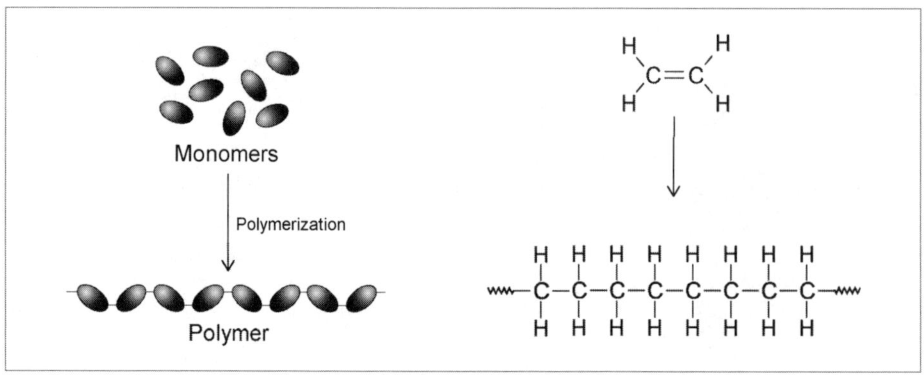

그림 1.1 단량체의 중합 반응에 의한 고분자의 생성.

존재하지만, 사슬 간에는 약한 정전기적 인력(분산력, 쌍극자–쌍극자 힘, 수소 결합 등)만이 작용한다. 사슬 간의 약한 인력은 열에 의해 끊어지기 쉬우므로, 고분자는 비교적 낮은 온도에서 용융되거나 부드럽게 된다. 따라서 고분자는 가열에 의한 성형이 용이한 반면 내열성이 약한 편이다.

1.1.2 고분자와 저분자 화합물의 비교

명확한 기준은 아니지만 일반적으로 분자량 10,000 g/mol 이상의 분자를 고분자로 간주한다. 또는, **중합도**(degree of polymerization, DP)가 대략 100 이상인 분자를 고분자로 부르는 경향도 있다. 여기서 중합도는 고분자 사슬에 들어있는 반복 단위의 개수를 의미한다. 분자량이 수백~수천 정도인 분자는 일반적으로 **올리고머**(oligomer)라고 부른다. 고분자는 분자량이 수천만에 이르는 것도 합성할 수 있지만, 실제로는 가공성과 물성의 균형을 고려하여 수만에서 수백만 정도의 분자량을 가진 고분자가 상업적으로 주로 이용된다. 분자량에 따라 고분자의 특성이 달라지기 때문에 용도에 맞게 분자량을 조절하는 것이 필요하고, 중합 반응 조건을 조절함으로써 원하는 분자량을 얻을 수 있다.

분자량이 매우 크면 저분자량 분자와 다른 특성을 나타내게 된다. 그림 1.2에 저분자량 화합물인 프로피온산(propionic acid, 분자량 74.8 g/mol)과, 유사한 구조의 반복 단위(repeating unit)를 가지는 폴리아크릴산(poly(acrylic acid))의 화학 구조를 나타내었다. 표 1.1에 정리하였듯이, 폴리아크릴산은 약 400만 g/mol까지도 분자량을 높일 수 있는 것으로 알려져 있다. 프로피온산은 상온에서 액체로 존재하며 141℃의 끓는점을 갖는다. 반면 폴리아크릴산은 상온에서 고체로 존재하며 끓는점을 나타내지 않는다. 이것은, 분자량이 크면 분자 간 인력이 작용할 수 있는 분자의 표면적이 커지기 때문에 저분자 화합물에 비해 매우 큰 분자 간 인력을 가지게 되고, 또한 긴 사슬 형태의 분자이기 때문에 분자 사슬간의 꼬임 정도가 크기 때문이다. 이에 따라 고분자는 더 큰 응집력을 가져 분자들이 움직이기 어려운 상태가

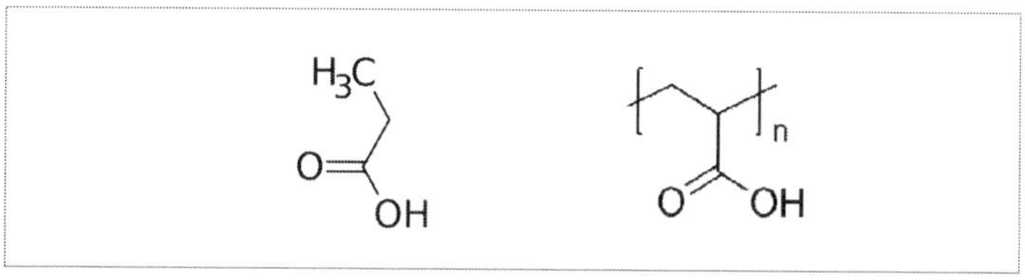

H_3C … O, OH (propionic acid); [ ]$_n$ … O, OH (poly(acrylic acid))

그림 1.2 프로피온산(왼쪽)과 폴리아크릴산(오른쪽)의 화학 구조.

표 1.1 프로피온산과 폴리아크릴산의 비교

구분	프로피온산	폴리아크릴산
분자량(g/mol)	75.08	~400만
상온에서의 상(phase)	액체	고체
끓는점(℃)	141	없음

되기 때문에 고체로 존재하게 되며, 또한 외부에서 기계적 힘이 작용할 때 좀 더 (변형되거나 파손이 되지 않고) 견딜 수 있게 되는 것이다. 이러한 특성 때문에 기본적으로 고분자는 재료로서 활용가치가 있게 되고, 따라서 인류 역사의 초기부터 3대 재료(금속, 세라믹, 고분자)의 한 축으로서 문명의 발달에 중요한 역할을 해 왔다.

금속과 세라믹에 비하여 고분자가 가진 대표적인 장점은 1) 가볍고, 2) 내부식성과 내충격성이 우수하고, 3) 가격이 저렴하며 4) 성형이 용이하다. 또한 5) 화학 구조의 변화가 용이하여 다양한 특성을 얻을 수 있다. 그러나 고분자는 금속과 세라믹에 비해 기계적 강도와 내열성이 낮은 단점이 있다.

1.1.3 고분자와 관련된 용어

고분자 분야에서 자주 사용되는 표현을 표 1.2에 정리하였다. **합성수지**는 화학 반응에 의해 얻어지는 액체상 또는 반고체(semi-solid)상 물질로, 경화 반응을 거쳐 **플라스틱**이 된다. 즉, 플라스틱은 합성수지로부터 얻어진 고체 물질을 의미한다. 그러나 넓게는 합성수지와 플라스틱을 같은 의미로 보기도 한다. **섬유**는 실 모양으로 가공된 재료로서, 천연섬유와 합성섬유를 포괄한다. **탄성체**는 탄성을 가진 물질을 뜻하고, **고무**는 탄성과 유연성을 가진 천연고무와 합성고무를 지칭한다. 이외에도 **코팅**, **접착제**, 그리고 천연고분자인 **단백질**과 **셀룰로스** 등이 있다.

표 1.2 고분자 분야에서 자주 사용되는 표현들

한국어	영어	한국	영어
합성수지	synthetic resin	도막(도료, 코팅)	coating
플라스틱	plastic	접착제	adhesive
섬유	fiber	단백질	protein
탄성체	elastomer	셀룰로스	cellulose
고무	rubber	당류	saccharide

1.2 인류 문명의 발전과 고분자 재료

1.2.1 천연고분자의 이용

자연에 존재하는 **천연고분자**(natural polymer)는 인류 역사의 초기부터 널리 사용되어 왔다. 대표적으로는 나무(목재, wood)가 있다. 나무는 적당하게 연해서 쉽게 다룰 수 있으면서도 비교적 단단해서 건축에 유용하게 활용되었다. 역사적으로 한국, 중국, 일본 등의 동아시아에서는 건축물의 뼈대인 기둥과 들보뿐만 아니라 마루와 창문, 출입문도 대부분 나무로 만들어졌다. 나무를 많이 사용하던 동아시아에서 종이도 자연스럽게 발명되었다. 서양에서는 건축에 돌을 주로 사용하는 경향이 있었지만, 돌을 가공하고 운반할 기구, 바퀴, 선박 등에 나무를 사용했다. 15세기 이후 유럽이 전 세계를 누비는 대항해 시대를 연 것도 나무로 만든 선박 없이는 불가능했다.

목재의 주성분은 **셀룰로스**, 헤미셀룰로스(hemicellulose) 및 리그닌(lignin)이라는 고분자인데, 그중 셀룰로스의 화학 구조를 그림 1.3(왼쪽)에 나타내었다. 셀룰로스의 단량체에 해당하는 것은 모노사카라이드(monosaccharide, 단량류)인 D-글루코스로서, 그 화학 구조를 그림 1.3(오른쪽)에 나타내었다. 셀룰로스는 β-D-글루코스가 반복적으로 β-1,4-글리코사이드 결합으로 반복 연결된 천연고분자이다.

인류는 신체의 보호를 위해 처음에는 동물 가죽, 모피 등을 이용했지만, 천연섬유(natural fiber) 기술의 발달은 더 가볍고 유연한 직물(fabric)의 제작을 가능하게 했고, 기후환경 변화 대응에 유리했다. 특히 추운 지역에서는 양털이 보온 기능 직물에서 핵심적 소재가 되었다. 비단은 얇지만 보온과 장식 효과를 함께 제공했으며, 면은 더운 지역에서 땀 흡수 기능을 담당했다. 천연섬유 제품(직물, 의복)은 가

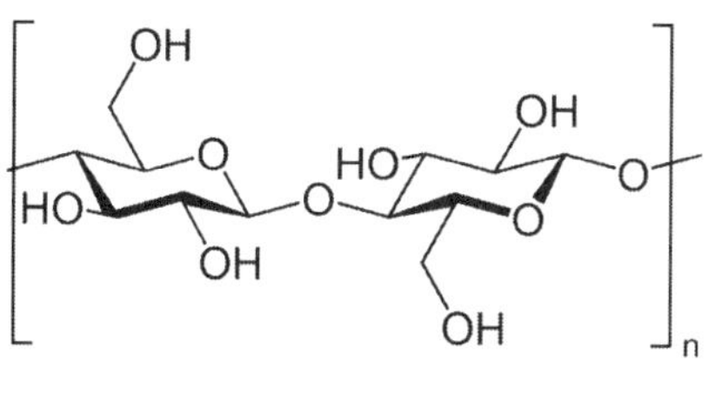

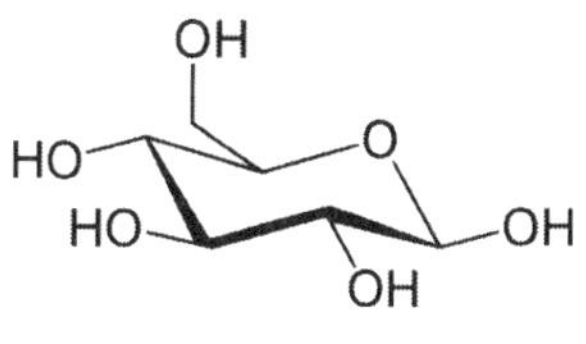

그림 1.3 셀룰로스(왼쪽)와 D-글루코스(오른쪽)의 화학 구조.

치 있는 무역 재화가 되었다. 실크로드(silk road)라는 이름이 붙은 것은 비단 교역(silk trade)이 중심이기 때문이었고, 면/양털 직물 등도 함께 교류되었다. 면과 면직물 산업은 산업혁명의 중심축 중 하나로 떠올랐고, 자본주의 경제 구조 변화의 선두 역할을 했다.

양털과 비단을 구성하는 천연고분자는 단백질인데, L-아미노산(amino acid)들이 결합하여 펩타이드(peptide, −NH−CO−) 결합을 이룸으로써 생성된 폴리펩타이드(polypeptide) 구조를 가진다. 식 1.1에 L-아미노산들이 결합하여 펩타이드 결합을 생성하는 반응식을 나타내었다.

$$H_2N\text{-}CH(R_1)\text{-}COOH + H\text{-}NH\text{-}CH(R_2)\text{-}COOH \xrightarrow{-H_2O} H_2N\text{-}CH(R_1)\text{-}CO\text{-}NH\text{-}CH(R_2)\text{-}COOH \quad (1.1)$$

한편, 고무나무에서 나오는 수지는 라텍스(latex)라고 불리는 천연고분자이다. 20세기에 들어서 천연고무가 타이어로 활용되어 자동차의 기동력을 비약적으로 향상시켰다. 천연고무의 화학 구조는 *cis*-1,4-폴리아이소프렌(polyisoprene)이며, 일부 합성고무는 이와 비슷한 구조를 가진다.

1.2.2 합성고분자의 등장

Polymer라는 단어는 1833년 스웨덴의 화학자 Berzelius가 처음으로 사용하였고, 19세기에 들어서 본격적으로 **합성고분자**(synthetic polymer)가 등장하였다. 1846년에 독일의 Schönlein이 목화의 솜에 황산과 질산을 반응시켜 최초의 인조섬유(artificial fiber)인 인조견(artificial silk)이라고 불리는 나이트로셀룰로스(nitrocellulose)를 합성하였다. 1859년에는 Betlerov가 폼알데하이드(formaldehyde)로 수지상의 물질을 만들어 내는 반응을 발표한 이래 많은 학자가 페놀로부터 단단한 수지를 만들었다. 1910년에 미국의 Baekeland가 최초의 플라스틱인 **베이클라이트**(Bakelite)를 페놀과 폼알데하이드를 반응시켜 상업적으로 생산하였다. 1913년에는 폴리(염화 비이닐)(poly(vinyl chloride))의 특허가 출원되었다.

당시의 학자들은 고분자의 단단한 물성이, 작은 분자들이 어떤 신비한 힘에 의해 뭉쳐서 나타나는 것으로 믿고 있었다. 독일의 Staudinger가 어떤 물질이 공유 결합으로 매우 높은 분자량의 분자를 이루고, 이 분자들 간의 인력에 의해 높은 물성이 나타난다는 개념을 발표하였고, 30여년 후 이 공로로 1953년에 노벨상을 수상하였다. 세계 제1차 대전을 치른 나라들은 차량용 타이어의 중요성을 깨달았고, 1930년경 뷰타다이엔(butadiene) 또는 클로로프렌(chloroprene)을 반응시켜 합성고무를 생산하는 기술을 개발하였다. 미국 듀폰(DuPont)사의 Carothers는 나일론(Nylon)을 개발하여, 나일론 스타킹을 발매하였다. Ziegler와 Natta는 트라이에틸알루미늄(triethylaluminium) 등의 촉매를 사용하여 중합시킨 폴리프로필렌(polypropylene)이 입체규칙성이 있음을 규명하여 1963년 노벨상을 수상하였다.

1.2.3 인류 문명에의 기여

19세기에 당구공, 틀니, 피아노 건반 등은 코끼리의 상아로 만들어졌다. 상아로 만든 제품은 워낙 가격이 비싼 탓에 부자들만이 소유할 수 있었으며, 상아 채취 때문에 코끼리의 개체 수가 점점 줄어들어 갔다. 상아와 비슷한 성질을 보이는 셀룰로이드(celluloid) 고분자로 만든 제품이 19세기 후반에 발명되면서 코끼리는 멸종을 피하게 되었다. 최초의 플라스틱으로 꼽히는 셀룰로이드는 사진이나 영화를 찍는 필름으로도 만들어져 문화의 발전에도 크게 기여했다. 1950년대 등장한 폴리(염화바이닐) 레코드판은 음악을 대중화시킨 주역이었다.

1910년에 개발된 베이클라이트는 초창기 라디오 등 각종 가전제품의 케이스로 널리 사용되었다. 1912년에는 제너럴일렉트릭(GE)사에서 열경화성 수지의 하나인 글리프탈(Glyptal) 수지를 개발하였다. 1930년에는 듀폰(Dupont)사에 의하여 나일론이 "석탄과 물과 공기로부터 만들었다"고 선전하여 큰 인기를 끌었으며 현재에도 낙하산, 부품, 의복의 소재로 사용되고 있다. 이후 듀폰사에 의해 테플론(Teflon)이, 다우(Dow)사에 의해 폴리스타이렌(polystyrene)이, ICI사에 의해 저밀도 폴리에틸렌(low-density polyethylene)이 발명되었다.

20세기에 들어서 화학공업이 기존의 석탄화학공업 위주에서 석유화학공업으로 전환되어 합성고분자의 다양한 원료를 값싼 석유로부터 얻을 수 있게 되면서, '플라스틱의 시대'라고 불러도 좋을 만큼 플라스틱의 개발과 사용이 폭발적으로 증가했다. 가전제품, 가구, 건설, 포장, 운송, 스포츠, 의료 분야 등을 비롯하여, 주변에서 쉽게 볼 수 있는 비닐봉지, 페트병, 주방용품 등은 우리 일상에서 필수품처럼 자리 잡게 되었다. 고분자는 플라스틱 외에도 섬유와 고무를 포함한다. 필기구, 옷,

표 1.3 고분자의 활용

분야	활용되는 제품	활용되는 부품 또는 소재
가전제품	텔레비전, 컴퓨터, 냉장고, 세탁기	케이스, 인쇄회로기판
가구제품	소파, 수납장, 침대	천, 코팅, 레자, 스폰지, 매트리스
건설 자재	마감재, 바닥재, 배관, 인테리어	단열재, 장판, 파이프, 페인트
포장재	화장품, 의약품, 식품,	플라스틱 병, 발포재, 필름
섬유제품	의복, 카펫. 이불, 로프	실, 옷감
운송 수단	자동차, 기차, 선박, 비행기	타이어, 패널, 시트, 범퍼, 내장재
스포츠 용품	각종 공, 라켓, 골프채, 스키	탄성체, 운동화, 라켓 테/줄
의료	의료 장비, 생체이식 소재	주사기, 장갑, 인공 관절, 봉합사

신발, 가구, 인테리어 등 대부분의 제품들은 부분적으로, 또는 전체가 합성고분자로 구성되어 있다. 만약 합성고분자가 발명되지 않았다면, 80억 인구에 필요한 생활용품을 천연고분자만으로 얻기는 불가능하였을 것이다. 나아가 천연고분자의 대량 생산을 위한 환경 문제가 매우 심각해졌을 것이다. 고분자는 우리의 일상생활을 편리하고 윤택하게 해주는 여러 제품뿐만 아니라, 산업적 용도에도 폭넓게 사용되고 있다. 대표적인 사례를 표 1.3에 정리하였다.

고분자는 첨단 산업 분야에서도 중요한 역할을 하고 있다. 반도체의 나노미터급 회로의 초미세가공 공정에서 **포토레지스트**(photoresist) 고분자가 핵심 소재로 사용되고 있다. 노트북이나 휴대전화에 필수적인 이차 전지에 있어서는, 두 전극 사이에서 절연 및 이온 전도를 담당하는 분리막(separator)으로 사용되고 있다. 차세대 에너지원으로 기대되는 연료 전지에 있어서는 양성자 전도를 담당하는 전해질(electrolyte)로, 해수 담수화 부문에서는 이온 교환 멤브레인(membrane)으로, 그리고 항공우주 산업에서 비행기, 우주선의 고강도, 경량 구조재로 활용된다. 디스플레이, 바이오, 의료, 3D 프린팅 등에도 고분자가 중요하게 사용된다(표 1.4).

표 1.4 고분자의 첨단 산업에의 기여

분야	대표적 고분자 소재	고분자 소재의 역할
반도체	포토레지스트	반도체 초미세가공
이차 전지	분리막	애노드-캐쏘드 절연, 이온 전도
연료 전지	전해질	양성자 전도
해수 담수화	멤브레인	이온 물질 분리
항공우주	구조재, 내장재	항공기, 우주선 경량화
풍력 에너지	풍력 블레이드	경량화, 고강도화
플렉시블 디스플레이	전도성 고분자	투명 전극, 터치 센서
광통신	광섬유	광신호 전달
생체 의료	약물전달 담체	장기 지속 주사제
	생체적합 매트릭스	조직 공학
	의료용 접착제	수술후 상처 봉합
	인공 장기	기존 장기 대체
3D 프린팅	광경화형 레진, 필라멘트	부품 제작

고분자의 기본 개념

2.1 고분자의 분류

2.1.1 원료의 출처 및 구성 원소에 따른 분류

고분자는 그 원료의 출처에 따라, 목화, 목재, 양털, 고무나무 진 등의 동식물에서 원료가 얻어지는 **천연고분자**와, 주로 석유화학공업에서 원료가 얻어지는 폴리에틸렌, 폴리에스터, 나일론 등의 **합성고분자**로 나눌 수 있다(표 2.1). 자연에서 얻은 고분자에 간단한 화학적 가공을 하여 얻어지는 고분자를 **반합성고분자**(semisynthetic polymer)라고 한다.

고분자는 그 구성 원소에 따라, 탄소를 기반으로 하는 **유기고분자**(organic polymer)와, 그 외의 고분자를 지칭하는 **무기고분자**(inorganic polymer)로 나눌 수 있는데, 고분자의 대부분은 유기고분자이다. 표 2.1에 이러한 분류에 해당하는 대표적인 고분자의 예를 정리하였다.

표 2.1 원료의 출처 및 구성 원소에 따른 고분자의 분류 및 대표적 예

	유기고분자	무기고분자
천연고분자	단백질(누에고치, 양털) 탄화수소(고무나무 진) 셀룰로스(목화, 목재)	
합성고분자	polyethylene polyester nylon SBR	poly(sulfur nitride) poly(phosphazene)
반합성고분자	cellulose acetate (=acetate rayon)	

2.1.2 화학 구조에 따른 분류

고분자의 화학 구조는 표 2.2에 나타낸 것처럼 단량체의 바이닐기 유무, 반복 단위의 연결상태, 그리고 측쇄의 배향에 따라 분류할 수 있다.

표 2.2 고분자의 화학 구조에 따른 분류

분류 기준	분류	비고
단량체의 바이닐기 유무	바이닐 고분자 난바이닐 고분자	
반복 단위의 연결 상태	head-to-tail(HT) head-to-head(HH)	바이닐 고분자의 경우
측쇄의 배향	isotactic syndiotactic atactic	바이닐 고분자의 경우

탄소-탄소 이중 결합(C=C)을 가진 단량체로부터 합성되는 고분자를 **바이닐 고분자**(vinyl polymer)라고 한다. 그림 2.1에 대표적인 바이닐 고분자인 폴리에틸렌(polyethylene), 폴리프로필렌(polypropylene), 폴리스타이렌(polystyrene), 폴리염화바이닐(poly(vinyl chloride))의 화학 구조식을 나타내었다.

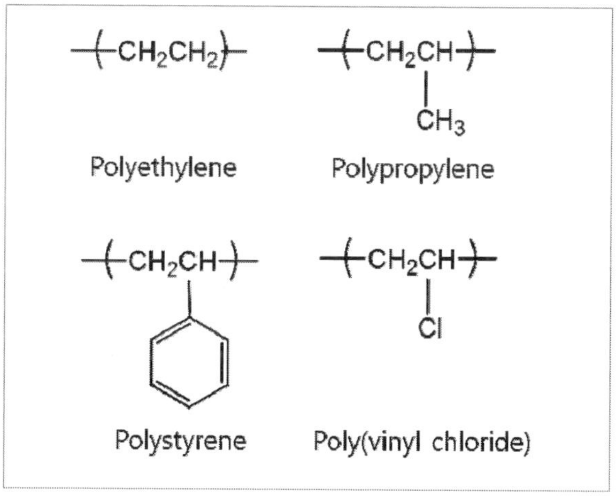

그림 2.1 바이닐 고분자의 대표적 예.

바이닐 고분자 중 대표적인 폴리프로필렌의 구조를 그림 2.2에 나타내었다. 분자 사슬의 기둥에 해당하는 부분을 **주쇄**(주사슬, main chain, backbone)라고 하고, 주쇄에 치환기로서 결합되어 있는 구조를 **측쇄**(곁사슬, side chain)라고 한다. 단량체로부터 유래한 구조로서 고분자 사슬에서 공유 결합으로 반복적으로 연결된 구조를 **반복 단위**(repeating unit)라고 한다. 고분자 사슬의 끝에 결합된 구조를 **말단기**(end group)라고 한다. 말단기는 일반적으로 구조를 명시하지는 않지만, 구조가 명확하게 파악되어 있고 말단기가 중요성한 경우(예를 들어 화학 반응에 사용되는 경우)에는 구조를 명시하기도 한다.

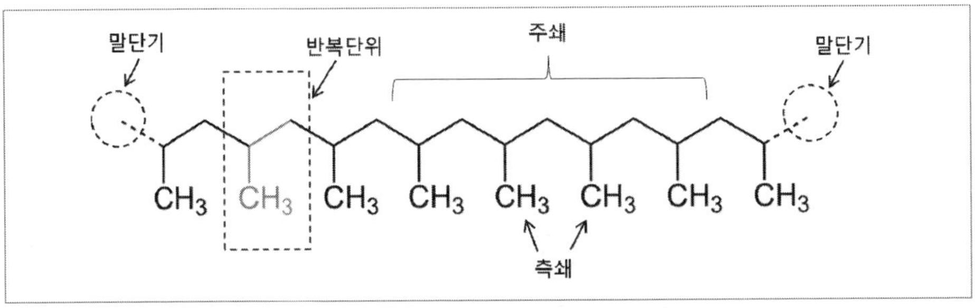

그림 2.2 고분자의 기본 구조(폴리프로필렌의 경우).

바이닐 고분자의 화학 구조는 그림 2.3(위)과 같이 간략하게 표현된다. 그림 2.3(아래)에는 폴리에스터의 일종인 **폴리(에틸렌 테레프탈레이트)**(poly(ethylene terephthalate), PET)의 화학식을 나타내었다. 반복되는 구조는 괄호 안에 반복 단위(repeating unit)로서 나타낸다. 괄호 옆의 'n'은 반복 단위의 개수를 나타내며, 중합도(degree of polymerization, DP)와 같은 의미이다. n값을 명시할 필요가 있을 때는 구체적인 숫자로 표시하지만, 그렇지 않을 경우에는 n으로만 두거나 생략할 때도 있다. 고분자는 다양한 중합도를 가진 분자의 혼합물이기 때문에 중합도를 수치로 나타낼 때는 평균값(**평균 중합도**($\overline{DP}$))을 제시한다.

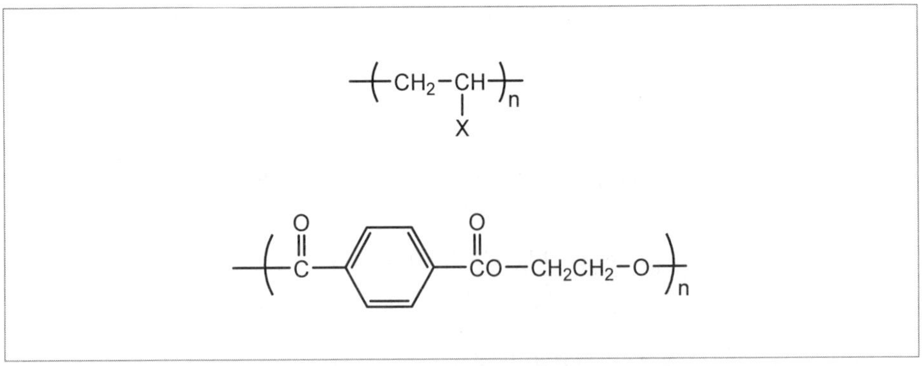

그림 2.3 바이닐 고분자(위)와 난바이닐 고분자(아래)의 화학식.

그림 2.4에 나타낸 것처럼 바이닐 단량체의 구조에서 치환기가 달려있는 쪽을 head, 반대쪽을 tail이라고 한다. 이 단량체가 반응하여 중합체에 들어갈 때 head와 tail이 만나는 방식으로 연결이 되면 **head-to-tail**(HT) 구조라고 한다. head와

head, 또는 tail과 tail이 만나는 방식으로 배열되면 각각 head-to-head(HH), 또는 tail-to-tail(TT) 구조라고 한다.

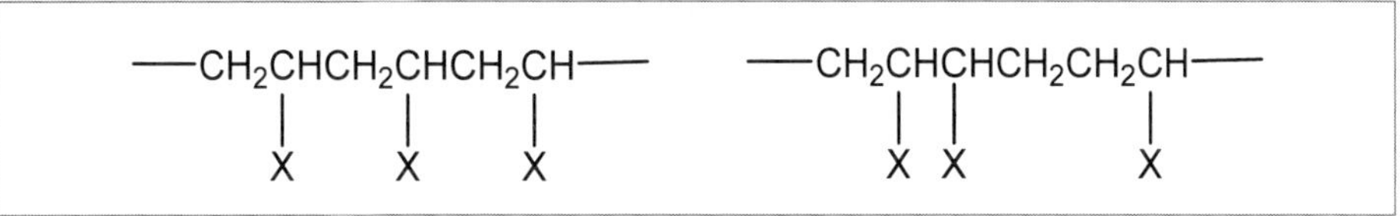

그림 2.4 Head-to-tail 구조(왼쪽)와 head-to-head 구조 혹은 tail-to-tail 구조(오른쪽).

바이닐 고분자가 HT 구조를 갖는 경우에는 입체 구조, 즉 측쇄(치환기)의 배향에 따라 구조가 달라질 수 있다. 그림 2.5에 나타낸 것처럼 측쇄가 한쪽으로만 배향된 것을 **아이소택틱**(isotactic), 측쇄가 지그재그(zigzag) 방식으로 배향된 것을 **신디오택틱**(syndiotactic) 구조라고 한다. 측쇄의 배향에 규칙성이 없는 경우 **어택틱**(atactic)이라고 한다. 아이소택틱 또는 신디오택틱 구조는 특수한 촉매(예를 들어, **지글러-나타**(Ziegler-Natta) 촉매를 사용했을 때 얻어지며, 일반적으로는 어택틱 구조로 얻어진다.

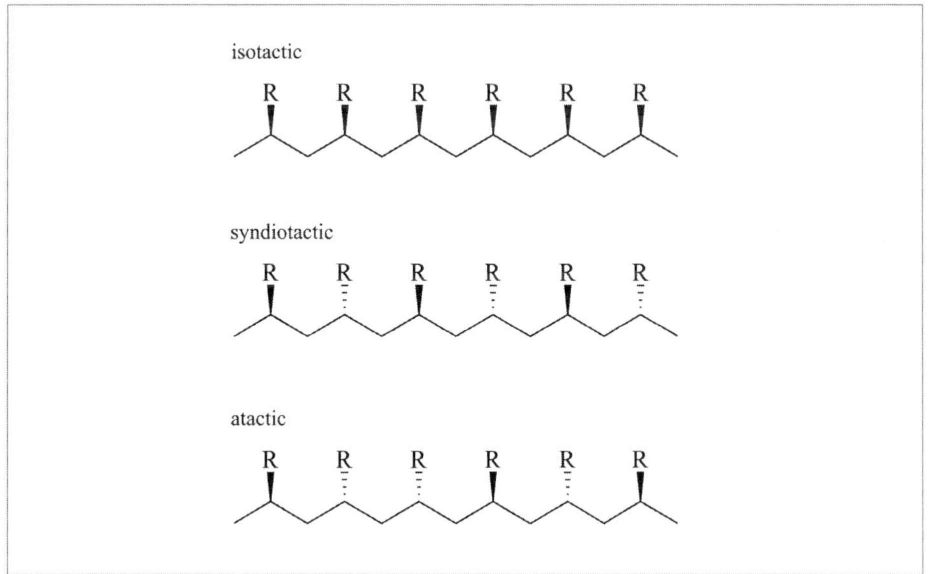

그림 2.5 고분자 측쇄의 배향.

바이닐 고분자를 제외한 모든 고분자는 **난바이닐 고분자**(nonvinyl polymer)라고 한다. 그림 2.6에는 난바이닐 고분자의 대표적인 예로서 폴리에스터(polyester)와 폴리아마이드(polyamide)의 화학 구조를 제시하였다. 그림 2.6(위)는 PBT라는 이

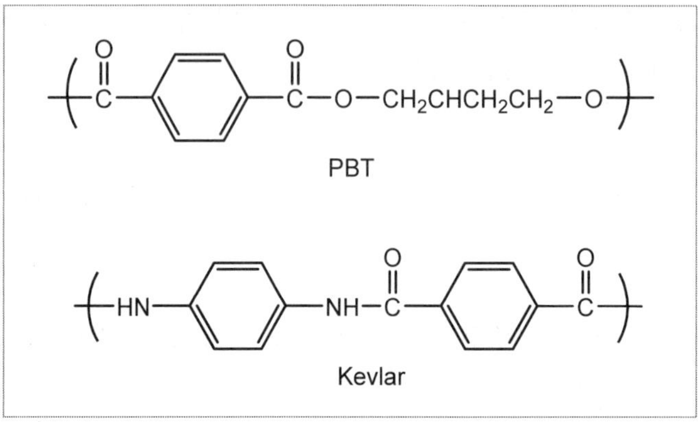

PBT

Kevlar

그림 2.6 폴리에스터(위)와 폴리아마이드(아래)의 화학 구조.

름으로 알려져 있는 고분자이고, 아래쪽은 아라미드(aramid) 섬유의 일종으로서, Kevlar라는 상품명으로 알려져 있다.

2.1.3 사슬 형태에 따른 분류

고분자는 사슬의 형태에 따라 크게 **선형**(linear), 가지가 달린 **분기형**(branched), 3차원 그물구조를 가진 **가교형**(crosslinked 또는 network)으로 나눌 수 있다(그림 2.7). 선형 고분자의 대표적인 예로서는 **고밀도 폴리에틸렌**(high-density polyethylene, HDPE)을 들 수 있다. 가지가 거의 없기 때문에 분자 사슬들이 조밀하게 쌓일 수 있고, 따라서 밀도가 높다(0.94~0.97 g/cm^3). 작은 분자 간 간격 때문에 분자 간 인력이 강하게 작용할 수 있으므로 상대적으로 기계적 강도가 우수하여 용기(container), 파이프, 장난감 등으로 활용된다. 분기형 고분자의 예로서는 **저밀도 폴리에틸렌**(low-density polyethylene, LDPE)을 들 수 있다. 짧거나 긴 불규칙한 가지들을 많이 가지기 때문에 분자 사슬의 조밀한 쌓임이 어렵고, 따라서 상대적으로 밀도가 낮다(0.91~0.93 g/cm^3). 결과적으로 분자 간 인력이 강하게 작용하기 어렵다. 인장 강도가 낮고 유연하며 소성 변형이 쉽게 일어난다. 주로 포장용 필름, 봉투 등으로 활용된다.

가교형 고분자는 고분자 사슬들이 화학 결합으로 서로 연결되어 있는 것이다(그림 2.7). 플라스틱 중의 하나인 **열경화성 수지**는 가열에 의해 가교형 고분자로 전환된다. **고무**도 가교형 고분자에 속한다. 열경화성 플라스틱은 좀 더 가교 밀도(crosslinking density)가 높고, 고무는 낮기 때문에, 열경화성 플라스틱은 단단한 성질을, 고무는 말랑거리는 성질을 나타낸다.

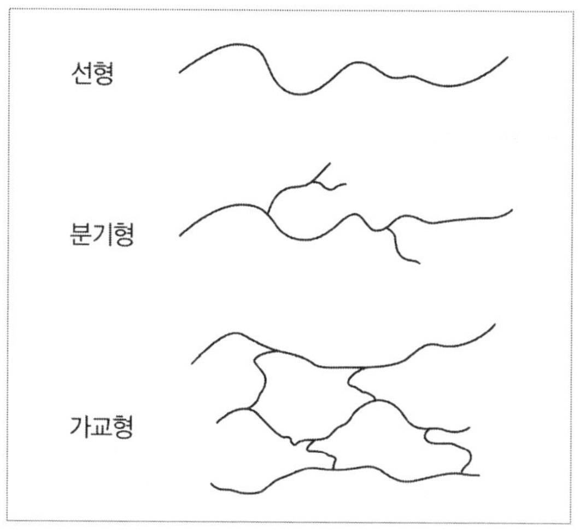

그림 2.7 고분자의 형태에 따른 분류.

고분자 형태의 특별한 경우로서, 그림 2.8에 나타낸 다양한 형태가 존재한다. 별(star) 모양(a), 빗(comb) 모양(b), 사다리(ladder) 모양(c), 목걸이(necklace) 모양(d), 나뭇가지(dendritic) 모양(e), 브러쉬(brush) 모양(f) 등이 있다. 이 특수한 모양을 토대로 기능성 고분자(functional polymer)를 제조하려는 연구가 진행되고 있다. 예를 들어, (e)의 덴드리머(dendrimer)는 한 세대(generation)씩 붙여 나가는 방식으로 합성되기 때문에 구(sphere) 형태를 가지며 모든 분자가 동일한 분자량을 갖는다. 내부가 비어있기 때문에 여기에 의약 물질을 담지하거나, 바깥 껍질의 작용기에 의약 물질을 결합시켜 인체의 특정 부위까지 운반한 후 방출하는 약

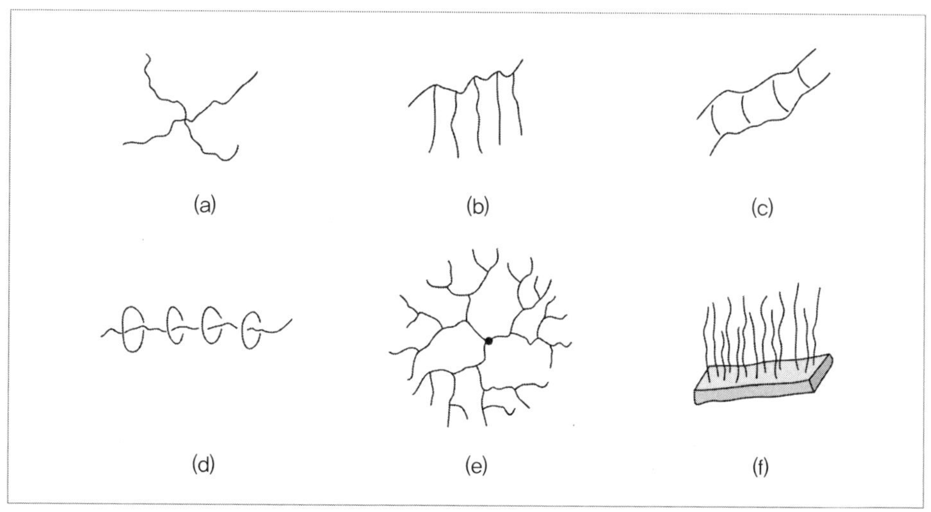

그림 2.8 고분자의 특별한 형태: (a) star polymer; (b) comb polymer; (c) ladder polymer; (d) polyrotaxane; (e) dendrimer; (f) polymer brush.

물전달 시스템(drug delivery system)으로 연구되고 있다.

2.1.4 단독중합체와 공중합체

중합에 사용된 단량체의 종류 또는 중합체 반복 단위의 종류에 따라 **단독중합체**(homopolymer)와 **공중합체**(copolymer)로 나누어진다(그림 2.9, 그림 2.10 및 표

Homopolymer	–A–A–A–A–A–A–A–A–
Random copolymer	–A–B–A–A–B–A–B–B–B–A–
Alternating copolymer	–A–B–A–B–A–B–A–B–A–
Block copolymer	–A–A–A–A–B–B–B–B–B–
Graft copolymer	–A–A–A–A–A–A–A–A–A– │ B–B–B–B–

그림 2.9. 단독중합체와 공중합체의 개념도(A, B는 반복 단위).

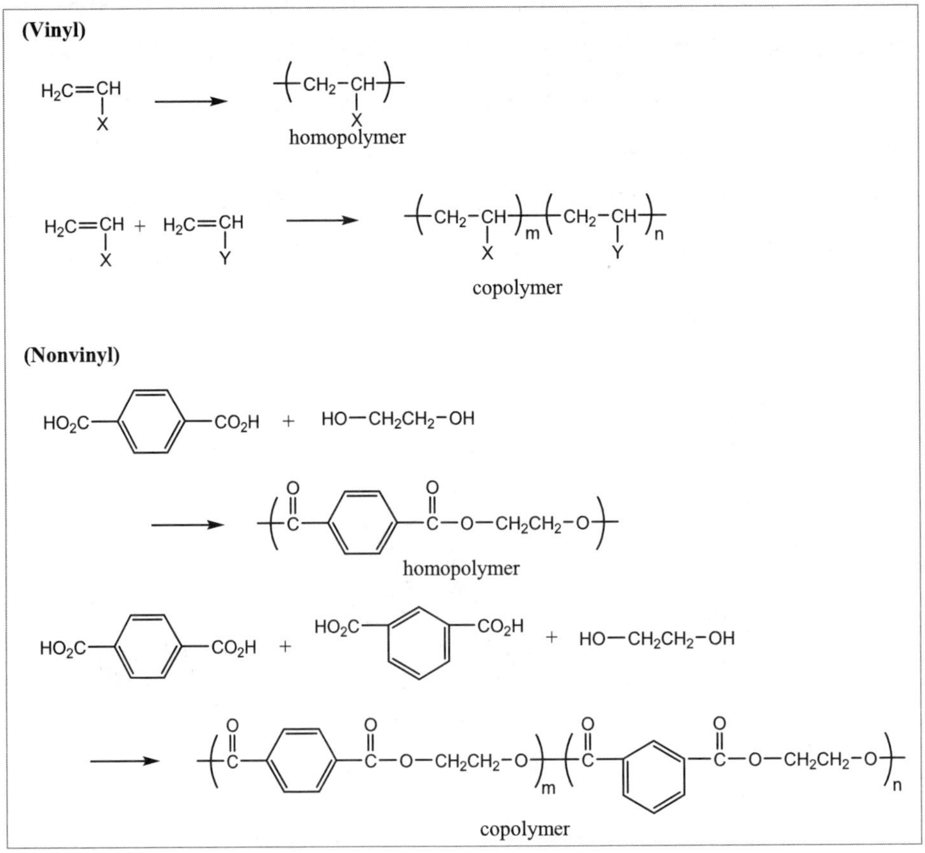

(Vinyl)

$$H_2C{=}CH(X) \longrightarrow \left(CH_2{-}CH(X) \right)$$

homopolymer

$$H_2C{=}CH(X) + H_2C{=}CH(Y) \longrightarrow \left(CH_2{-}CH(X) \right)_m \left(CH_2{-}CH(Y) \right)_n$$

copolymer

(Nonvinyl)

$$HO_2C{-}C_6H_4{-}CO_2H + HO{-}CH_2CH_2{-}OH$$

$$\longrightarrow \left(\overset{O}{\overset{\|}{C}}{-}C_6H_4{-}\overset{O}{\overset{\|}{C}}{-}O{-}CH_2CH_2{-}O \right)$$

homopolymer

$$HO_2C{-}C_6H_4{-}CO_2H + HO_2C{-}C_6H_4{-}CO_2H + HO{-}CH_2CH_2{-}OH$$

$$\longrightarrow \left(\overset{O}{\overset{\|}{C}}{-}C_6H_4{-}\overset{O}{\overset{\|}{C}}{-}O{-}CH_2CH_2{-}O \right)_m \left(\overset{O}{\overset{\|}{C}}{-}C_6H_4{-}\overset{O}{\overset{\|}{C}}{-}O{-}CH_2CH_2{-}O \right)_n$$

copolymer

그림 2.10 단독중합체와 공중합체의 합성.

표 2.3 단독중합체와 공중합체의 개념

구분	단독중합체	공중합체
바이닐계 고분자	한 종류의 단량체로 중합된 고분자	두 종류 이상의 단량체로 중합된 고분자
난바이닐계 고분자	한 종류의 반복 단위를 가진 고분자	두 종류 이상의 반복 단위를 가진 고분자

2.3). 바이닐 단량체의 중합의 경우, 한 종류의 단량체를 중합시켜 얻어진 중합체는 단독중합체, 2종류 이상의 단량체를 중합시켜 얻어진 중합체는 공중합체가 된다(그림 2.1의 고분자들은 단독중합체임). 난바이닐 고분자의 경우는 반복 단위가 한 종류이면 단독중합체, 반복 단위가 2종류 이상이면 공중합체가 된다(그림 2.6의 고분자들은 단독중합체임). 그림 2.9에 단독중합체와 공중합체의 개념도를 나타내었다. A와 B를 서로 다른 반복 단위라 할 때, 공중합체에서 A와 B가 특별한 규칙성 없이 나열된 것을 **랜덤 공중합체**(random copolymer), 교대로 배열된 것을 **교대 공중합체**(alternating copolymer), A와 B의 각 블록(block)으로 구성된 것을 **블록 공중합체**(block copolymer), 한쪽 블록이 주쇄, 다른 한쪽 블록이 가지로 구성된 분기형 고분자를 **그래프트 공중합체**(graft copolymer)라 한다.

2.1.5 용도 또는 기계적 물성에 따른 분류

고분자 제품은 용도 또는 기계적 물성에 따라 플라스틱, 섬유, 고무, 도료, 접착제 등으로 나눌 수 있다(표 2.4). 소비량 면에서 보면 플라스틱이 전체의 50% 이상을 차지하고, 섬유와 고무가 그 뒤를 잇고 있다.

플라스틱(plastic)은 주로 딱딱한 성질이 요구되는 용도에 사용하는 고분자 제품이다. 플라스틱은 크게 **범용 플라스틱**(commodity plastic)과 **엔지니어링 플라스틱**(engineering plastic)으로 나뉜다. 범용 플라스틱은 값이 싸고 대량 생산되며, 보통의 기계적, 열적 특성 때문에 주로 포장재, 음식물 보관 용기, 장판, 장난감 등의 일상생활 용품으로 사용된다, 폴리에틸렌(PE), 폴리프로필렌(PP), 폴리염화바이닐(PVC), 폴리스타이렌(PS) 등이 범용 플라스틱에 해당한다(그림 2.11). 엔지니어링 플라스틱은 값이 비싸고 소량 생산되며, 높은 기계적, 열적 특성 때문에 특수한 용도에 사용된다. 폴리아마이드, 아세탈, 폴리에스터, 폴리카보네이트, 폴리페닐렌옥사이드, 폴리이마이드 등이 여기에 속한다. 주요 용도로서는 교통수단(자동차, 비

표 2.4 용도 또는 기계적 물성에 따른 고분자의 분류

	대표적인 예
플라스틱	– Commodity (PE, PP, PVC, PS) – Engineering (polyamide, acetal, polyester, polycarbonate, poly(phenylene oxide)
섬유	[천연] Cotton, wool, silk [반합성] Acetate rayon, viscose rayon [합성] Polyester, nylon, olefin, acrylic
고무	[천연] Polyisoprene 유사체 [합성] – Diene (styrene–butadiene, polybutadiene, ethylene–propylene, polychloroprene, polyisoprene) – Nondiene (nitrile, butyl, silicone, urethane)
접착제	– Phenol–formaldehyde, urea–formaldehyde – Epoxy – Cyanoacrylate
도료(코팅)	– Acrylic resin – Epoxy resin – Polyurethane – Alkyd

행기, 트럭 등), 건설(건축 자재 및 장비), 전기 전자 제품, 산업 기계 등을 들 수 있다.

한편, 플라스틱은 열에 대한 거동에 따라 **열가소성**(thermoplastic) 플라스틱과

그림 2.11 범용 플라스틱(왼쪽)과 엔지니어링 플라스틱(오른쪽) 제품.
(출처: Parinya/Shutterstock, Libor Píška/Shutterstock)

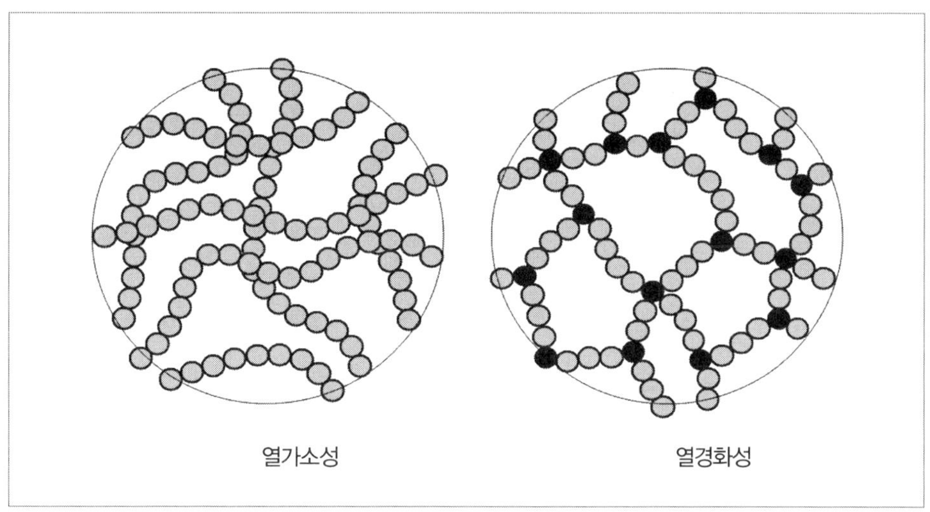

그림 2.12 열가소성 플라스틱과 열경화성 플라스틱의 개념도. 열경화성 플라스틱에서 검은색으로 나타낸 부분이 가교 결합(cross linking)이 일어나는 부분이다.

열경화성(thermosetting) 플라스틱으로도 나뉠 수 있다. '가소'라는 표현은 '형태를 바꿀 수 있다'는 의미를 가진다. 열가소성 플라스틱은 가열하면 유연해지는 성질을 반복적으로 나타내며, 가열에 의해 화학 반응이 일어나지 않는다. 대부분의 플라스틱은 열가소성 플라스틱인데, 가열하여 유연하게 만든 후 성형하기가 쉽고, 또 재활용이 용이하다. 열경화성 플라스틱은 원료를 몰드에 넣고 가열하면 가교반응이 일어나 3차원 그물구조를 형성하여 단단해지는 플라스틱으로서, 성형물을 다시 가열하면 유연해지지 않는다. 에폭시, 페놀-폼알데하이드, 불포화 폴리에스터 등이 여기에 속한다. 열경화성 플라스틱은 내열성, 치수 안정성, 내화학성 등이 우수한 장점이 있다.

섬유는 실로 뽑을 수 있으면서 실의 부드럽고 질긴 성질을 활용한 고분자 제품이다. 천연섬유 중 목화(cotton)는 폴리사카라이드 셀룰로스(polysaccharide cellulose)이며, 양털(wool)과 비단(silk)은 단백질 종류이다. 석유로부터 원료를 얻어 만들어지는 합성섬유에는 폴리에스터, 나일론, 올레핀계, 아크릴계 등이 있다(그림 2.13). 천연섬유를 화학적으로 가공한 반합성섬유에는 아세테이트 레이온 등이 있다. 섬유의 화학 구조상 특징으로는 표 2.5에 정리하였듯이 1) 선형 구조, 2) 강한 분자 간 인력이 가능한 구조, 3) 높은 분자량(긴 사슬) 등을 들 수 있다. 이에 따라, 고분자 사슬들이 조밀하게 배열하고 결정성이 높으며, 고분자 사슬간 응집력이 강하고, 결과적으로 높은 인장 강도를 가지게 된다.

고무는 힘을 가하면 쉽게 변형되며 힘을 제거하면 원래의 모양으로 되돌아가는

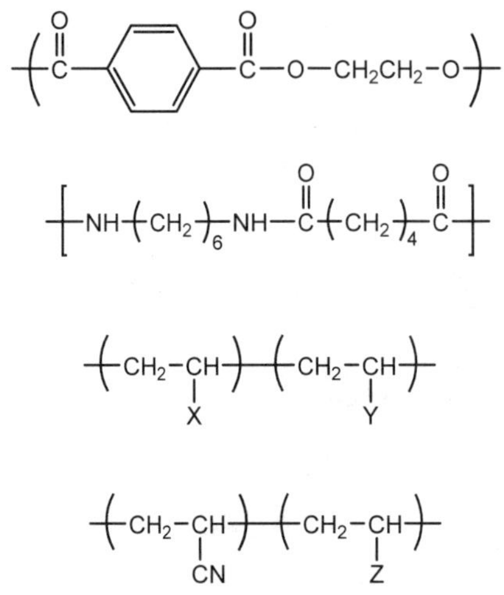

$$-\!\left[C(=O)-C_6H_4-C(=O)-O-CH_2CH_2-O\right]\!-$$ PET

$$-\!\left[NH-(CH_2)_6-NH-C(=O)-(CH_2)_4-C(=O)\right]\!-$$ Nylon 66

$$-\!\left(CH_2-CH(X)\right)\!-\!\left(CH_2-CH(Y)\right)\!-$$ Olefin (PP or PE or copolymers)

$$-\!\left(CH_2-CH(CN)\right)\!-\!\left(CH_2-CH(Z)\right)\!-$$ Acrylic (copolymers with PAN >85%)

그림 2.13 PET, 나일론, 올레핀계, 아크릴계 섬유 고분자의 화학 구조

표 2.5 섬유 고분자의 화학 구조상 특징 및 영향

화학 구조상 특징	화학 구조의 영향(고체 구조 및 특성)
선형 구조	고분자 사슬들이 조밀하게 배열하고 결정성 높음, 고분자 사슬이 섬유의 길이 방향으로 정렬됨
강한 분자 간 인력	고분자 사슬 간 응집력이 강함, 결정성 높음, 높은 인장 강도
높은 분자량	사슬간 꼬임 정도 높음, 높은 인장 강도

고무 탄성을 가진 제품이다. 천연고무는 고무나무의 수액으로부터 얻어지며, 화학 구조는 *cis*-1,4-polyisoprene과 거의 일치한다(그림 2.14). 합성고무의 생산량은 천연고무보다 많은데, 그중에서도 스타이렌-뷰타다이엔(styrene-butadiene), 폴리뷰타다이엔(polybutadiene), 에틸렌-프로필렌(ethylene-propylene)의 생산량은 전체 합성고무의 70% 이상을 차지한다. 고무 고분자의 화학 구조의 특징(표 2.6)으로는, 1) 듬성듬성 가교가 되어있고(즉, 가교 밀도가 낮고), 2) 분자의 형태(conformation) 변화가 일어나기 쉽고, 3) 분자 간 상호작용이 약하다(즉, 비극성 구조가 대부분임). 이러한 화학 구조는, 고무 고분자가 약한 힘에도 쉽게 변형되고 힘을 제거하면 원래 모양으로 복원될 수 있는 원인이 된다.

접착제는 두 물체를 서로 붙이는 데 사용되는 제품으로, 페놀-폼알데하이드(phenol-formaldehyde), 유레아-폼알데하이드(urea-formaldehyde), 에폭시

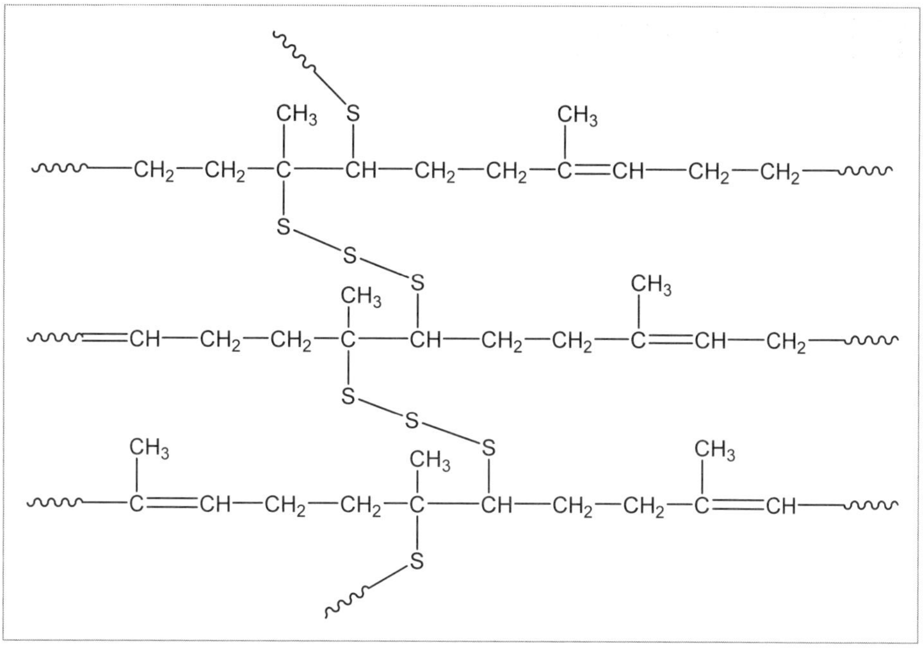

그림 2.14 고무의 화학 구조(가황처리된 폴리아이소프렌).

표 2.6 고무 고분자의 화학 구조상 특징 및 영향

화학 구조상 특징	화학 구조에 따른 특성
가교형 구조(가교 밀도는 낮음)	변형되었다가 힘을 제거하면 본래 모양으로 복원됨(고무 탄성)
사슬 구조가 유연함(conformation 변화 용이함)	고체구조가 비결정성 띰, 쉽게 변형 가능
비극성 구조	약한 분자 간 인력 때문에 쉽게 변형 가능

(epoxy), 사이아노아크릴레이트(cyanoacrylate) 등이 널리 사용되고 있다.

도료(코팅)는 건축물, 자동차, 금속, 가구, 가전제품 등의 기질 표면에 칠해져 기질을 보호하거나 외관을 아름답게 하는 제품으로, 아크릴 수지(acrylic resin), 에폭시 수지(epoxy resin), 폴리우레탄 수지, 알키드(alkyd) 수지 등이 주로 사용된다.

2.2 고분자의 명명

2.2.1 바이닐 고분자의 명명

바이닐 고분자의 경우 일반적으로 단량체 이름 앞에 '폴리(poly)'를 붙여 명명한다(표 2.7). 예를 들어, 에틸렌(ethylene)을 중합시켜 얻은 고분자는 '폴리에틸렌(polyethylene)', 스타이렌(styrene)을 중합시켜 얻은 고분자는 '폴리스타이렌(polystyrene)'이라고 한다. 단량체 이름이 2단어(숫자, 문자 포함) 이상인 경우에는 단량체 이름에 괄호를 치고 '폴리(poly)'를 앞에 붙인다. 표 2.7에 대표적인 예를 몇 가지 나타내었다. 1,3-뷰타다이엔의 경우는 1,2-구조 또는 1,4-구조의 고분자가 얻어지므로, '폴리(poly)' 앞에 '1,2-' 또는 '1,4-'를 기재하여 구분한다.

바이닐 공중합체의 경우는, 사용된 단량체들의 이름을 각각 쓰고, 공중합체라는 표시를 추가한다. 예를 들어, 스타이렌과 메틸 메타크릴레이트를 중합시켜 얻어진

표 2.7 바이닐 고분자의 명명

고분자의 화학 구조	단량체명	고분자명
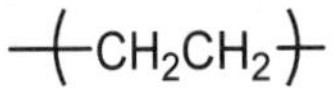 $-(CH_2CH_2)-$	에틸렌 Ethylene	폴리에틸렌 Polyethylene
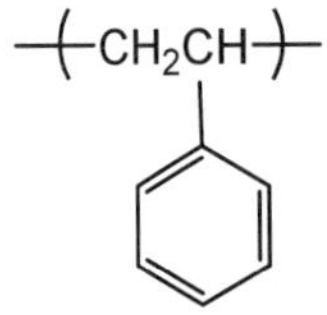 $-(CH_2CH)-$ (CH에 벤젠 고리 결합)	스타이렌 Styrene	폴리스타이렌 Polystyrene
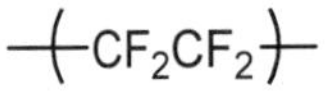 $-(CF_2CF_2)-$	테트라플루오로에틸렌 Tetrafluoroethylene	폴리테트라플루오로에틸렌 Polytetrafluoroethylene
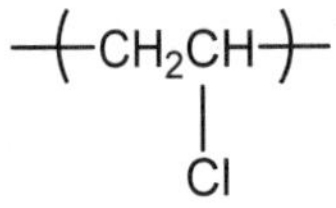 $-(CH_2CH)-$ (CH에 Cl 결합)	염화바이닐 Vinyl chloride	폴리염화바이닐 Poly(vinyl chloride)
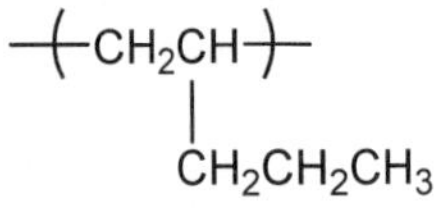 $-(CH_2CH)-$ (CH에 $CH_2CH_2CH_3$ 결합)	1-펜텐 1-Pentene	폴리(1-펜텐) Poly(1-pentene)
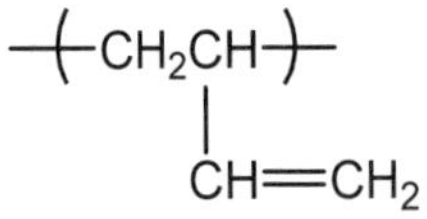 $-(CH_2CH)-$ (CH에 $CH{=}CH_2$ 결합)	1,3-뷰타다이엔 1,3-Butadiene	1,2-폴리(1,3-뷰타다이엔) 1,2-Poly(1,3-butadiene)

표 2.8 스타이렌과 메틸 메타크릴레이트를 중합시켜 얻어진 공중합체의 명명

명명 목적	명명
공중합체임을 명시	poly[styrene–*co*–(methyl methacrylate)]
교대 공중합체임을 명시	poly[styrene–*alt*–(methyl methacrylate)]
블록 공중합체임을 명시	poly[styrene–*block*–poly(methyl methacrylate)]
그래프트 공중합체임을 명시	poly[styrene–*graft*–poly(methyl methacrylate)]

공중합체를 명명하는 경우, 표 2.8에 나타낸 것처럼 두 단량체의 이름 사이에 -*co*-를 넣어 공중합체임을 명기한다. 좀 더 구체적으로, 이 공중합체가 교대 공중합체, 블록 공중합체, 또는 그래프트 공중합체인 것이 확인된 경우, -*co*- 대신 각각 -*alt*-, -*block*-, -*graft*-를 표시를 넣어 줄 수 있다. 그래프트 공중합체의 경우는 기둥이 되는 고분자를 먼저, 가지에 해당하는 고분자를 뒤에 기재한다. 표 2.8에 기재된 그래프트 공중합체는 polystyrene이 먼저 기재되어 있으므로, 폴리스타이렌이 기둥 구조를, 폴리(메틸 메타크릴레이트)가 가지 구조를 구성하는 것을 의미한다.

2.2.2 난바이닐 고분자의 명명

난바이닐 고분자의 명명은 매우 복잡하다. 단량체명 앞에 '폴리(poly)'를 붙이는 방법, 반복 단위의 화학 구조명 앞에 '폴리(poly)'를 붙이는 방법, 관습명 사용 등이 혼재되어 있다. 표 2.9에 대표적인 예를 나타내었다. 난바이닐 공중합체의 경우는

표 2.9 난바이닐 고분자의 명명의 예

화학 구조	명명 방법	명명
$\left(CH_2CH_2O \right)$	poly + 단량체명	poly(ethylene glycol) (PEG)
$\left(\overset{O}{\overset{\|}{C}} - C_6H_4 - \overset{O}{\overset{\|}{C}} - O - CH_2CH_2 - O \right)$	poly + 반복 단위 구조명	poly(ethylene terephthalate) (PET)
$\left[NH \left(CH_2 \right)_6 NH - \overset{O}{\overset{\|}{C}} \left(CH_2 \right)_8 \overset{O}{\overset{\|}{C}} \right]$	관습명	nylon 610
$\left(HN - C_6H_4 - NH - \overset{O}{\overset{\|}{C}} - C_6H_4 - \overset{O}{\overset{\|}{C}} \right)$	관습명	Kevlar

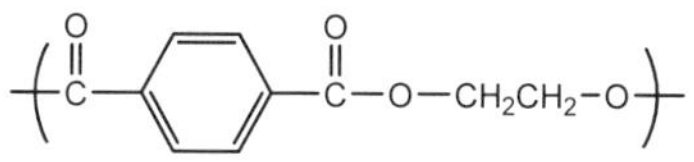

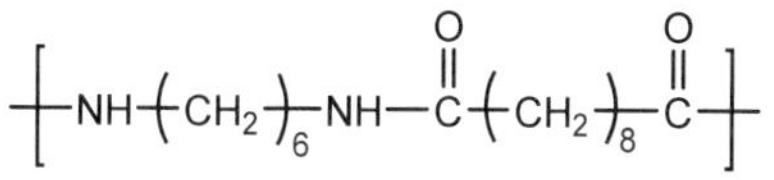

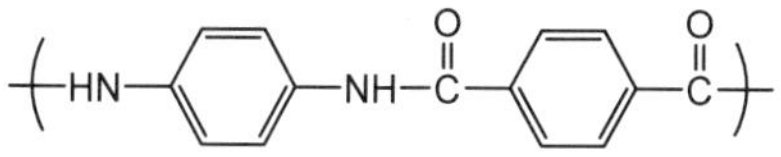

단량체명 또는 반복 단위 화학 구조명을 사용하고 표 2.8과 유사한 방법으로 명명한다.

2.2.3 말단기 명명 및 축약어

고분자의 말단기는 일반적으로 명명하지는 않는다. 단, 말단기의 화학 구조가 확인되어 있고 말단기를 이용하여 반응을 시킨다든지 하는 경우에는 명명하여 밝힌다. 말단에 있는 작용기라는 의미로 알파(α)와 오메가(ω) 기호를 사용하여 명명한다. 그림 2.15에 말단기 명명의 예를 제시하였다.

$$H\left(OCH_2CH_2\right)OH$$

α-Hydro-ω-hydroxypoly(oxyethylene)

그림 2.15 말단기의 표시.

고분자의 이름은 대부분 길고 복잡하기 때문에 이름 전체를 발음하거나 적기에 불편하다. 따라서 **축약어**(abbreviation)를 사용하는 경향이 있다. 표 2.10에 대표적인 몇가지 고분자의 축약어를 나타내었다.

표 2.10 고분자의 축약어

고분자	축약어
High-density polyethylene	HDPE
Low-density polyethylene	LDPE
Polypropylene	PP
Polystyrene	PS
Poly(vinyl chloride)	PVC
Poly(methyl methacrylate)	PMMA
Poly(ethylene glycol)	PEG
Poly(ethylene terephthalate)	PET
Polyetheretherketone	PEEK

2.3 고분자의 분자량

2.3.1 고분자 분자량의 중요성

일반적으로 분자량이 10,000 g/mol 이상인 분자를 고분자로 부른다(또는 중합도가 대략 100 이상의 분자를 고분자로 부르는 경향도 있다). 그러나 절대적인 기준은 아니어서 분자량 수천 g/mol의 분자를 고분자로 부르는 경우도 있다. 고분자의 분자량은 고분자의 물리적 성질과 밀접한 관련이 있다. 분자량이 크면 일반적으로 기계적 특성과 점도는 높아지고 용매에 대한 용해도는 낮아진다. 이러한 특성들은 고분자 사슬의 길이가 길어질수록 분자 간 인력이 커지며 사슬간의 꼬임 정도가 커지는 것과 관련이 있다.

고분자 제품을 제조할 때 분자량이 높은 것이 항상 유리한 것은 아니며, 고분자의 특성과 가공성 간에 트레이드오프(trade off)가 존재한다. 즉, 분자량이 높을수록 고분자의 특성이 좋아질 수 있지만, 고분자 용액 또는 용융상의 점도가 높아지므로 가공성(processability)은 떨어진다. 특성과 가공성이 모두 적절한 범위에 있는 분자량을 최적 분자량이라고 한다. 최적 분자량은 고분자의 화학 구조와 용도에 따라 결정된다. 예를 들어, 폴리아마이드는 수만~수십만 g/mol 수준의 분자량으로도 충분한 기계적 강도를 발현한다. 이는 아마이드 결합(-CONH-)에 의해 사슬 간에 형성되는 강한 수소 결합 덕분에 분자 간 인력이 크고, 사슬 배열이 치밀하여 높은 결정성과 강도를 나타내기 때문이다. 반면, 폴리에틸렌 같은 비극성 바이닐계 고분자는 분자 간 인력이 약하므로 동일한 강도를 얻기 위해 수십만~수백만 g/mol 정도의 높은 분자량이 필요하다.

2.3.2 평균 분자량과 다분산 계수

저분자량(low molecular weight) 물질은 단일 분자량을 갖는 분자들의 집합체이다. 예를 들어, 에탄올 분자는 46.068 g/mol의 분자량을 가진다. 비커에 들어있는 모든 에탄올 분자들은 거의 동일한 분자량을 가진다(매우 작은 비율의 에탄올 분자가 동위 원소의 존재 때문에 약간 다른 분자량을 가짐). 이에 비하여, 고분자를 합성하면 사슬의 길이가 짧은 것, 어느 정도 길어진 것, 또 매우 길게 자란 것들의 혼

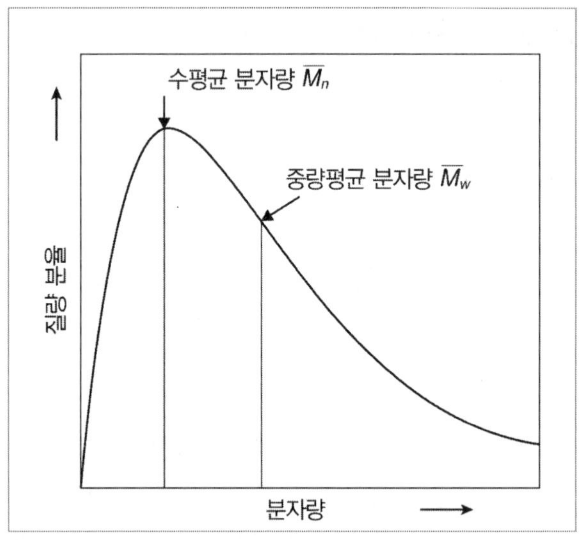

그림 2.16 분자량 분포와 평균 분자량.

합물로 얻어져, 어느 정도 넓은 분자량의 범위를 가지게 된다(그림 2.16). 이것을 고분자의 **다분산성**(polydispersity)이라고 한다. 이처럼 고분자는 분자량의 분포가 존재하며, 분자량을 평균값으로 나타낸다. 고분자의 분자량을 나타내는데 가장 대표적으로 사용되는 것은 수평균 분자량(number average molecular weight, $\overline{M_n}$)과 중량평균 분자량(weight average molecular weight, $\overline{M_w}$)이다(그림 2.16).

수평균 분자량은 다음 수식 2.1로 나타낸다. 여기서 N_i는 분자량 M_i를 가지는 고분자 사슬의 몰수이다. 수평균 분자량은 각 고분자 사슬이 차지하는 비중을 동일하게 취급하는 산술 평균 개념이다.

$$\overline{M_n} = \frac{\sum_{i=1}^{N} N_i M_i}{\sum_{i=1}^{N} N_i} \qquad \text{(수식 2.1)}$$

중량평균 분자량은 다음 수식 2.2로 나타낸다. 중량평균 분자량은 큰 분자량을 가진 고분자가 특성에 더 큰 영향을 미치는 것을 고려하여, 분자량이 큰 분자에 좀 더 가중치를 둔 개념이다. 예를 들어, 고분자 용융체의 흐름 물성 등에는 큰 분자들의 기여도가 훨씬 높아서, 이 흐름 물성을 중량평균 분자량을 토대로 설명하는 것이 더 잘 들어맞는다. 실질적으로 $\overline{M_n}$보다는 $\overline{M_w}$가 고분자의 특성 예측이나 공정 설계에 좀 더 많이 사용된다.

$$\overline{M_w} = \frac{\sum_{i=1}^{N} N_i M_i^2}{\sum_{i=1}^{N} N_i M_i} \qquad \text{(수식 2.2)}$$

일반적으로 $\overline{M_n}$과 $\overline{M_w}$를 함께 측정하는데, 항상 $\overline{M_w} \geq \overline{M_n}$이다. $\overline{M_w}/\overline{M_n}$의 비를 다분산 계수(polydispersity index, PDI)라고 하여 분자량 분포의 정도를 나타낸다. PDI값이 1이면 모든 고분자 사슬의 분자량이 동일하다는 의미이며, 일반적으로 PDI값이 1.05보다 작으면 **단분산**(monodisperse)이라고 하고, PDI값이 1.05~1.5이면 좁은 분산(narrow dispersity),그 이상의 PDI값을 가지면 다분산(polydisperse)이라고 한다. 예를 들어, 어떤 고분자가 분자량 35,000 g/mol 짜리 7 mol, 그리고 분자량 60,000 g/mol 짜리 4 mol로 구성되어 있다면, 이 혼합물의 $\overline{M_n}$, $\overline{M_w}$, PDI 값은 다음과 같이 계산된다.

$$\overline{M_n} = \frac{8\ \text{mol} \times 35,000\ \text{g/mol} + 4\ \text{mol} \times 50,000\ \text{g/mol}}{8\ \text{mol} \times 4\ \text{mol}} = 40,000\ \text{g/mol}$$

$$\overline{M_w} = \frac{8\ \text{mol} \times (35,000\ \text{g/mol})^2 + 4\ \text{mol} \times (50,000\ \text{g/mol})^2}{8\ \text{mol} \times 35,000\ \text{g/mol} + 4\ \text{mol} \times 50,000\ \text{g/mol}} = 50,417\ \text{g/mol}$$

$$\text{PDI} = \frac{50,417}{40,000} = 1.26$$

$\overline{M_n}$, $\overline{M_w}$ 이외에, 큰 분자량 사슬에 $\overline{M_w}$보다 더욱 가중치를 둔 제트평균 분자량(z average molecular weight, $\overline{M_z}$), 그리고 점도평균 분자량(viscosity average molecular weight, $\overline{M_v}$)이 있다. $\overline{M_v}$에 대해서는 2.3.3절에서 설명하기로 한다.

2.3.3 분자량의 측정

고분자의 분자량을 측정할 수 있는 다양한 방법들이 개발되어 왔다. 대표적으로, 말단기 분석(end-group analysis)과 삼투압법(osmometry)은 수평균 분자량(절대 분자량)을, 광산란법(light scattering)은 중량평균 분자량(절대 분자량)을, **젤 투과 크로마토그래피**(gel permeation chromatography, GPC)는 수평균 분자량과

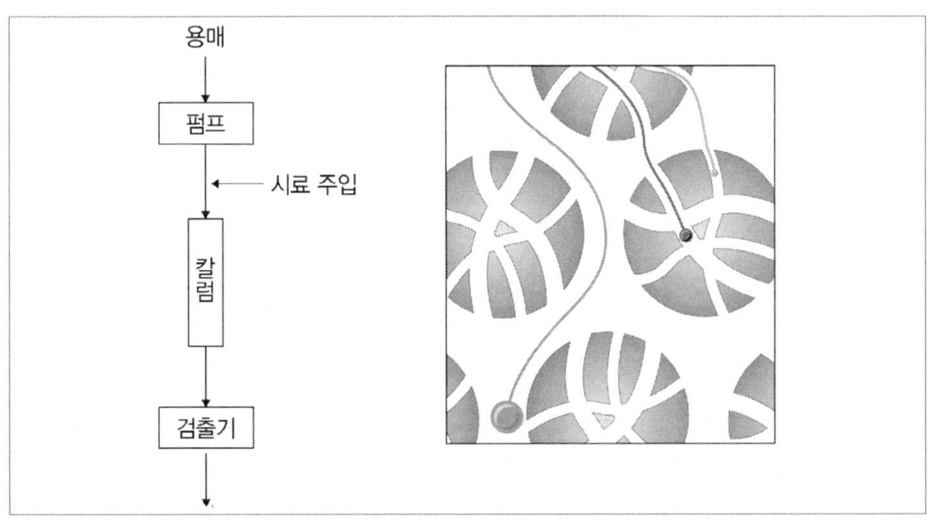

그림 2.17 GPC의 개략도(왼쪽) 및 GPC 칼럼내에 충진된 다공성 입자를 고분자 사슬이 통과하면서 크기(분자량)별로 분리되는 원리의 개념도(오른쪽).

중량평균 분자량(상대 분자량)을 동시에 측정할 수 있다. 또한 고분자 용액의 점도를 측정함으로써 간접적으로 분자량을 비교할 수 있는 점도 측정이 활용된다. 이 중 GPC와 점도 측정에 대하여 구체적으로 설명한다.

GPC 장비의 개략도를 그림 2.17(왼쪽)에 나타내었다. 용매가 펌프에 의해 이동하여 칼럼과 검출기를 차례로 통과하여 배출된다. 고분자 시료 용액이 펌프와 칼럼 사이에서 주입되어 용매를 따라 칼럼으로 이동한다. 칼럼에는 열린 기공(open pore)을 가진 다공성 입자가 충진되어 있다(그림 2.17(오른쪽)). 크기(즉, 분자량)가 큰 고분자 사슬은 다공성 충진재의 구멍 속으로 들어가기 어렵기 때문에 충전재 입자들의 겉을 따라 빨리 이동한다. 그러나 크기가 작은 고분자 사슬들은 다공성 충진재의 구멍 속으로 들어가 구불구불한 경로를 따라 이동하기 때문에 느리게 이동하게 된다(즉, 분자량이 작을수록 더 작은 구멍으로 들어가게 되므로 이동 시간이 더 길게 된다). 칼럼을 통과한 고분자 사슬들이 검출기를 통과할 때 굴절률 변화 등을 토대로 존재량이 분석된다. 얻어진 GPC 크로마토그램의 예를 그림 2.18에 나타내었다. 그래프의 왼쪽 부분이 칼럼에서 먼저 배출된 분자량이 큰 영역이고, 오른쪽으로 갈수록 늦게 배출된 분자량이 작은 영역을 나타낸다. 절대 분자량을 알고 있는 표준 시료와 측정값을 비교하여 $\overline{M_n}$과 $\overline{M_w}$가 계산된다. GPC 분석에서는 분자량 분포 곡선, $\overline{M_n}$과 $\overline{M_w}$를 얻을 수 있고 다양한 고분자에 적용 가능하다는 장점이 있다. 그러나 표준 시료와의 비교에 의해 분자량이 결정되는 방식이므로 정확

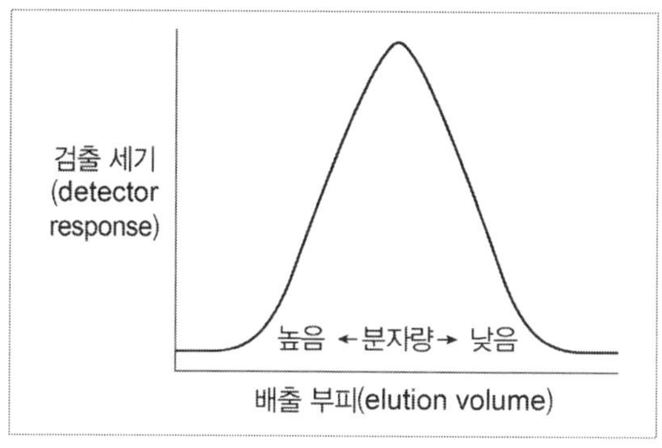

그림 2.18 GPC 크로마토그램.

한 절대 분자량 측정이 어렵고, 분석 용매에 용해되지 않는 고분자의 분자량 측정은 어렵다는 단점이 있다.

분자량 측정의 가장 간단하고 보편적인 방법으로서, 분자량 값을 측정하는 대신 **점도** 값을 측정하여 분자량의 크기를 비교하는 방법이 있다. 이것은 분자량이 클수록 점도가 높아진다는 사실을 토대로 한다. 대표적인 점도계로서 모세관 점도계인 Ostwald 점도계와 Ubbelohde 점도계의 구조를 그림 2.19에 나타내었다. 고분자 용액을 점도계의 모세관을 통해 흘리면 점도가 높은 것은 천천히 흐르고 점도가 낮은 것은 빨리 흐른다. 고분자 용액이 정해진 구간을 통과하는 시간을 측정하여 점도 값을 계산한다. 표 2.11에 점도의 종류를 나타내었다.

1938년 Mark와 Houwink는 분자량과 고유 점도 간의 실험식을 얻었다.

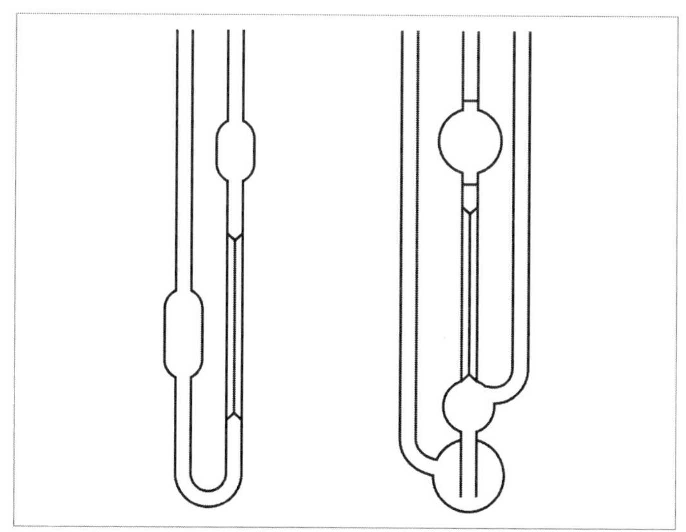

그림 2.19 Ostwald 점도계(왼쪽)과 Ubbelohde 점도계(오른쪽)의 구조.

표 2.11 점도의 종류와 정의. *t*: 용액 통과 시간; t_0: 용매 통과 시간, *C*: 용액 농도.

명칭	정의
상대 점도(relative viscosity)	$\eta_{rel} = \frac{t}{t_0}$
비점도(specific viscosity)	$\eta_{sp} = \frac{t - t_0}{t_0} = \eta_{rel} - 1$
환산 점도(reduced viscosity)	$\eta_{red} = \frac{t - t_0}{t_0 \cdot C} = \frac{\eta_{sp}}{C}$
대수 점도(inherent viscosity)	$\eta_{inh} = \ln\frac{\frac{t}{t_0}}{C} = \ln\frac{\eta_{rel}}{C}$
고유 점도(intrinsic viscosity)	$[\eta] = \left(\frac{\eta_{sp}}{C}\right)_{C=0} = (\eta_{inh})C = 0$

$$[\eta] = K\overline{M_v}^a \quad \text{(수식 2.3)}$$

여기서 *K*와 α는 특정 고분자–용매에 대하여 정해지는 상수이다. 이 식을 이용하여 점도평균 분자량($\overline{M_v}$)을 계산할 수 있다.

2.4 환경 문제와 고분자

2.4.1 고분자와 관련된 환경 문제

합성고분자에 대한 일반인의 오해 중 가장 큰 것은 합성고분자는 무조건 나쁜 공해 물질이라는 인식이다. 포장재로서의 합성고분자와 종이를 비교할 때 종이가 친환경적인 것으로 인식되어 있지만, 실질적으로 제조 과정의 에너지 소모량, 대기오염 물질 배출량, 수질오염 물질 배출량 등을 비교하면 종이가 더 환경에 유해한 것으로 나타난다. 또 재활용 방법의 연구개발도 합성고분자 쪽이 더 활발하게 수행되고 있다. 따라서 합성고분자가 무조건 유해하다는 식의 주장보다는, 환경 문제를 종합적으로 신중하게 평가하고 접근할 필요가 있다.

일반적으로 화학 물질의 유해성은 저분자 물질에서 나타나며, 저분자를 여러 개

연결하여 중합체를 만들게 되면 그 독성은 거의 없어지는 것으로 알려져 있다. 대부분의 합성고분자들이 그 자체는 비독성임에도 불구하고 환경에 유해한 것으로 밝혀지고 있다. 합성고분자는 기본적으로 분해성이 낮기 때문에 폐기된 후 자연으로 돌아가는 데 많은 시간이 걸린다. 이 때문에 생긴 가장 큰 문제는, 고분자 제품이 장기간에 걸쳐 잘게 쪼개져서 **미세플라스틱화**되어 생물의 생존을 위협하며 나아가 인간에게까지 섭취되고 있다는 것이다. 최근에는 미세플라스틱이 인간의 건강을 위협할 수 있다는 구체적인 연구결과가 발표되고 있다. 때문에 플라스틱의 사용을 줄이자는 목소리도 점점 높아지고 있는 실정이다. 이러한 문제를 해결하기 위하여 고분자의 사용이 환경에 부담을 주지 않도록 재활용(recycling) 연구가 활발하게 이루어져야 하며, 생활습관을 개선(분리수거, 일회용품 사용 줄이기, 자연에 쓰레기 버리지 않기)하는 등의 노력을 기울여야 할 것이다.

고분자 제품의 폐기물은 1) 매립(landfilling), 2) 연료로 사용(energy recovery), 또는 3) 재활용 중 어느 하나로 처리하게 된다. 매립은 가장 전통적이고 간단한 방식이지만 환경 부담이 크다. 합성고분자는 석유 기반으로 만들어져 열량(발열량)이 매우 높기 때문에 연료 대체물로 쓰일 수 있다. 소각(연소)에 의하여 발생하는 열로 전기를 생산하거나, 고분자를 파쇄하고 건조하여 고형 연료로 가공하거나, 무산소 조건에서 가열하여 기름, 가스 등의 연료로 전환시킬 수 있다. 그러나 유해가스나 이산화 탄소가 배출되는 단점도 있다. 재활용은 폐고분자를 화학적으로 처리하여 다시 사용할 수 있게 만드는 것으로, 환경문제 해결에 가장 중요하다.

2.4.2 고분자의 재활용

고분자를 회수하여 효과적으로 **재활용**하기 위해서는 우선 고분자를 종류별로 분리해서 수거할 필요가 있다. 그림 2.20에 나타낸 것처럼 플라스틱 제품에는 번호와 함께 고분자 이름이 표기되어 있다(1. 폴리(에틸렌 테레프탈레이트)(PETE 또는 PET), 2. 고밀도폴리에틸렌(HDPE), 3. 폴리(염화 바이닐)(V 또는 PVC), 4. 저밀

그림 2.20 플라스틱 재활용 마크(한국환경공단).

표 2.12 고분자의 재활용

구분	명칭	방법	제품 품질
1차	동일제품 재활용	용융-가공	높음
2차	기계적 재활용	세척-분쇄-가공	중간(열화)
3차	화학적 재활용	분해-정제-재중합-가공	높음

도폴리에틸렌(LDPE), 5. 폴리프로필렌(PP), 6. 폴리스타이렌(PS), 7. 기타(other)).

고분자의 재활용은 처리 방식과 재가공 방식에 따라 일반적으로 1차, 2차, 3차 재활용으로 분류한다(표 2.12). 1차 재활용은 폐쇄형 재활용(closed-loop recycling)이라고도 불리며, 고분자 가공 과정에서 남은 조각들을 회수해서 다시 동일한 제품 생산에 사용하는 것이다. 예를 들어, PET병 제조 과정에서 나온 조각들을 회수해서 다시 PET병 제조에 사용하는 방식이다. 동일한 고분자 재료를 동일한 제품생산에 다시 사용하므로 원래의 품질이 유지된다.

2차 재활용(secondary recycling, 기계적 재활용)은 폐기물로 회수된 고분자 제품을 세척 → 분쇄 → 가공의 순으로 처리한다. 기계적인 처리이므로 분자량 저하, 결함 증가가 일어나 원제품보다 특성이 떨어진 제품으로 사용된다. 대표적인 예로서 PET를 처리하여, 폼(foam) 형태인 절연판(insulation board)으로 가공하여 발포재로 사용한다. 또 다른 예로서, PET 폐기물을 재활용 처리하여 섬유로 활용하기도 한다.

3차 재활용(tertiary recycling, 화학적 재활용)은 분해(depolymerization) → 정제(purification) → 재중합(repolymerization) → 가공 순으로 진행되며, 오염된 고분자 제품, 다층 포장재 등 2차 재활용이 어려운 고분자도 재활용 가능하다는 장점이 있다. 폴리에스터, 나일론, 폴리우레탄 등의 고분자를 글리콜분해(glycolysis), 메탄올분해(methanolysis), 가수분해(hydrolysis) 등에 의하여 단량체로 분해한다. 그 외에 폴리올레핀, 폴리(메틸 메타크릴레이트)(poly(methyl methacrylate)) 등의 고분자도 열이나 촉매에 의하여 저분자화할 수 있다. 가장 많이 사용되고 있는 PET의 3차 재활용 방법은 글리콜분해이다. 폐PET에 촉매 존재하에 에틸렌 글리콜(ethylene glycol)을 가해 비스(2-하이드록시에틸) 테레프탈레이트(BHET)로 분해하는 방식이다. 반응식을 그림 2.21에 나타내었으며, 얻어진 BHET는 다시 PET 합성에 사용할 수 있다. 이 공정은 현재 기술 성숙도가 매우 높고, 다소 오염된 PET도 처리 가능하다는 장점이 있다. 이외에 PET의 메탄올 분해는 폐PET에 촉매 존재

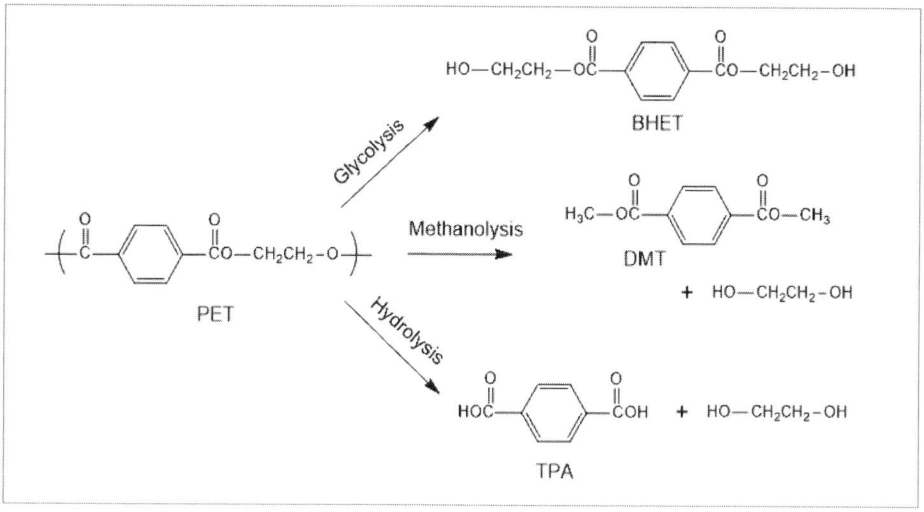

그림 2.21 PET의 분해 반응.

하에 메탄올을 가하여 다이메틸 테레프탈레이트(dimethyl terephthalate, DMT) 및 에틸렌 글리콜을 얻고, 가수분해를 통해서는 테레프탈산(terephthalic acid, TPA) 및 에틸렌 글리콜을 얻을 수 있다. 그 외에 효소 분해는 친환경적이며 고순도 생성물을 얻을 수 있다는 장점이 있다.

나일론의 3차 재활용은 주로 나일론6을 고온/고압/물 조건에서 가수분해하여 ε-카프로락탐(ε-caprolactam)으로 되돌리는 반응으로 진행된다. 식 2.1에 해당 반응을 나타내었다. 섬유(카펫, 어망, 의류 등), 자동차 부품 등 2차 재활용이 어려운 복합 또는 오염된 나일론6에 적용되어 고순도의 ε-카프로락탐이 생산되고 있고, 이를 재중합하여 나일론6을 생산하는 데 사용된다.

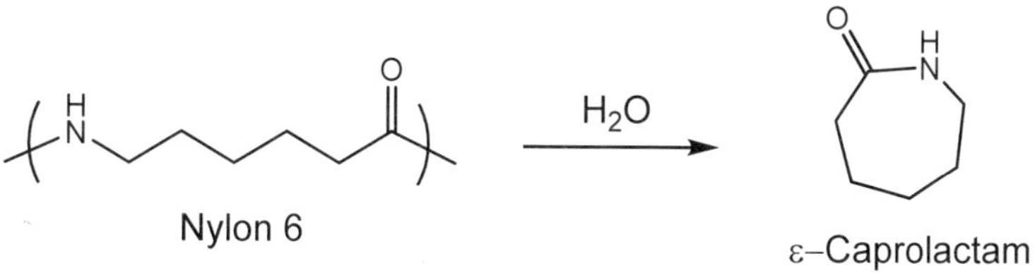

$$\text{Nylon 6} \xrightarrow{H_2O} \varepsilon\text{-Caprolactam} \quad (2.1)$$

고분자의 합성 및 반응

3.1 고분자 합성의 개요

3.1.1 연쇄 중합과 단계 중합

고분자는 많은 수의 단량체가 화학 반응에 의해 공유 결합으로 길게 연결됨으로써 생성된다. 단량체를 반응시켜 고분자를 합성하는 과정을 중합이라고 한다. 중합은 그 진행 방식에 따라서 크게 **연쇄 중합**(chain polymerization)과 **단계 중합**(step polymerization)으로 나눌 수 있다. 이 두 종류의 중합의 개념을 그림 3.1에 나타내었다. 연쇄 중합은 개시제로부터 생성된 활성종(라디칼, 양이온, 또는 음이온 등)이 단량체를 공격하여 새로운 활성종이 생성되고, 여기에 단량체가 연쇄적으로 반응하여 분자량이 증가하는 방식이다. 이에 비하여 단계 중합은, (개시제의 작용 없이) 단량체끼리 반응하여 2량체(dimer)를, 2량체끼리 반응하여 4량체(tetramer)를, 4량체끼리 반응하여 8량체(octamer)를 생성하는 방식으로 분자량이 증가한다. 전체적으로 보면 단량체끼리, 올리고머와 단량체 간, 올리고머끼리, 고분자와 올리고머 간, 고분자 간 등 반응계에 존재하는 모든 화학종이 다양한 여러 단계(step)의 반응을 함으로써 중합이 이루어진다는 의미에서 'step'이라는 표현을 사용한다.

연쇄 중합과 단계 중합의 주요 차이점을 표 3.1에 정리하였다. 연쇄 중합은 **바이닐** 또는 **카보닐기**를 가진 단량체를 개시제가 공격하여 반응성을 가진 구조가 생성되고, 이 구조에 단량체가 연쇄적으로 반응하면서 분자 사슬이 길어지게 된다. 따라서 단량체가 많이 남아있는 상태에서도 생장하고 있는 사슬 자체는 빠르게 커질 수 있다. 또한, 개시제가 중합을 개시하는 개시 반응, 생장 사슬과 단량체가 연쇄적으

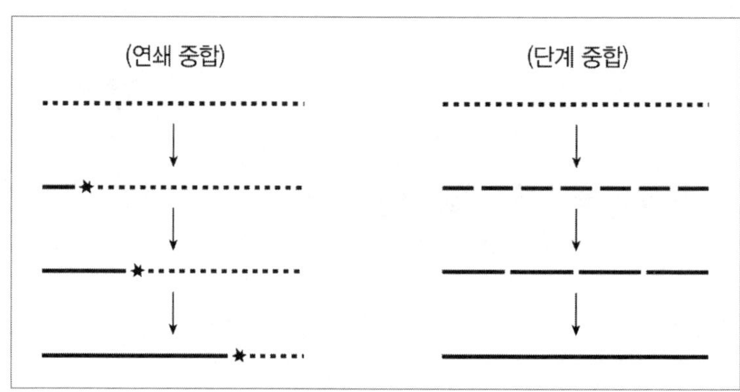

그림 3.1 연쇄 중합과 단계 중합의 진행.

로 반응하여 분자 사슬이 길어지는 생장 반응, 그리고 반응성 구조가 없어지는 정지 반응이 존재한다. 초기에는 중합이 점차 개시되면서 속도가 증가하다가 단량체가 거의 소모될 때까지 속도가 어느 정도 일정하게 유지되는 양상을 보인다.

반면, 단계 중합은 $-CO_2H$, $-COCl$, $-CO_2R$, $-OH$, $-NH_2$, $-NCO$ 등의 작용기를 가진 단량체가 일으키며, 개시제를 사용하지 않고 작용기 간의 반응으로만 중합이 진행되기 때문에, 우선적으로 단량체가 소모되게 된다. 그러나 단량체가 거의 소모된 상태에서도 분자량(또는 중합도)은 천천히 증가한다. 그리고 전체 중합 과정에 걸쳐서 작용기 간의 동일한 반응으로 진행되므로 연쇄 중합처럼 개시, 생장, 정지 반응으로 구분되지 않는다. 단계 중합에서는 정지 반응이 존재하지 않고, 중합 후에도 말단기가 반응성을 가진 채 남게 된다. 작용기가 중합에 의해 소모되면서 중합 속도가 점차 느려진다.

표 3.1 **연쇄 중합과 단계 중합의 차이점**

구분	연쇄 중합	단계 중합
단량체 작용기	C=C, C=O	$-CO_2H$, $-COCl$, $-CO_2R$, $-OH$, $-NH_2$, $-NCO$
반응의 진행	생장 사슬 말단에 단량체가 연쇄적으로 반응	단량체끼리, 올리고머끼리, 고분자끼리의 반응
고분자의 평균 중합도	매우 높음	낮은 편임
단량체 소모 속도 및 분자량 증가 속도	단량체 소모 속도는 낮으나, 분자량 증가 속도는 빠름	단량체는 빠르게 소모되나, 분자량 증가 속도는 느림
개시, 생장 반응	개시 반응과 생장 반응이 각각 존재함	개시 반응과 생장 반응의 구분이 없음(동일한 반응임)
정지 반응	정지 반응에 의해 말단기의 반응성 구조가 없어짐	정지 반응이 존재하지 않고, 중합 후에도 말단기가 반응성을 가진 채 남게 됨
중합 속도 변화	초기에는 중합이 개시되면서 속도가 증가하다가 단량체가 거의 소모될 때까지 속도가 어느 정도 일정하게 유지됨	작용기가 중합에 의해 소모되면서 속도가 점차 느려짐

3.1.2 부가 중합과 축합 중합

연쇄 중합은 주로 단량체의 **부가 중합**(addition polymerization, 첨가 중합) 형태로 진행된다(식 3.1). 부가 중합에서는 단량체의 원자들이 고분자 사슬에 그대로 더해지기 때문에 '부가'라는 표현을 쓴다(즉, 단량체의 원자 수가 반복 단위의 원자 수와 일치한다). 반면 **단계 중합**은 일반적으로, 반응 과정에서 작은 분자가 탈리되면서 진행되는 축합 중합(condensation polymerization)의 형태로 진행된다. 식 3.2에는 단량체의 카복실기와 하이드록실기가 반응하여 물 분자가 빠져나가면서 폴리에스터가 합성되는 예를 보였다. 축합 중합에서는 중합체 반복 단위의 원자 수가 단량체에 비해 적다.

$$CH_2{=}CH_2 \longrightarrow \left(CH_2-CH_2 \right) \tag{3.1}$$

$$HO-C_6H_4-CO_2H \longrightarrow \left(O-C_6H_4-\overset{O}{\overset{\|}{C}} \right) + H_2O \tag{3.2}$$

그런데 예외적으로, 연쇄 중합이 축합 중합에 의해 진행되는 경우와 단계 중합이 부가 중합에 의해 진행되는 경우도 있다. 식 3.3에는 다이아조메테인(diazomethane)의 축합 중합/연쇄 중합에 의해 폴리메틸렌(polymethylene)이 합성되는 반응을, 식 3.4에는 다이아이소사이아네이트(diisocyanate) 화합물과 다이아민(diamine) 화합물 간의 단계 중합/부가 중합에 의하여 폴리유레아(polyurea)가 합성되는 예를 나타내었다.

$$CH_2N_2 \xrightarrow{BF_3} \left(CH_2 \right)_n + N_2 \tag{3.3}$$

$$OCN-C_6H_4-CH_2-C_6H_4-NCO + H_2N-R'-NH_2$$

$$\longrightarrow \left(\overset{O}{\overset{\|}{C}}HN-C_6H_4-CH_2-C_6H_4-NH\overset{O}{\overset{\|}{C}}NH-R'-NH \right)_n \tag{3.4}$$

연쇄 중합은 활성종의 화학 구조에 따라 라디칼 중합, 양이온 중합, 음이온 중합,

배위 중합으로 분류된다. 이하에서는 연쇄 중합의 각 종류에 대하여 설명하고, 이어서 단계 중합을 논하기로 한다.

3.2 연쇄 중합

3.2.1 라디칼 중합

라디칼 중합은 연쇄 중합 중에서 공업적으로 가장 중요하다. 그 이유로는 첫째, 라디칼 중합이 가능한 단량체의 종류가 다른 중합(양이온 중합, 음이온 중합, 배위 중합)에 비해서 많고, 둘째, 중합 공정의 선택의 폭이 다른 중합에 비해 넓기 때문이다. LDPE, PMMA, PVC, PS 등이 대표적인 라디칼 중합 고분자이다. 표 3.2에 대표적인 라디칼 중합 고분자와 용도를 정리하였다.

표 3.2 라디칼 중합으로 생산되는 대표적인 상업적 고분자 및 용도

고분자	용도
Low-density polyethylene (LDPE)	포장 필름, 전선 피복재, 용기, 장난감
Polystyrene (PS)	포장재, 단열재, 가전 제품
Poly(vinyl chloride) (PVC)	건축재, 파이프, 바닥재, 전선 피복재
Polyacrylonitrile (PAN)	의복용 섬유, 탄소 섬유
Poly(methyl methacrylate) (PMMA)	자동차 부품, 장식 판넬, 채광창
Poly(acrylic acid)	접착제, 증점제
Polytetrafluoroethylene (PTFE)	기계 부품, 성형재, 개스킷, 코팅
Acrylonitrile-butadiene-styrene (ABS)	가전 제품, 자동차 부품, 전자기기
Styrene-butadiene rubber (SBR)	자동차 타이어, 바닥재, 접착재

3.2.1.1 라디칼 중합 개시제

라디칼 중합성 단량체가 개시제 없이 열, 빛, 방사선 등에 의하여 개시될 수도 있지만, **개시제**(initiator)를 사용함으로써 라디칼 중합의 속도, 분자량, 공정 등을 더 잘 제어할 수 있다(표 3.3). 라디칼 중합 개시제는 열이나 빛에 의하여 분해되어 라

표 3.3 대표적인 라디칼 중합 개시제

라디칼 중합 개시제	사용 온도(℃) 또는 광파장(nm)	특징
Benzoyl peroxide (BPO)	60~90℃	가장 많이 사용됨
Di-*tert*-butyl peroxide (DTBP)	120~160℃	고온 중합에 사용됨
Azobis(isobutyronitrile) (AIBN)	60~75℃	분해 시 N_2가 빠지며, 그 외 부산물이 없음(분해 반응이 깨끗함)
Ammonium persulfate (APS)	60~80℃	수계 중합(특히 유화 중합)에 사용됨
Benzoin ethyl ether (BEE)	온도 무관 300~350 nm	광중합에 사용됨

디칼 화학종을 생성한다. 개시제로는 퍼옥사이드(peroxide), 아조 화합물(azo compound) 등이 대표적으로 많이 사용된다. 가장 많이 사용되는 라디칼 개시제인 **벤조일 퍼옥사이드**(benzoyl peroxide, BPO)는 빛이나 열에 의하여 분해되어 벤조일옥시 라디칼을 생성한다(식 3.5). BPO에 촉진제(promoter)로서 3차 아민을 가하면 BPO가 실온에서도 분해되어 라디칼 중합을 개시할 수 있다. 아조 화합물인 AIBN은 식 3.6에 나타낸 사이아노프로필 라디칼을 생성한다. 과황산 암모늄(ammonium persulfate, APS)은 물에 잘 녹기 때문에 수계 중합(특히 유화 중합)에 사용된다(식 3.7). 라디칼 중합 개시제는 일반적으로 60~90℃의 온도에서 분해되지만 다이터셔리뷰틸 퍼옥사이드(di-*tert*-butyl peroxide, DTBP)는 120~160℃에서 분해되기 때문에 고온 중합에서 사용된다(표 3.3). 한편, 빛을 사용한 중합에는 광중합 개시제가 사용된다(식 3.8). 광중합은 매우 낮은 온도에서도 중합이 가능하고, 가열을 하지 않아도 되므로 공해 물질 유발이 낮고, 광조사된 부분에서만 반응이 일어나므로 선택적 가공이 가능하다는 장점이 있다. 대표적으로 벤조인(benzoin) 등이 사용되고 있다.

$$C_6H_5-\overset{O}{\overset{\|}{C}}-O-O-\overset{O}{\overset{\|}{C}}-C_6H_5 \longrightarrow 2\ C_6H_5-\overset{O}{\overset{\|}{C}}-O^{\bullet} \quad (3.5)$$

BPO

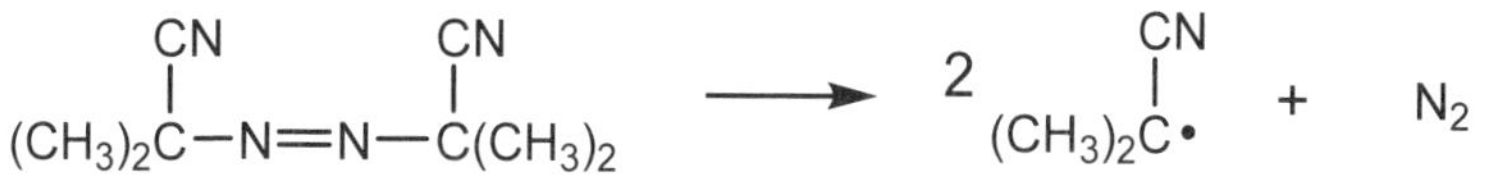

$$(CH_3)_2C(CN)-N=N-C(CN)(CH_3)_2 \longrightarrow 2\,(CH_3)_2\dot{C}(CN) + N_2 \tag{3.6}$$

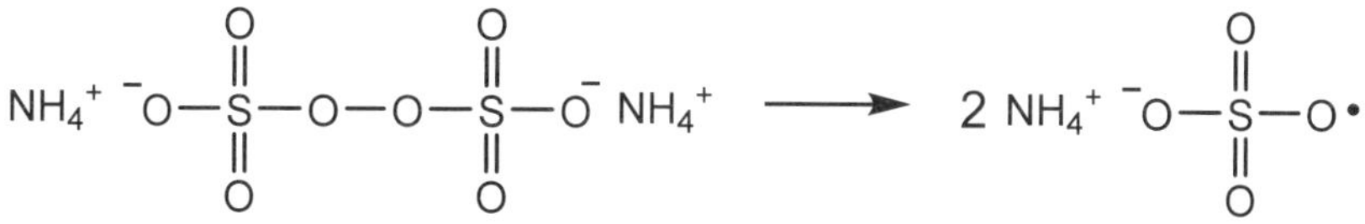

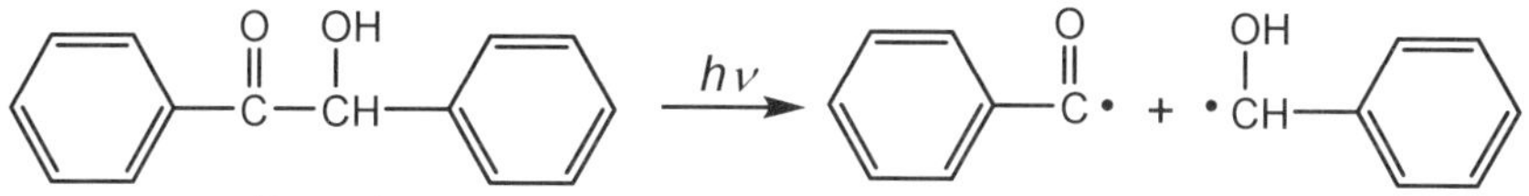

AIBN

$$NH_4^+\ {}^-O-S(=O)_2-O-O-S(=O)_2-O^-\ NH_4^+ \longrightarrow 2\ NH_4^+\ {}^-O-S(=O)_2-O\cdot \tag{3.7}$$

APS

$$C_6H_5-C(=O)-CH(OH)-C_6H_5 \xrightarrow{h\nu} C_6H_5-\dot{C}(=O) + \cdot CH(OH)-C_6H_5 \tag{3.8}$$

Benzoin

3.2.1.2 라디칼 중합성 단량체

바이닐 단량체는 이중 결합(C=C)을 가지고 있어서 π 결합의 전자 밀도가 높아 라디칼의 공격을 받기 쉽다. 라디칼 중합에서는 이 π 결합이 개시제 라디칼과 반응하여 새로운 σ 결합이 형성되고, 그 결과 단량체 구조에 새로운 라디칼 중심이 생성되어 연쇄적으로 반응이 진행된다. 정리하면, 1) 단량체 내의 이중 결합이 충분히 반응성이 있고, 2) 생성되는 생장 라디칼이 치환기에 의해 어느 정도 안정화될 수 있다면 라디칼 중합이 가능하다. 예를 들어 스타이렌의 경우, 그림 3.2와 같이 라디칼 구조가 공명(resonance)에 의해 안정화됨으로써 라디칼 중합이 용이하게 일어난다.

공명 안정화 효과 이외에도 유기 효과(전자 흡인 효과)도 라디칼 안정화에 기여한다. 라디칼 중합이 가능한 바이닐 단량체를 그림 3.3에 나타내었고, 표 3.4에 안정화 효과를 정리하였다. 라디칼은 전자 하나가 부족한 중성종이므로, 그 안정성은

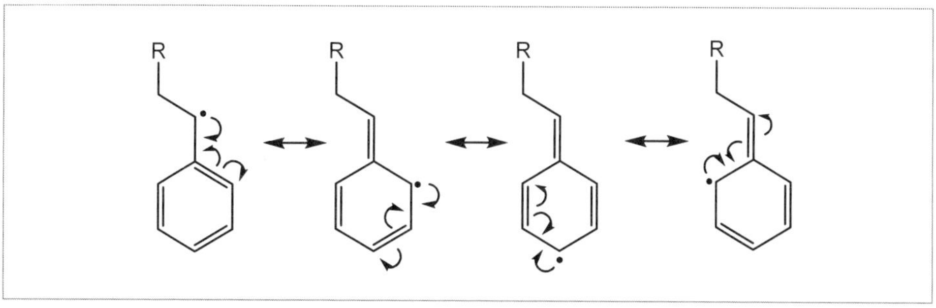

그림 3.2 스타이렌 생장 라디칼의 공명 안정화.

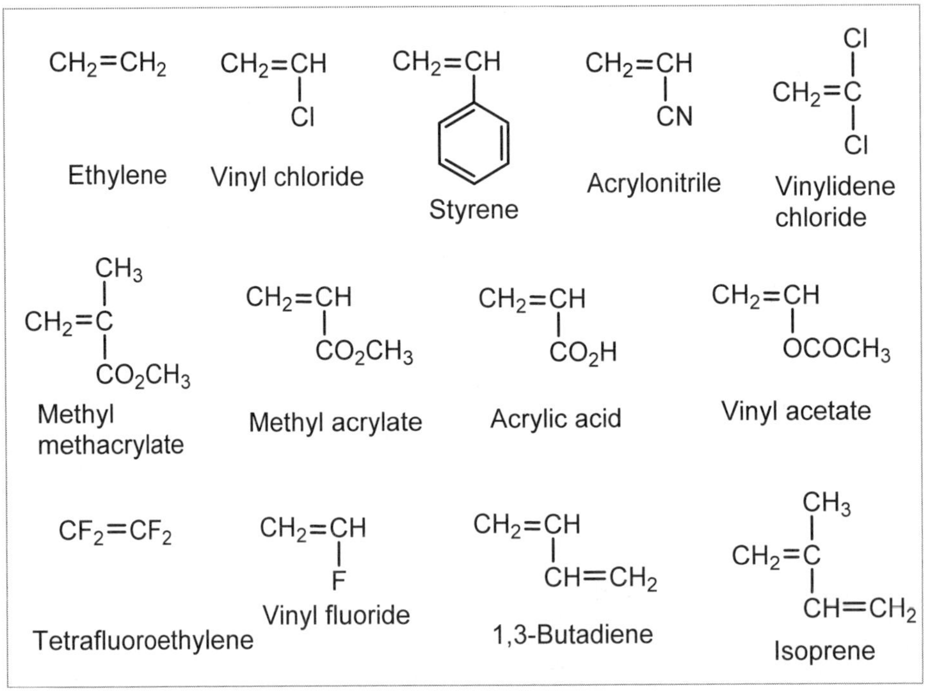

$CH_2=CH_2$ Ethylene

$CH_2=CH(Cl)$ Vinyl chloride

$CH_2=CH(C_6H_5)$ Styrene

$CH_2=CH(CN)$ Acrylonitrile

$CH_2=C(Cl)_2$ Vinylidene chloride

$CH_2=C(CH_3)(CO_2CH_3)$ Methyl methacrylate

$CH_2=CH(CO_2CH_3)$ Methyl acrylate

$CH_2=CH(CO_2H)$ Acrylic acid

$CH_2=CH(OCOCH_3)$ Vinyl acetate

$CF_2=CF_2$ Tetrafluoroethylene

$CH_2=CH(F)$ Vinyl fluoride

$CH_2=CH-CH=CH_2$ 1,3-Butadiene

$CH_2=C(CH_3)-CH=CH_2$ Isoprene

그림 3.3 대표적인 라디칼 중합성 단량체.

표 3.4 바이닐 단량체의 라디칼 안정화 효과

	바이닐 단량체의 치환기
공명 안정화	–Ph, –CN, –COOR, COOH, C=C
전자 흡인 효과	–Cl, –F, –CN, –COOR, COOH

전자 밀도의 분산 정도에 의해 결정된다. 전자 흡인성 치환기는 라디칼 중심으로부터 전자를 끌어당겨 전자 밀도 불균형을 줄임으로써 해당 라디칼 화학종을 안정화시킨다. 그러나 너무 강한 안정화는 중합성을 낮출 수도 있는데, 대부분의 바이닐 단량체는 적절한 수준의 안정화를 제공한다.

3.2.1.3 라디칼 중합 반응

라디칼 중합의 반응을, BPO를 개시제로 사용한 **메틸 메타크릴레이트**의 중합을 예로 들어 설명한다. 라디칼 중합은 개시 반응(initiation), 생장 반응(propagation), 정지 반응(termination), 연쇄 이동 반응(chain transfer)으로 구성된다(표 3.5).

표 3.5 라디칼 중합의 기본 반응

기본 반응	반응의 설명	반응의 결과
개시 반응	개시제가 분해되어 개시제 라디칼 생성(식 3.5) 개시제 라디칼이 단량체에 부가되어 생장 라디칼 생성(식 3.9)	중합 반응 개시
생장 반응	생장 라디칼에 단량체가 연쇄적으로 반응(식 3.10 및 3.11)	분자량 증가
정지 반응	라디칼 화학종(생장 라디칼, 개시제 라디칼) 간의 반응(식 3.12)	중합 반응 정지
연쇄 이동 반응	생장 사슬의 라디칼 구조가 다른 화학종으로 이동(정지 및 새로운 개시)(식 3.15)	분자량 감소, 분기형 사슬 생성

● 개시 반응

개시 반응은, 개시제로부터 라디칼 화학종의 생성되는 반응(식 3.5)과, 이 화학종이 단량체에 부가되어 생장 라디칼이 생성되는 반응(식 3.9)으로 구성된다.

$$C_6H_5-C(=O)-O\bullet + CH_2=C(CH_3)(CO_2CH_3) \longrightarrow C_6H_5-C(=O)-O-CH_2-C\bullet(CH_3)(CO_2CH_3) \quad (3.9)$$

● 생장 반응

개시 반응에서 생성된 생장 라디칼 화학종이 단량체와 연쇄적으로 반응하여 분자량이 증가하는 반응을 **생장 반응**이라고 한다(식 3.10 및 3.11).

$$C_6H_5-C(=O)-O-CH_2-C\bullet(CH_3)(CO_2CH_3) + CH_2=C(CH_3)(CO_2CH_3) \longrightarrow C_6H_5-C(=O)-O-CH_2-C(CH_3)(CO_2CH_3)-CH_2-C\bullet(CH_3)(CO_2CH_3) \quad (3.10)$$

$$\sim\sim CH_2-\underset{CO_2CH_3}{\overset{CH_3}{C}}\bullet + CH_2=\underset{CO_2CH_3}{\overset{CH_3}{C}} \longrightarrow \sim\sim CH_2-\underset{CO_2CH_3}{\overset{CH_3}{C}}-CH_2-\underset{CO_2CH_3}{\overset{CH_3}{C}}\bullet \quad (3.11)$$

라디칼 중합에 의한 고분자의 구조는 head-to-tail(HT) 구조가 대부분인데, 이것은 사슬의 화학 구조가 주로 형성되는 생장 반응으로 설명할 수 있다. 생장 반응은 **생장 라디칼**과 단량체의 반응으로 진행된다. 그림 3.4에 나타내었듯이 생장 라디칼은 치환기가 있는 탄소와 결합하는 경우(I)와, 치환기가 없는 탄소와 결합하는 경우(II)가 존재할 것이다. 두 경우 중, (II)가 치환기에 의해 탄소 라디칼 구조가 더 안정화될 수 있기 때문에 더 잘 생성될 것이다. 아울러, (II)가 다음 단량체와 반응할 때, 입체 장애가 덜한 방향으로, 즉 치환기가 없는 탄소와 결합하려고 할 것이다(입체 효과). 결과적으로, HT 구조가 주로 생성된다(〉98~99%). 단, 치환기의 크기가 작고 라디칼 안정화 효과도 작은 경우는 head-to-head (HH) 구조가 증가한다. 중합 반응이 고온에서 진행될 때도 생장 라디칼 반응의 선택성이 떨어지기 때문에 HH 구조가 증가하는 경향이 있다.

$$\sim\sim\sim\bullet + \underset{Y}{\overset{X}{C}}=CH_2 \longrightarrow \sim\sim\sim\underset{Y}{\overset{X}{C}}-CH_2\bullet \quad (I)$$

$$\sim\sim\sim\bullet + H_2C=\underset{Y}{\overset{X}{C}} \longrightarrow \sim\sim\sim CH_2-\underset{Y}{\overset{X}{C}}\bullet \quad (II)$$

그림 3.4 생장 반응에 있어서, 생장 라디칼이 치환기가 있는 탄소와 결합하는 경우(I)와 치환기가 없는 탄소와 결합하는 경우(II).

● 정지 반응

정지 반응은 라디칼 화학종(생장 라디칼, 개시제 라디칼)끼리 반응하여 중합이 정지되는 반응을 말한다. 생장 라디칼 간의 반응에 의해 일어나는 경우, **재결합**(recombination) 또는 **불균화**(disproportionation) 반응이 일어난다(식 3.12). 재결합은 두 개의 생장 라디칼 말단이 만나서 공유 결합을 형성하며 하나의 분자로 합쳐지는 반응이고, **불균화**는 한 생장 라디칼이 다른 생장 라디칼로부터 수소 원자를 빼앗아 두 개의 종결된 사슬을 만드는 반응이다. 불균화 반응에서는 α 수소 원자가 이동하면서 한 개의 불포화된 말단과 다른 한 개의 포화된 말단을 생성한다. 단량체의 구조에 따라 재결합과 불균화의 어느 한쪽이 우선한다. 예를 들어, 표 3.6에 정리하였듯이 폴리스타이렌 생장 라디칼은 페닐 치환기의 크기가 작아 입체 장애가 작으며, 페닐기가 비극성이므로 정전기적 반발력이 작고, 이동할 수 있는 알파 수소가 2개뿐이므로 식 3.13에 나타낸 바와 같이 주로 재결합에 의해 정지한다. 반면, 메틸 메타크릴레이트 생장 라디칼은 치환기가 2개이므로 입체 장애가 크고, 극성이 높은 에스터기가 있어서 정전기적 반발력이 크며, 알파 수소가 5개나 되므로 주로 불균화에 의해 정지한다(식 3.14). 한편, 정지 반응은 생장 라디칼의 2분자 반응에 의한 정지 외에 생장 라디칼과 개시제 라디칼의 반응에 의한 정지도 일어날 수 있다.

$$\sim CH_2-\underset{Y}{\underset{|}{CH}}\bullet + \bullet\underset{Y}{\underset{|}{CH}}-CH_2\sim \begin{cases} \xrightarrow{\text{재결합}} \sim CH_2-\underset{Y}{\underset{|}{CH}}-\underset{Y}{\underset{|}{CH}}-CH_2\sim \\ \xrightarrow{\text{불균화}} \sim CH=\underset{Y}{\underset{|}{C}} + \underset{Y}{\underset{|}{CH_2}}-CH_2\sim \end{cases} \quad (3.12)$$

$$2\ \sim CH_2-\underset{C_6H_5}{\underset{|}{CH}}\bullet \xrightarrow[\text{재결합}]{\text{주로}} \sim CH_2-\underset{C_6H_5}{\underset{|}{CH}}-\underset{C_6H_5}{\underset{|}{CH}}-CH_2\sim \quad (3.13)$$

$$2\ \sim CH_2-\overset{CH_3}{\overset{|}{\underset{CO_2CH_3}{\underset{|}{C}}}}\bullet \xrightarrow[\text{불균화}]{\text{주로}} \sim CH=\overset{CH_3}{\overset{|}{\underset{CO_2CH_3}{\underset{|}{C}}}} + \overset{CH_3}{\overset{|}{\underset{CO_2CH_3}{\underset{|}{CH}}}}-CH_2\sim$$

$$\text{또는} \quad (3.14)$$

$$\sim CH_2-\overset{CH_2}{\overset{\|}{\underset{CO_2CH_3}{\underset{|}{C}}}} + \overset{CH_3}{\overset{|}{\underset{CO_2CH_3}{\underset{|}{CH}}}}-CH_2\sim$$

표 3.6 Styrene과 methyl methacrylate의 정지 반응 관련 비교

단량체	치환기에 의한 입체 장애	α 수소 개수	치환기 간 정전기적 반발	주된 정지 반응
Styrene	작음	2	작음	재결합
Methyl methacrylate	큼	5	큼	불균화

3.2.1.4 라디칼 중합 속도식

라디칼 중합의 속도식을 다음과 같이 유도할 수 있다. 속도식 유도는, 생장 반응 및 정지 반응 속도가 사슬 길이에 무관하고, 단량체의 연결은 HT 구조로 진행되며, 정지 반응은 생장 라디칼 간의 2분자 반응에 의해 진행된다는 가정을 토대로 한다. 개시 반응, 생장 반응, 정지 반응의 반응식을 그림 3.5와 같이 나타낼 수 있다.

(개시 반응)

$$I \xrightarrow{k_d} R\bullet \qquad \text{(개시제 분해)}$$

$$R\bullet + M \xrightarrow{k_i} RM_1^{\bullet} \qquad \text{(단량체에 부가)}$$

(생장 반응)

$$M_x^{\bullet} + M \xrightarrow{k_p} M_{(x+1)}^{\bullet} \qquad \text{(사슬 생장)}$$

(정지 반응)

$$M_x\bullet + M_y\bullet \xrightarrow{k_{tc}} M_{(x+y)} \qquad \text{(재결합)}$$

$$M_x^{\bullet} + M_y^{\bullet} \xrightarrow{k_{td}} M_x + M_y \qquad \text{(불균화)}$$

그림 3.5 라디칼 중합의 기본 반응.

개시 반응을 구성하는 두 반응(식 3.5와 식 3.9) 중 개시제 분해 반응(식 3.5)이 훨씬 더 느리므로(즉, 라디칼의 반응성이 워낙 높으므로 식 3.9의 반응 속도는 매우 빠름) 개시제 분해 반응이 속도 결정 단계이다. 따라서 개시 반응의 속도 R_i는 다음 수식 3.1과 같이 나타내진다.

$$R_i = \frac{d[M\cdot]}{dt} = 2fk_d[I] \quad \text{(수식 3.1)}$$

여기서 계수 2는 개시제 한 분자가 분해되어 개시제 라디칼 두 분자를 생성됨을 반영한 것이고, f는 **개시 효율**(initiation efficiency)로서, 개시제가 분해되어 생성된 개시제 라디칼이 모두 개시 반응에 쓰이지는 않기 때문에 실제 개시에 사용되는 비율을 나타낸 것이다. f는 다음 수식 3.2로 정의된다(일반적으로 f값은 0.3~ 0.8).

$$f = \frac{\text{실제 중합 개시를 일으킨 라디칼의 수}}{\text{개시제로부터 생성된 라디칼의 수}} \quad \text{(수식 3.2)}$$

한편, 정지 반응의 속도식 R_t는 다음 수식 3.3과 같이 나타내진다.

$$R_t = \frac{-d[M\cdot]}{dt} = 2k_t[M\cdot]^2 \quad \text{(수식 3.3)}$$

여기서 계수 2는 정지 반응이 일어날 때 생장 라디칼 두 분자씩 소모되는 것을 반영한 것이다.

중합 반응이 정상 상태(steady state)에 도달하면 개시 반응 속도 = 정지 반응 속도(즉, 생장 라디칼의 생성 속도와 소모 속도가 동일($R_i = R_t$)하여 생장 라디칼의 농도가 일정하게 유지되는 상태)이므로 다음과 같이 기술되며, 이 관계식으로부터 생장 라디칼의 몰수를 구할 수 있다(수식 3.4 및 3.5).

$$2fk_d[I] = 2k_t[M\cdot]^2 \quad \text{(수식 3.4)}$$

$$[M\cdot] = \sqrt{\frac{fk_d[I]}{k_t}} \quad \text{(수식 3.5)}$$

생장 반응의 속도식은 다음 수식 3.6과 같이 표현된다.

$$R_p = \frac{-d[M]}{dt} = k_p[M][M\cdot] \quad \text{(수식 3.6)}$$

위에서 구한 $[M\bullet]$을 이 식에 대입하면

$$R_p = \frac{-d[M]}{dt} = k_p[M]\sqrt{\frac{fk_d[I]}{k_t}} \quad \text{(수식 3.7)}$$

중합에서 단량체가 소모되는 단계는 개시 반응과 생장 반응인데, 실질적으로 거

표 3.7 일반적인 라디칼 중합 속도 변화

중합 단계	반응 양상	중합 속도 변화
초기 단계	개시제 라디칼과 생장 라디칼의 농도가 점차 높아짐(생장 반응 점차 빨라짐)	중합 속도 점차 증가함
평형 단계	라디칼 농도가 일정하게 유지됨 (개시 반응과 정지 반응 속도가 균형 이룸)	중합 속도 일정하게 유지됨

의 생장 반응에서 소모되기 때문에, 생장 반응 속도는 중합 속도라고 볼 수 있다. 수식 3.7로부터, 중합 속도가 단량체 농도에 비례하고 개시제 농도의 1/2승에 비례한다는 것을 알 수 있다. 따라서 중합 속도가 개시제 농도의 1/2에 비례하는지를 확인하면 해당 반응이 라디칼 메커니즘으로 진행되는지를 판단할 수 있다.

표 3.7에 정리했듯이, 일반적인 라디칼 중합의 초기 속도는 개시제가 점차 분해되어 라디칼이 생성되면서 생장 라디칼의 농도도 점차 높아져 중합 속도가 증가한다. 그러다가 일정 시간이 지나 개시 반응과 정지 반응의 속도가 평형에 이르면 라디칼 농도가 일정하게 유지되는 정상 상태에 도달하며, 이 구간에서는 중합 속도가 거의 일정하게 유지된다. 그림 3.6에 단량체 전환율의 관점에서 중합 시간에 따른 속도 변화를 나타내었다(실선으로 표시함).

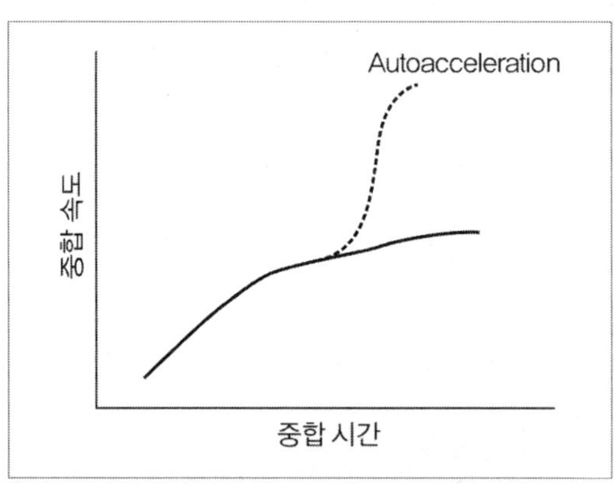

그림 3.6 라디칼 중합에서의 중합 속도 변화: 일반적인 경우(실선)와 자동 촉진이 일어난 경우(점선).

3.2.1.5 일반적인 중합 속도 변화 추이에서 벗어나는 경우

중합 속도식의 수식 3.7에 따르면, 중합이 진행됨에 따라 초기에는 속도가 증가하다가 단량체가 소모되어 농도가 낮아지면서 증가세가 둔화되는 경향을 보인다. 그

표 3.8 점성이 높은 중합계의 반응 특성

	중합계 점성 증가에 따른 분자의 움직임	속도 상수
생장 반응	생장 라디칼의 움직임 느려짐 단량체의 움직임은 유지됨	k_p 값은 큰 변화가 없음
정지 반응	생장 라디칼의 움직임 느려짐	k_t 값이 빠르게 감소

러나 단량체 농도가 높은 용액상 중합이나 용매를 사용하지 않는 벌크 중합(3.2.1.8절 참조)에서는 속도 증가세가 둔화되지 않고 비정상적으로 증가하는 경향을 보인다(그림 3.6(점선 부분)). 이러한 현상을 **젤 효과**(gel effect) 또는 **자동 촉진 효과**(autoacceleration effect)라고 한다. 자동 촉진이 일어나는 이유는 다음과 같이 설명할 수 있다(표 3.8). 고농도 용액 중합 또는 벌크 중합에서는 기본적으로 중합계의 점성이 높은 상태로 중합이 시작되며, 중합이 진행되면서 반응계의 점성이 매우 빠르게 높아진다. 이 상태에서 분자량이 커진 생장 라디칼의 움직임은 둔해지지만 크기가 작은 단량체의 확산은 큰 영향을 받지 않아 생장 반응 속도 상수 k_p값은 큰 변화가 없다. 그러나 생장 라디칼 간의 반응으로 진행되는 정지 반응은 생장 라디칼들이 서로 만나기가 어려워져 k_t 값이 빠르게 감소한다. 따라서 수식 3.7에서 k_t 값이 크게 감소하므로 중합 속도가 비정상적으로 급격하게 증가하게 된다.

일반적인 중합 속도 변화 추이에서 벗어나는 또 다른 경우는 **연쇄 이동**(chain transfer) 반응이 일어나는 경우이다. 생장 사슬의 라디칼 구조가 용매 분자나 다른 사슬로 이동하면서 생장 사슬은 중합 반응이 정지되고, 라디칼 구조가 이동해 간 화학종에서는 새로운 개시가 일어나게 되는데, 이것을 연쇄 이동 반응이라고 한다. 식 3.15에는 용매 분자로 연쇄 이동이 일어나 생장 사슬의 반응은 정지되고 용매 분자에서 새로운 개시가 일어나는 것을 보였다. 식 3.16에서는 생장 라디칼의 라디칼 구조가 다른 고분자 사슬로 이동하는 반응을 나타내었다. 연쇄 이동 반응은 한 분자 사슬 내에서도 일어날 수 있으며(식 3.17), 개시제, 단량체, 용매(식 3.18) 등으로 다양하게 일어날 수 있다. 연쇄 이동 반응은 생장 사슬의 생장이 도중에 정지되고 새로운 곳에서 개시가 되므로 연쇄 이동 반응이 활발하게 일어나면 저분자량 중합체가 얻어진다. 이 때문에 연쇄 이동이 쉽게 일어날 수 있는 용매(클로로폼, 사염화 탄소 등)는 라디칼 중합에 사용하지 않는 것이 좋다. 연쇄 이동의 또 다른 효과로, 분자 간 또는 분자 내에서 연쇄 이동 반응이 일어나는 경우에는 분기형 고분자가 생성된다(식 3.16 및 3.17).

$$\sim CH_2-\dot{C}(CH_3)(CO_2CH_3) + H_3C-C_6H_5 \longrightarrow \sim CH_2-CH(CH_3)(CO_2CH_3) + H_2\dot{C}-C_6H_5 \quad (3.15)$$

$$\sim \dot{C}H(X) + \sim CH_2CH(X)\sim \longrightarrow \sim CH_2(X) + \sim CH_2\dot{C}(X)\sim \xrightarrow{CH_2=CH(X)} \sim CH_2C(X)(CH_2\dot{C}HX)\sim \quad (3.16)$$

$$\sim CH(H)-CH_2-CH_2-CH_2-\dot{C}H_2 \longrightarrow \sim \dot{C}H-CH_2-CH_2-CH_2-CH_3 \xrightarrow{CH_2=CH(X)} \sim CH_2CH(CH_2\dot{C}HX)\sim \quad (3.17)$$

$$\sim CH_2-\dot{C}H(C_6H_5) + CCl_4 \longrightarrow \sim CH_2-CHCl(C_6H_5) + \cdot CCl_3 \quad (3.18)$$

위에서 언급했듯이 연쇄 이동이 일어나면 생성되는 고분자의 평균 분자량이 감소하므로, 중합계에 연쇄 이동제(chain transfer agent)를 투입하여 고분자의 분자량 조절에 활용하기도 한다. 식 3.19에 싸이올(thiol) 화합물을 사용하여 의도적으로 연쇄 이동을 일으키는 경우를 나타내었다.

$$\sim CH_2-\dot{C}H(R) + RSH \longrightarrow \sim CH_2-CH_2(R) + RS\cdot \quad (3.19)$$

연쇄 이동 반응을 활용하는 또 다른 예로서는 **중합 금지제**(polymerization inhibitor)가 있다. 중합 금지제는 연쇄 이동은 일으키지만, 연쇄 이동제와는 다르게 새로운 개시는 일으키지 않는다(즉, 중합을 완전히 정지시킴). 그림 3.7에 나타내었듯이, 라디칼 구조가 중합 금지제로 이동하고, 생성된 중합 금지제의 공명 구

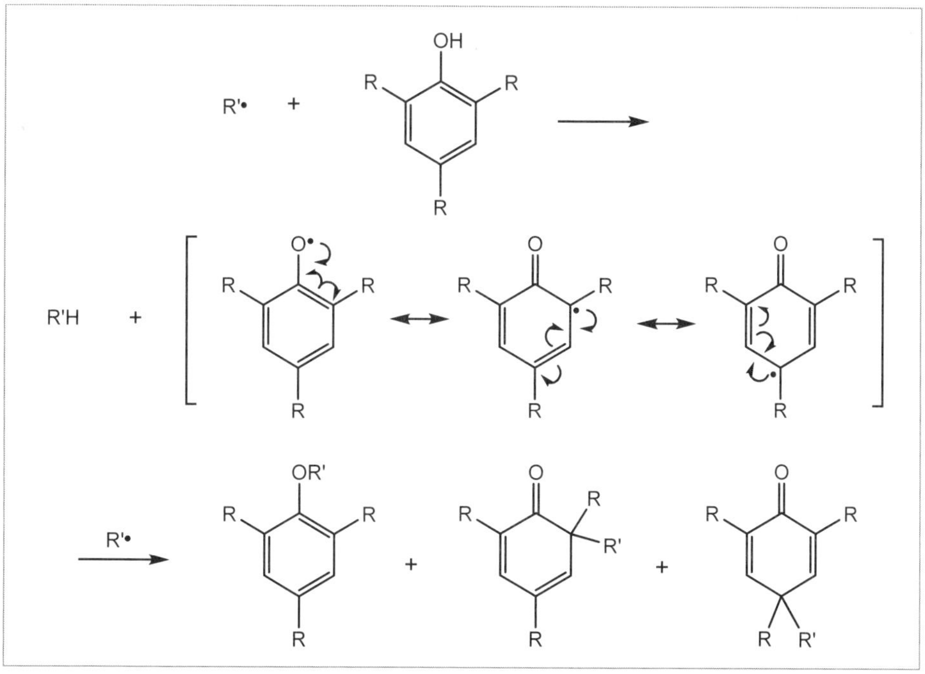

그림 3.7 중합 금지제의 작용 원리.

조는 공명 안정화가 되어 단량체를 공격하지 않는다. 또 다른 라디칼 화학종이 추가로 존재해도 이 공명 구조와 결합하여 라디칼 화학종이 제거된다. 중합 금지제는 단량체의 장기간 보관을 위하여, 또는 중합 이외의 반응을 일으키고자 할 때 소량 투입해 둔다. 금지제를 포함한 단량체를 중합시키고자 할 때는 금지제를 제거하거나 과량의 개시제를 사용할 필요가 있다.

3.2.1.6 리빙 중합

라디칼 중합에서 정지 반응과 연쇄 이동 반응이 일어나지 않는 경우에는 생장 사슬의 라디칼 구조가 중간에 없어지지 않고 단량체가 모두 소모될 때까지도 살아남아 고분자 사슬이 계속 생장하게 되는데 이것을 **리빙 중합**(living polymerization)이라고 한다. 단량체가 모두 소모된 후에도 사슬 말단의 반응성이 살아 있으므로, 단량체를 추가로 투입하면 중합이 계속 진행된다. 만약 다른 종류의 단량체를 추가로 투입하면 **블록 공중합체**가 얻어진다. 리빙 중합의 대표적인 사례를 식 3.20에 나타내었다. 스타이렌 단량체에 개시제와 함께 2,2,6,6,-tetramethylpiperidinyl-1-oxy (TEMPO)를 투입하면, 안정한 라디칼 구조를 가진 TEMPO가 생장 말단 라디칼에 가역적으로 결합함(즉, 붙었다 떨어졌다를 반복함)으로써 생장 말단이 정지 반응을 일으키는 것을 방지한다.

$$\sim CH_2-\underset{C_6H_5}{CH}\cdot \; + \; \cdot O-N(\text{TEMPO}) \rightleftharpoons \sim CH_2-\underset{C_6H_5}{CH}-O-N(\text{TEMPO}) \tag{3.20}$$

리빙 중합에서는 모든 생장 라디칼이 도중에 정지 반응을 일으키지 않고 끝까지 자라게 되므로 분자 사슬들의 분자량이 거의 동일하게 된다. 따라서 생성 고분자의 분자량 분포 곡선이 매우 좁다(즉, PDI ≒ 1). 일반적인 라디칼 중합의 PDI값은 1.5~2.5이다.

3.2.1.7 공중합

단독중합체나 또는 단독중합체의 혼합물(homopolymer blend)로는 얻을 수 없는 물성을 얻기 위해 **공중합**을 수행할 수 있다. 예를 들어, 에틸렌과 바이닐 아세테이트를 공중합시켜 폴리(에틸렌-*co*-(바이닐 아세테이트))[(poly(ethylene- *co*-(vinyl acetate)), EVA)]를 합성한다(식 3.21). 표 3.9에 정리하였듯이 PE는 결정성이 높아 유연성, 투명성, 내충격성이 낮고, 또 비극성이어서 발수성과 내화학성은 높지만 접착성은 낮다. 반면, 폴리(바이닐 아세테이트)(PVAc)는 비결정성이며 끈적이고 약하지만, 높은 접착성와 내충격성을 가진다. EVA는 유연성, 투명성, 내충격성, 접착성, 친화성 등이 모두 우수하여 포장재, 신발 밑창, 태양전지 봉지재 등으로 활용된다.

표 3.9 PE와 PVAc의 공중합에 의한 EVA 합성

PE	- 결정성 → 낮은 유연성, 낮은 투명성, 낮은 내충격성 - 비극성 → 높은 발수성, 낮은 접착성 낮음, 높은 내화학성
PVAc	- 비결정성 → 끈적이고 약함 - 극성 → 높은 접착성, 높은 내충격성
EVA	- 낮은 결정성 → 유연성 있음, 투명성 있음, 내충격성 있음 - 비극성/극성 → 접착성, 비극성/극성 물질 모두와 친화성 우수

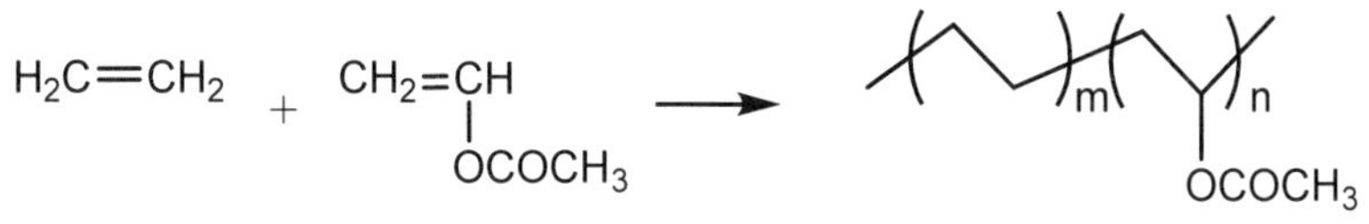

$$H_2C{=}CH_2 + CH_2{=}CH(OCOCH_3) \longrightarrow \text{EVA} \quad (3.21)$$

EVA

공중합은 또한, 단독으로는 중합 반응을 못하는 단량체를 중합시키기 위하여 수행되기도 한다. 예를 들어, 무수말레산(maleic anhydride)은 거의 단독중합하지 않지만 스타이렌을 혼합하여 공중합시키면 교대 공중합체를 생성한다(식 3.22).

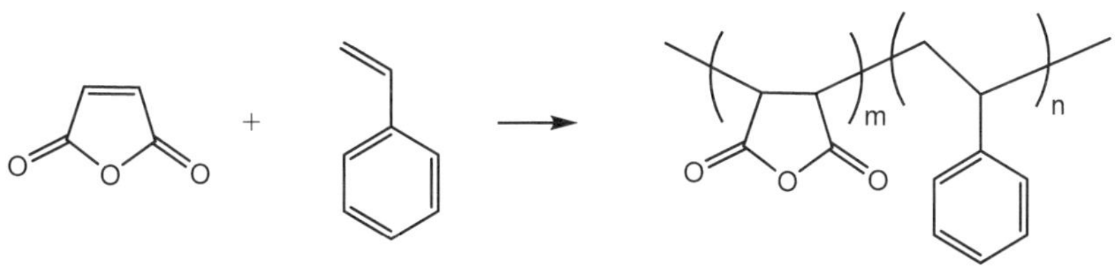

$$\text{maleic anhydride} + \text{styrene} \longrightarrow \text{Poly[(maleic anhydride)-}co\text{-styrene]} \quad (3.22)$$

Poly[(maleic anhydride)-*co*-styrene]

M_1 단량체와 M_2 단량체를 사용하여 공중합을 시키는 경우, 공중합체의 조성에 가장 큰 영향을 주는 반응은 생장 반응으로, 다음과 같은 반응식으로 나타낼 수 있다(그림 3.8). 생장 말단에 M_1이 존재할 때, 여기에 같은 종류의 단량체 M_1이 결합하는 경우와 다른 종류 단량체 M_2가 결합하는 경우가 있을 수 있다. 말단에 M_2가 존재하는 경우에도 유사한 상황이 생긴다. 같은 종류의 단량체가 반응하는 것을 self-propagation, 다른 종류가 반응하는 것을 cross-propagation이라고 한다. self- propagation의 속도 상수를 k_{11}, k_{22}, cross-propatation의 속도 상수는 k_{12}, k_{21}이 된다.

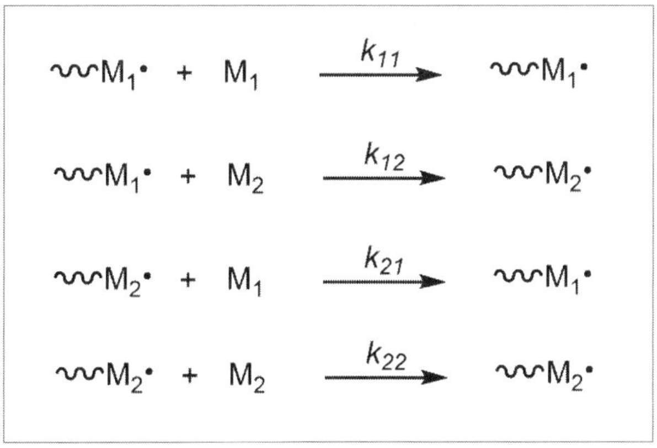

$$\sim M_1\cdot + M_1 \xrightarrow{k_{11}} \sim M_1\cdot$$

$$\sim M_1\cdot + M_2 \xrightarrow{k_{12}} \sim M_2\cdot$$

$$\sim M_2\cdot + M_1 \xrightarrow{k_{21}} \sim M_1\cdot$$

$$\sim M_2\cdot + M_2 \xrightarrow{k_{22}} \sim M_2\cdot$$

그림 3.8 단량체 M_1 및 M_2의 중합 거동.

Self-propagation 및 cross-propagation 경향을 용이하게 파악하기 위하여 **단량체 반응성비**(monomer reactivity ratio)를 활용한다. 단량체 M_1 및 M_2의 단량체 반응성비 r_1 및 r_2는 다음 수식 3.8과 같이 정의된다.

$$r_1 = \frac{k_{11}}{k_{12}} \qquad r_2 = \frac{k_{22}}{k_{21}} \qquad \text{(수식 3.8)}$$

단량체 반응성비는 다른 단량체와의 반응성에 대한, 같은 단량체와의 반응성의 비를 의미한다. 예를 들어, 단량체 M_1에 대한 r_1값이 1보다 크다면, M_1은 M_2와 반응하는 것에 비해 M_1끼리의 반응성이 더 높아 self-propagation 경향을 보이는 것을 의미한다. 반대로, 단량체 M_1에 대한 r_1값이 1보다 작다면, 단량체 M_1은 M_1끼리 반응하는 것보다 M_2와 더 용이하게 반응한다는 것을 뜻한다(cross-propagation 경향). 단량체 반응성비를 활용하여 공중합의 다양한 양상을 파악할 수 있다.

표 3.10에 단량체 M_1 및 M_2에 대한 반응성비 r_1 및 r_2를 몇 가지 경우로 분류하여 정리하였고, 표 3.11에 실제 사례들을 소개한다. $r_1 = r_2 = 1$의 경우(A)는, M_1 단량체끼리 반응할 확률과 M_1–M_2 단량체간의 반응 확률이 같으므로 원료 중의 M_1:M_2 몰비가 공중합체에 그대로 반영된다. 즉, 특정 M_1:M_2 비율의 공중합체를 해당 M_1:M_2 비율의 원료를 사용하여 정확하게 얻을 수 있으므로 이상 공중합

표 3.10 *r*값에 따른 공중합 경향

구분	*r*값	반응 경향	얻어지는 공중합체
A	$r_1 = r_2 = 1$	M_1 단량체끼리 반응할 확률과 M_1–M_2 단량체간의 반응 확률이 같음 반응 단량체의 몰비와 공중합체에서의 단량체 몰비가 항상 같음	단량체 M_1:M_2 몰비가 그대로 반영된 랜덤 공중합체
B	$r_1 = r_2 = 0$	양 단량체 모두 공중합체에 연속하여 들어가지 않음	교대 공중합체
C	$0 < r_1 < 1$ $0 < r_2 < 1$	약간의 교대 공중합 경향	교대 공중합체 성격이 다소 있는 공중합체
D	$r_1 \gg 1$ $r_2 \ll 1$	M_1 단량체끼리의 반응이 M_1–M_2 단량체 간의 반응보다 크게 우선함	M_1의 단독중합체에 가까운 랜덤 공중합체
E	$r_1 > 1$ $r_2 < 1$	M_1 단량체끼리의 반응이 M_1–M_2 단량체 간의 반응보다 다소 우선함	M_1이 M_2보다 다소 많은 랜덤 공중합체

표 3.11 단량체 반응성비의 예시(A~E는 각각 표 3.10의 A~E에 해당함)

	M_1	M_2	r_1	r_2
A	Ethylene	Vinyl acetate	0.97	1.02
B	Styrene	Maleic anhydride	0.041	0.01
C	Styrene	Methyl methacrylate	0.52	0.46
D	Styrene	Vinyl acetate	55	0.01
E	Methyl methacrylate	Acrylonitrile	1.20	0.15

*중합 반응 온도: 60~130℃

(ideal polymerization)이라고도 한다. 에틸렌과 바이닐 아세테이트의 공중합이 여기에 해당한다. $r_1 = r_2 = 0$의 경우(B)는 같은 단량체끼리는 반응하지 않음을 의미한다. 생장 말단에 M_1이 있는 경우 그 다음으로는 M_2가 반응하여 들어가는 식이므로 교대 공중합체가 얻어진다. 스타이렌과 무수말레산의 공중합이 여기에 해당한다. C의 경우는 약간의 교대 공중합성이 나타나고, 스타이렌과 메틸 메타크릴레이트의 공중합이 여기에 해당한다. D의 경우는 M_1끼리의 반응성이 매우 높은 데 비해 M_2는 M_1과의 반응성이 매우 높으므로 결과적으로 거의 M_1의 단독 중합체에 가까운 공중합체가 얻어진다. 즉, 스타이렌과 바이닐 아세테이트를 공중합시키면, 주로 스타이렌으로 구성되고 약간의 바이닐 아세테이트가 끼어 들어간 폴리스타이렌이 얻어진다. E의 경우는 D보다는 덜 극단적으로, 어느 정도의 M_2가 들어있는 M_1의 공중합체가 얻어진다.

3.2.1.8 라디칼 중합 공정 방식

라디칼 중합의 공정 방식으로는 벌크 중합(bulk polymerization), 용액 중합(solution polymerization), 현탁 중합(suspension polymerization), 유화 중합(emulsion polymerization)이 있다. 아래에 각각에 대하여 간략히 설명한다.

(i) **벌크 중합**: 용매 또는 분산매를 사용하지 않고 단량체와 개시제만을 혼합하여 중합시키는 방법이다. 조성과 장치가 간단하고 제품에 불순물이 적다는 장점이 있다. 반면, 내부의 중합열이 잘 제거되지 않아 부분적으로 과열되거나, **자동 촉진 효과**(autoacceleration)에 의해 반응이 폭주하여 반응의 선택성이 떨어지고 불용물 가교물 덩어리가 생성되어 고분자의 물성에 악영향을 주는 경우가 있다.

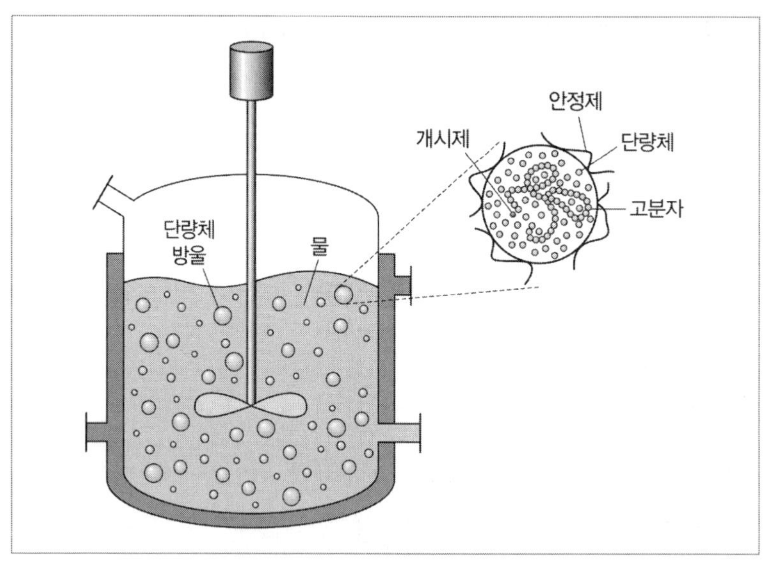

그림 3.9 현탁 중합의 개념도.

(ii) **용액 중합**: 단량체와 개시제를 용매에 용해시킨 상태에서 중합시키는 방법이다. 중합열의 제거는 용이하지만, 중합 속도와 분자량이 작고 중합 후 용매의 완전 제거가 어려울 수 있다. 용매 사용으로 인한 고비용 문제와 용매에 의한 연쇄 이동 반응의 우려도 있다. 반응물의 농도가 매우 높을 경우 자동 촉진 효과에 의해 반응이 폭주할 수도 있다.

(iii) **현탁 중합**: 현탁 중합의 개념도를 그림 3.9에 나타내었다. 단량체를, 단량체를 녹이지 않는 액체(일반적으로 물)에 격렬한 교반으로 분산시켜서 중합을 수행한다. 강제로 분산된 단량체의 작은 방울에서 중합이 일어나므로, 속도론 및 메커니즘 관점에서 보면 벌크 중합과 유사하다. 개시제는 단량체에 녹는 것을 사용하며, 단량체 방울이 뭉쳐지지 않고 유지되도록 **안정제**(stabilizer)를 사용한다. 중합열의 분산이 용이하고, 중합체가 작은 입자 모양으로 얻어지므로 분리 및 처리가 용이한 장점이 있다. 단점으로는 세정 및 건조 공정이 필요하고, 안정제에 의한 오염을 들 수 있다.

(iv) **유화 중합**: 계면활성제의 일종인 **유화제**(emulsifying agent)를 사용하여 단량체를 분산매 중에 분산시키고(**에멀션** 형성) 수용성 개시제(주로 레독스형)를 사용하여 중합시키는 방법이다. 수중에서 개시제로부터 생성된 라디칼 화학종이 단량체 방울 안으로 들어가 중합을 일으키므로 고분자량의 중합체가 얻어진다. 중합열의 분산이 용이하고 대량 생산에 적합하다. 단점으로는 세정과 건조가 필요하고 유화제에 의한 오염을 들 수 있다.

3.2.2 양이온 중합

3.2.2.1 라디칼 중합과 이온 중합의 비교

라디칼 중합과 이온 중합의 주요 차이점에 대하여 표 3.12에 정리하였다. 라디칼 중합에서는 생장 사슬 말단에 탄소 라디칼 구조가 존재하지만, **양이온 중합과 음이온 중합**에서의 생장 사슬 말단에는 각각 탄소 양이온 구조와 탄소 음이온 구조가 존재한다. 이온 중합에서는 생장 사슬 말단에 전기적 중립(electrical neutrality)을 유지하기 위해 **대이온**(counter ions)이 붙어서 따라다닌다(그림 3.10). 이 대이온은 개시제로부터 나온 것으로서, 생장 사슬 말단과 대이온의 상호작용 정도가 이온 중합의 반응성에 영향을 준다. 양이온 중합에서는 이 상호작용이 비교적 작은 편이고, 음이온 중합에서는 큰 편이다. 상호작용의 정도는 대이온의 화학 구조 또는 중합 용매의 극성의 영향을 받는다.

이온 중합이 가능한 단량체의 종류는 라디칼 중합에 비하여 적은 편이다. 즉, 생장 사슬 말단의 탄소 양이온 또는 음이온 구조를 안정화시켜줄 수 있는 치환기가 결합되어 있어야 이온 중합이 가능하기 때문이다. 또한, 라디칼 중합이 다양한 중합 방식(벌크, 용액, 현탁, 유화 중합 등)으로 중합이 가능한 반면, 이온 중합에서는 다량의 물을 사용하는 현탁, 유화 중합은 사용할 수 없기 때문에 대부분은 벌크 중합 또는 용액 중합 방식만이 가능하다. 따라서 상업적인 이용 정도는 라디칼 중합에 비하여 작은 편이다.

표 3.12 라디칼 중합과 이온 중합의 주요 차이점

	라디칼 중합	이온 중합
생장 사슬 말단 구조	탄소 라디칼 구조	탄소 양이온 또는 음이온 구조 대이온 존재
중합 가능 단량체 종류	다양함	적은 편임
사용 가능 중합 방식	다양함(벌크, 용액, 현탁, 유화)	적은 편임(벌크, 용액)

$$\sim CH_2-\underset{X}{\overset{+}{C}}H---\overset{-}{B} \qquad \sim CH_2-\underset{Y}{\overset{-}{C}}H---\overset{+}{A}$$

그림 3.10 양이온 중합(왼쪽)과 음이온 중합(오른쪽)의 생장 사슬 말단과 대이온.

3.2.2.2 양이온 중합성 바이닐 단량체

양이온 중합에 의하여 공업적으로 생산되는 대표적인 바이닐 고분자는 **폴리아이소뷰틸렌**(polyisobutylene), **아이소뷰틸렌-아이소프렌 공중합체**(isobutylene- isoprene copolymer), **폴리(바이닐 에터)**(poly(vinyl ether)) 등이 있다. 이러한 고분자들은 주로 접착제나 고무 용도로 사용된다. 양이온 중합에 의해 합성되는 고분자와 그 용도에 대하여 표 3.13에 정리하였다. 난바이닐 단량체의 양이온 중합으로 얻어지는 **폴리아세탈**, **폴리(에틸렌 옥사이드)**도 있다.

양이온 중합은 식 3.23과 같이 진행되기 때문에, 치환기 X로는 공명 또는 유기 효과에 의해 탄소 양이온 쪽으로 전자를 밀어주어(즉, 전자 공여성) 탄소 양이온을 안정화시킬 수 있어야 한다. 단, 치환기의 탄소 양이온의 안정화 효과가 매우 크면 개시 반응에서의 반응성은 높지만 생장 반응에서는 반응성이 떨어질 수 있으므로(즉, 다른 단량체를 공격하는 싱향이 낮아짐), 치환기는 적절한 안정화 효과를 가져야 한다. 페닐(phenyl), 바이닐, 알콕시(alkoxy), 1,1-다이알킬(dialkyl) 등이 이 수준에 해당하는 치환기이고, 이러한 치환기를 가진 단량체는 위 순서대로 스타이렌, 뷰타다이엔, 알킬바이닐 에터(alkyl vinyl ether), 아이소뷰틸렌이 있다(그림 3.11).

$$\sim CH_2-\overset{+}{\underset{X}{CH}}\cdots\overset{-}{B} + CH_2=\underset{X}{CH} \longrightarrow \sim CH_2-\underset{X}{CH}-CH_2-\overset{+}{\underset{X}{CH}}\cdots\overset{-}{B} \quad (3.23)$$

표 3.13 양이온 중합에 의해 합성되는 대표적인 상업적 고분자 및 그 용도

고분자	용도
Polyisobutylene	접착제, 밀봉재, 윤활유
Poly(vinyl ether)	점착제, 접착제, 플렉시블 코팅
Isobutylene-isoprene copolymer	튜브, 엔진 마운트, 호스, 화학탱크 내벽
Polyacetal	기계 부품, 가전제품 부품
Poly(ethylene oxide) (PEO)	리튬 이온 이차 전지의 고체 전해질, 약물전달, 화장품

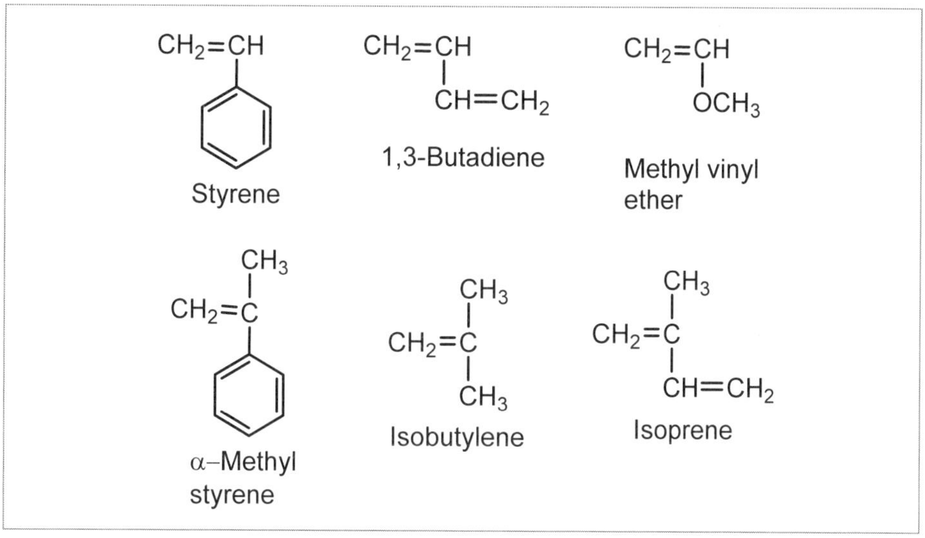

$CH_2{=}CH$ (벤젠 고리) Styrene

$CH_2{=}CH{-}CH{=}CH_2$ 1,3-Butadiene

$CH_2{=}CH{-}OCH_3$ Methyl vinyl ether

$CH_2{=}C(CH_3)$ (벤젠 고리) α–Methyl styrene

$CH_2{=}C(CH_3){-}CH_3$ Isobutylene

$CH_2{=}C(CH_3){-}CH{=}CH_2$ Isoprene

그림 3.11 양이온 중합성 바이닐 단량체.

3.2.2.3 개시제 및 개시 반응

양이온 중합은 라디칼 중합과 유사하게 개시 반응, 생장 반응, 정지 반응으로 구성되며, 연쇄 이동 반응이 일어날 수 있다(표 3.14).

양이온 반응의 개시제로서는 양성자(proton)을 제공할 수 있는 **양성자산**(protonic acid)과, 전자쌍을 받을 수 있는 **Lewis 산**이 일반적으로 사용된다(표 3.15). 양성자산 개시제는 **황산**(H_2SO_4), 과염소산($HClO_4$) 등이 있다. 황산을 사용하는 경우의 개시 반응은 식 3.24와 같다. 황산으로부터 나온 양성자가 바이닐 구조의 치환기 없는 탄소와 결합하여, 치환기 있는 탄소에 양이온 구조가 생성된다. 황산 개시제로부터 나온 황산 수소 음이온(OSO_3H^-)이 생장 사슬 말단에 대이온으

표 3.14 양이온 중합의 기본 반응

기본 반응	반응의 설명	반응의 결과
개시 반응	개시제가 분해되어 양이온 화학종 생성 양이온 화학종이 단량체에 부가되어 탄소 양이온 생성	중합 반응 개시
생장 반응	탄소 양이온 구조에 단량체가 연쇄적으로 반응	분자량 증가
정지 반응	생장 사슬 말단 탄소 양이온 구조와 음이온 화학종 간의 반응	중합 반응 정지
연쇄 이동 반응	생장 사슬 말단의 양이온 구조가 다른 화학종으로 이동(정지 및 새로운 개시)	분자량 감소 분기형 사슬 생성

표 3.15 양이온 중합 개시제

종류	대표적 예	비고
양성자 산	H_2SO_4, $HClO_4$, CF_3SO_3H, HBF_4	HCl, HNO_3은 사용 불가능
Lewis 산	$AlCl_3$, BF_3, $TiCl_4$, $SnCl_4$	양성자 또는 양이온 소스 필요

로서 따라다닌다. 양성자산이지만 염화 수소(HCl), 질산(HNO_3)은 개시제로 사용할 수 없다. 염화 수소에서 나온 음이온(Cl^-)은 친핵성이 강하기 때문에 탄소 양이온과 공유 결합을 형성하여 양이온 중합이 진행되지 않는다(식 3.25). 질산에서 나온 NO_3^-도 친핵성이 있고 부반응(산화 반응)을 일으킬 수 있기 때문에 개시제로 사용되지 않는다. Lewis 산($AlCl_3$, BF_3, $TiCl_4$, $SnCl_4$ 등)의 경우는, Lewis 산이 먼저 물, 알킬클로라이드 등의 양성자 또는 양이온 소스와 반응하여 생성되는 양이온을 단량체에 제공함으로써 중합을 개시한다(식 3.26 및 3.27). 양이온 중합을 실질적으로 개시하는 물질은 양성자 또는 양이온 소스이므로 이들을 **개시제**라고 부르고, Lewis 산은 **공개시제**(coinitiator)라고 부른다(3.28).

$$H_2SO_4 + CH_2{=}CH(X) \longrightarrow CH_3{-}\overset{+}{C}H(X)\cdots\overset{-}{O}SO_3H \qquad (3.24)$$

$$CH_2{=}C(CH_3)_2 + HCl \longrightarrow CH_3{-}C(CH_3)_2{-}Cl \qquad (3.25)$$

$$BF_3 + H_2O \rightleftharpoons \overset{+}{H}\cdots\overset{-}{B}F_3OH \qquad (3.26)$$

$$AlCl_3 + RCl \rightleftharpoons \overset{+}{R}\cdots\overset{-}{Al}Cl_4 \qquad (3.27)$$

$$\overset{+}{H}\cdots\overset{-}{B}F_3OH + CH_2{=}CH(X) \longrightarrow CH_3{-}\overset{+}{C}(X)\cdots\overset{-}{B}F_3OH \qquad (3.28)$$

개시 반응은, Markovnikov 규칙에 따라, 보다 안정한 **탄소 양이온** 구조가 생성되는 반응이 더 용이하게 일어난다. 따라서 다음 단량체들의 개시 반응성을 비교하면 다음과 같다. 이들 단량체 중 실질적으로 아이소뷰틸렌만이 양이온 중합이 가능한 탄소 양이온 안정성을 가진다.

$$(CH_3)_2C{=}CH_2 \;>\; CH_3CH{=}CH_2 \;>\; CH_2{=}CH_2$$

파라(para) 치환 스타이렌 단량체들의 개시 반응성을 비교하면, 다음과 같은 순서를 보인다. 유기 및 공명 효과에 의하여 생장 사슬 말단 탄소 양이온을 안정화시켜 주는 효과가 클수록 반응성이 높다. 올쏘(ortho) 위치에 치환기를 가진 스타이렌 단량체는 큰 입체 장애 때문에 양이온 중합 반응성이 떨어진다.

$$OCH_3 \;>\; CH_3 \;>\; H \;>\; Cl$$

바이닐 에터(vinyl ether) 단량체는 특별히 양이온 중합의 개시 반응성이 높다. 그 이유는 다음 식 3.29에 나타낸 것처럼 공명에 의해 말단 탄소의 양전하가 용이하게 비편재화될 수 있기 때문이다.

$$CH_2{=}CH{-}OR \xrightarrow{\overset{+}{R'}} R'{-}CH_2{-}\overset{+}{C}H{-}\ddot{\underset{\cdot\cdot}{O}}R \longleftrightarrow R'{-}CH_2{-}CH{=}\overset{+}{\underset{\cdot\cdot}{O}}R \qquad (3.29)$$

3.2.2.4 생장 반응

생장 반응은, 개시 반응에 의하여 생성된 탄소 양이온이 단량체와 연쇄적으로 반응하면서 진행된다(식 3.30 및 3.31).

$$CH_3{-}\underset{X}{\overset{+}{C}H}{\cdots}\overset{-}{O}SO_3H \;+\; CH_2{=}\underset{X}{CH} \longrightarrow CH_3{-}\underset{X}{CH}{-}CH_2{-}\underset{X}{\overset{+}{C}H}{\cdots}\overset{-}{O}SO_3H \qquad (3.30)$$

$$\sim\!\sim CH_2{-}\underset{X}{\overset{+}{C}H}{\cdots}\overset{-}{O}SO_3H \longrightarrow \sim\!\sim CH_2{-}\underset{X}{CH}{-}CH_2{-}\underset{X}{\overset{+}{C}H}{\cdots}\overset{-}{O}SO_3H \qquad (3.31)$$

생장 사슬의 말단에 존재하는 탄소 양이온과 대이온의 상호작용 정도가 생장 반응 속도에 큰 영향을 준다. 이 상호작용은 중합 용매의 영향을 받는데, 용매의 **용매화 능력**(solvating power)에 따라 상호작용 정도를 그림 3.12와 같이 분류할 수 있다. 일반적으로, 용매의 극성이 작을수록(즉, 용매의 용매화 능력이 작을수록) 말단 양이온과 대이온의 상호작용이 크고(intimate ion pair로 존재), 용매화 능력이 클수록 용매 분리 이온쌍(solvent-separated ion pair) 또는 자유 이온(free ions)

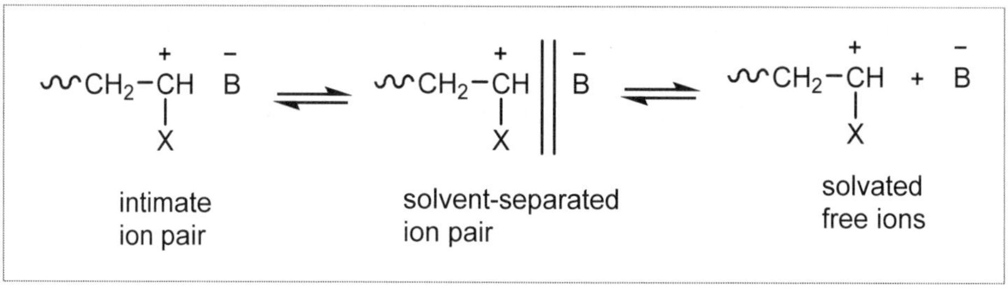

$$\sim CH_2-\overset{+}{C}H(X)\quad \overset{-}{B} \rightleftharpoons \sim CH_2-\overset{+}{C}H(X)\,\|\,\overset{-}{B} \rightleftharpoons \sim CH_2-\overset{+}{C}H(X) + \overset{-}{B}$$

intimate ion pair — solvent-separated ion pair — solvated free ions

그림 3.12 생장 사슬 말단과 대이온과의 상호작용.

의 비율이 증가하게 된다. 즉, 용매의 용매화 능력이 클수록 말단 탄소 양이온이 좀 더 자유롭게 존재하게 되므로 중합 속도가 증가한다. 그러나 자유 이온의 경우 용매에 의해 너무 안정화되는 경우 오히려 중합 속도가 감소할 수 있다. 이러한 용매 극성의 영향은 음이온 중합에서도 나타난다.

양이온 중합에서는 대이온 자체가 덩치가 크고 어느 정도 스스로 안정하기 때문에 생장 사슬 말단에 느슨하게("loosely") 붙어있는 편이다. 즉, 생장 사슬 말단과 대이온 간의 상호작용이 기본적으로 작은 편이라서 용매화 능력의 영향이 상대적으로 작다. 반면, 음이온 중합은 생장 사슬 말단과 대이온이 강하게("tightly") 붙어있는 편이라서 용매화 능력에 따라 중합 속도가 상대적으로 크게 달라진다.

3.2.2.5 연쇄 이동 반응

양이온 중합에서의 **연쇄 이동 반응**은 생장 사슬 말단의 탄소 양이온 구조가 반응계 내의 다른 화학종으로 이동하는 반응이다. 결과적으로 생장 사슬 말단의 생장은 정지되고, 이동해 간 화학종에 새로운 탄소 양이온 구조가 생겨 여기에서 생장 반응이 개시된다. 탄소 양이온 구조가 이동해가는 대상은 단량체, 고분자, 용매 등이 있다. **폴리스타이렌**의 합성에 있어서, 연쇄 이동 반응에 의해 탄소 양이온 구조가 단량체로 이동하는 경우를 식 3.32에 나타내었다. 생장 사슬 말단에서 양성자가 떨어져 나와 단량체로 이동함으로써, 생장 사슬의 생장이 정지되고 단량체에 탄소 양이온 구조가 생겨 여기서 새롭게 생장 반응이 시작된다. 이 연쇄 이동 반응이 활발하게 일어나면 생성되는 고분자의 분자량이 작아지고 분자량 분포가 넓어지게 된다.

$$\sim CH_2-\overset{+}{C}H(Ph)\cdots \overset{-}{HSO_4} + CH_2{=}CH(Ph) \longrightarrow \sim CH{=}CH(Ph) + CH_3-\overset{+}{C}H(Ph)\cdots \overset{-}{HSO_4} \tag{3.32}$$

연쇄 이동 반응이 고분자(생장 사슬일 수도 있음)로 일어나는 경우를 식 3.33에 나타내었다. 고분자의 벤질릭 위치의 수소가 하이드라이드(H^-) 형태로 떨어져 나와 생장 사슬 말단에 결합함으로써, 생장하고 있던 사슬의 생장은 정지되고, 다른 고분자 사슬에서 새롭게 생장 반응이 시작된다. 결과적으로 평균 분자량 저하, 다분산 계수 상승, 분기형 고분자 생성이 일어나게 된다.

$$\sim CH_2-\overset{+}{C}H(Ph)\text{---}HSO_4^- \; + \; \sim CH_2CH(Ph)CH_2\sim \;\longrightarrow\; \sim CH_2CH_2Ph \; + \; \sim CH_2\overset{+}{C}(Ph)CH_2\sim \;\; HSO_4^- \quad (3.33)$$

양이온 중합에서는 단량체로의 연쇄 이동이 활발한 편이기 때문에 이를 방지하기 위한 방법들이 개발되어 왔다. 대표적인 사례로서, 2,6-다이터셔리뷰틸피리딘(2,6-di-*t*-butylpyridine)을 **양성자 트랩**(proton trap)으로 반응계에 투입하는 방법이 있다(식 3.34). 생장 사슬 말단에서 양성자가 떨어져 나오면 양성자 트랩이 질소 원자의 비공유 전자쌍을 이용해 낚아채 줌으로써, 양성자가 단량체와 반응하지 못하도록 한다. 양성자 트랩에는 벌키한 터셔리뷰틸기가 2개 있기 때문에, 양성자 정도의 작은 화학종만이 터셔리뷰틸기 사이의 좁은 통로로 들어와 질소 원자로 접근할 수 있고, 크기가 큰 다른 친전자체는 들어올 수 없다. 이러한 방법에 의해 단량체가 연쇄 이동 반응에 의해 자꾸 개시하기보다는 생장 사슬 말단과 반응하는 쪽으로 유도할 수 있다. 결과적으로, 분자량 증가와 다분산 계수 감소의 효과를 얻을 수 있다.

$$\sim CH_2-\overset{+}{C}R_2 \; + \; \text{2,6-di-}t\text{-butylpyridine} \;\longrightarrow\; \sim CH{=}CR_2 \; + \; \text{2,6-di-}t\text{-butylpyridinium } (N^+-H) \quad (3.34)$$

3.2.2.6 정지 반응

양이온 중합에서의 **정지 반응**은 라디칼 중합과 다르게, 생장 이온 간의 2분자 반응에 의해 일어나지 않는다. 이것은 말단 구조들이 같은 부호의 전하(양전하)를 띠고 있어서 서로 반발하기 때문이다. 식 3.35에 나타낸 것처럼, 말단 양이온과 대이온 간의 반응에 의한 정지(이온 결합의 공유 결합으로의 전환)가 알려져 있다. 식 3.36에는 생장 말단이 대이온으로부터 떨어져 나온 클로라이드 이온(Cl^-)과 반응하여 정지되는 경우를 나타내었다. 반응계에 물이 존재하는 경우에는 식 3.37의 반응에 의해 생장 말단의 양이온 구조가 없어져 중합이 정지된다.

$$\sim CH_2-\overset{+}{\underset{Ph}{C}}H \cdots \overset{-}{O}\overset{O}{\overset{\|}{C}}CF_3 \longrightarrow \sim CH_2-\underset{Ph}{C}H\,O\overset{O}{\overset{\|}{C}}CF_3 \tag{3.35}$$

$$\sim CH_2-\overset{CH_3}{\underset{CH_3}{\overset{+}{C}}} \cdots HOBCl_3^- \longrightarrow \sim CH_2-\overset{CH_3}{\underset{CH_3}{C}}Cl + BCl_2OH \tag{3.36}$$

$$\begin{aligned} \sim CH_2-\overset{+}{\underset{Ph}{C}}H \cdots \overset{-}{B} + H_2O &\longrightarrow \sim CH_2-\underset{Ph}{C}H-\overset{+}{O}H_2 + \overset{-}{B} \\ &\longrightarrow \sim CH_2-\underset{Ph}{C}H-OH + HB \end{aligned} \tag{3.37}$$

3.2.2.7 리빙 중합

라디칼 중합과 마찬가지로 양이온 중합에서도 정지나 연쇄 이동 반응이 일어나지 않는 **리빙 중합**이 존재한다. 생장 사슬 말단과 대이온의 상호작용이 커서 말단 탄소 양이온이 정지 반응이나 연쇄 이동 반응을 일으키지 않을 정도로 안정화될 경우에 일어난다. 리빙 중합에서는 단량체가 완전히 소모된 후 단량체를 추가로 투입하면 계속해서 중합이 일어난다. 다른 종류의 단량체를 추가로 투입하면 **블록 공중합체**가 생성된다.

3.2.2.8 양이온 공중합

라디칼 중합에서 설명한 단량체 반응성비(r_1, r_2)의 개념이 양이온 중합에서도 동일하게 적용된다. 양이온 공중합이 라디칼 공중합과 다른 점은, 개시제 종류 또는 용매 극성에 따라 **단량체 반응성비**가 영향을 받는다는 것이다(표 3.16). 또한, 교대 공

표 3.16 단량체 반응성비의 예시

M_1	M_2	개시제	용매	r_1	r_2
Isobutylene	1,3-Butadiene	$AlEtCl_2$	CH_3Cl	43	0
Isobutylene	1,3-Butadiene	$AlCl_3$	CH_3Cl	115	0
Isobutylene	Styrene	$SnCl_4$	EtCl	1.60	0.17
Isobutylene	Styrene	$AlCl_3$	CH_3Cl	1.2	5.5

* 중합 온도: −100~0℃

중합체를 얻기 어렵다는 점도 들 수 있다. 라디칼 공중합에서 교대 공중합체는 일반적으로 전자공여형과 전자흡인형 단량체가 교대로 반응하여 들어가는 방식으로 생성되는데, 양이온 공중합에서는 전자공여형 단량체만 존재하기 때문에 교대 공중합은 생성되지 않는다. 아이소뷰틸렌과 1,3-뷰타다이엔의 공중합에서는 거의 아이소뷰틸렌만으로 이루어진 중합체가 얻어진다. 아이소뷰틸렌과 스타이렌의 공중합에서도 어느 한쪽의 단량체가 주로 들어간 공중합체가 얻어진다.

3.2.2.9 바이닐계 이외의 화합물의 양이온 중합

● 카보닐 화합물의 양이온 중합

바이닐 화합물 이외에도 카보닐 화합물로부터 양이온 중합에 의해 폴리에터(polyether)를 합성할 수 있다. 폼알데하이드는 중합 반응 대신 트라이옥세인(trioxane) 고리 구조를 생성하는 경향이 있다(식 3.38). 트라이옥세인을 양이온 개환 중합(cationic ring-opening polymerization)시켜 폴리아세탈(polyacetal, polyoxymethylene 또는 POM이라고도 함)을 제조한다(식 3.39). 개환 중합은 생장 고분자와 단량체 간의 반응으로 진행된다는 면에서는 연쇄 중합 성격을 가지지만, 분자량의 증가가 느리다는 점에서는 단계 중합 성격도 함께 가진다. 폴리아세탈은 기계적/열적 특성이 우수한 엔지니어링 플라스틱으로서 기계, 자동차 부품 등에 활용된다.

$$3\ CH_2{=}O \longrightarrow \text{Trioxane} \quad (3.38)$$

Trioxane

$$\text{Trioxane} \xrightarrow{F_3B\text{-}\overset{+}{O}H_2} \overset{+}{H}O\text{(ring)} \longrightarrow HOCH_2OCH_2O\overset{+}{C}H_2 \tag{3.39}$$

$$\xrightarrow{\text{Trioxane}} HOCH_2OCH_2OCH_2OCH_2OCH_2O\overset{+}{C}H_2 \rightarrow\rightarrow\rightarrow \left(CH_2O\right) \ \text{Polyacetal}$$

● 고리 구조 에터 화합물의 양이온 개환 중합

에틸렌옥사이드는 양이온(또는 음이온) 개환 중합에 의해 폴리(에틸렌 옥사이드)(poly(ethylene oxide), PEO)를 생성한다. 양이온 중합에서는, 식 3.40의 개시 반응에서 개시제인 양성자 산에 의해 단량체가 양성자화(protonation)되고, 생성된 화학종이 에틸렌 옥사이드와 반응하면서 식 3.41, 3.42에 나타낸 것처럼 생장하게 된다. 다분산 계수(PDI) 값이 비교적 큰 편이어서 정밀한 구조 제어가 요구되지 않는 화장품 등에 활용된다(음이온 중합으로 합성되는 PEO는 PDI값이 매우 낮음).

$$H_2C\text{—}CH_2(\text{O ring}) + HA \rightleftharpoons H_2C\text{—}CH_2(\overset{+}{O}\text{—}H \text{ ring})\ A^- \tag{3.40}$$

$$H_2C\text{—}CH_2(\overset{+}{O}\text{—}H \text{ ring})\ A^- + H_2C\text{—}CH_2(\text{O ring}) \rightleftharpoons HOCH_2CH_2\overset{+}{O}(CH_2CH_2 \text{ ring})\ A^- \tag{3.41}$$

$$HOCH_2CH_2\overset{+}{O}(CH_2CH_2 \text{ ring})\ A^- + H_2C\text{—}CH_2(\text{O ring}) \rightarrow\rightarrow\rightarrow \left(CH_2CH_2O\right) \ \text{PEO} \tag{3.42}$$

3.2.3 음이온 중합

3.2.3.1 음이온 중합성 바이닐 단량체

바이닐계 단량체의 음이온 중합은 식 3.43과 같이 생장 사슬 말단에 **탄소 음이온**이 생성되고 이것과 단량체가 연쇄적으로 반응하는 방식으로 진행된다. 치환기 Y로는 공명 효과에 의해 탄소의 음전하를 비편재화하거나, 유기 효과(전자 흡인 효과)에 의해 전자 밀도를 낮춤으로써 탄소 음이온을 안정화시킬 수 있는 구조(나이트로, 사이아노, 페닐, 에스터, 바이닐 등)가 해당된다. 그림 3.13에 대표적인 음이온 중합성 바이닐계 단량체를 나타내었다.

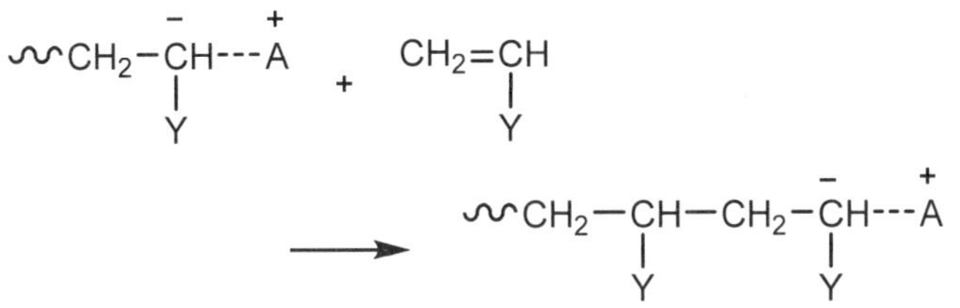

$$\sim CH_2-\underset{\displaystyle Y}{\underset{|}{\overset{-}{C}H}}\cdots\overset{+}{A} + CH_2=\underset{\displaystyle Y}{\underset{|}{CH}} \longrightarrow \sim CH_2-\underset{\displaystyle Y}{\underset{|}{CH}}-CH_2-\underset{\displaystyle Y}{\underset{|}{\overset{-}{C}H}}\cdots\overset{+}{A} \quad (3.43)$$

공업적으로 활용되는 음이온 중합은 주로 바이닐계인 **폴리뷰타다이엔**(polybutadiene), **폴리아이소프렌**(polyisoprene), **스타이렌-뷰타다이엔 공중합체**(styrene-butadiene copolymer), **폴리사이아노아크릴레이트**(polycyanoacrylate) 등의 합성에 이용된다(표 3.17). 이러한 고분자들은 주로 고무나 접착제 용도로 사용된다. 난바이닐계로서 폴리(에틸렌 옥사이드)(PEO), 나일론 6 등은 음이온 개환 중합으로 합성된다.

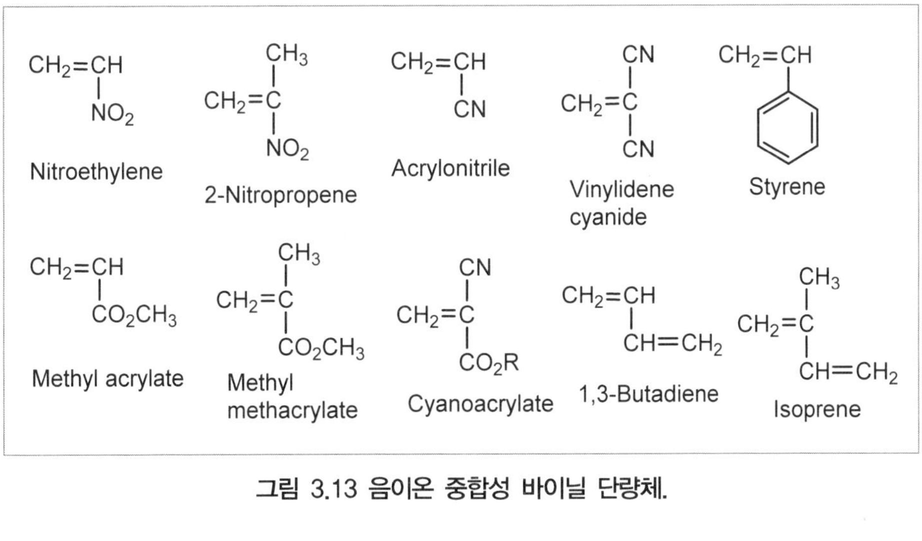

$CH_2=CH(NO_2)$ Nitroethylene

$CH_2=C(CH_3)(NO_2)$ 2-Nitropropene

$CH_2=CH(CN)$ Acrylonitrile

$CH_2=C(CN)_2$ Vinylidene cyanide

$CH_2=CH(C_6H_5)$ Styrene

$CH_2=CH(CO_2CH_3)$ Methyl acrylate

$CH_2=C(CH_3)(CO_2CH_3)$ Methyl methacrylate

$CH_2=C(CN)(CO_2R)$ Cyanoacrylate

$CH_2=CH-CH=CH_2$ 1,3-Butadiene

$CH_2=C(CH_3)-CH=CH_2$ Isoprene

그림 3.13 음이온 중합성 바이닐 단량체.

표 3.17 음이온 중합으로 합성되는 대표적인 상업적 고분자 및 그 용도

고분자	용도
cis–1,4–Polybutadiene *cis*–1,4–Polyisoprene	자동차 타이어
Polystyrene	정밀 분석용 표준 시료(GPC)
Polycyanoacrylate	순간접착제, 생체의료용 접착제
Styrene–butadiene rubber (SBR)	자동차 타이어 thread, 벨트, 호스
Poly(ethylene oxide) (PEO)	의약품용 PEGylation
Nylon 6	섬유, 필름, 부품

3.2.3.2 개시제와 개시 반응

음이온 중합 개시제는 크게 부가형과 전자 전달형의 두 종류로 나눌 수 있다(표 3.18). 부가형 개시제는 전자를 제공하면서 바이닐기에 결합할 수 있는 강염기 화합물로서, 알킬리튬(alkyllithium) 화합물(예: 뷰틸리튬(butyllithium)), 금속 아마이드 등이 있다. 일반적으로 약염기는 전자 공여력이 부족하여 잘 사용되지 않는다. 뷰틸리튬에 의한 개시 반응을 식 3.44에 나타내었다. 또 다른 형태의 개시제로서, 단량체에 부가되지는 않고 전자만 전달해 줌으로써 개시 반응을 일으키는 전자 전달형 개시제로서는 포타슘, 소듐, 리튬 등의 알칼리 금속이 직접 개시제로서 사용되거나, 또는 이들 알칼리 금속과 나프탈렌의 착체(complex) 형태로 사용되기도 한다.

$$\overset{+}{Li}\text{---}\overset{-}{C_4H_9} + CH_2{=}CH(C_6H_5) \longrightarrow C_4H_9{-}CH_2{-}\overset{-}{C}H(C_6H_5)\text{---}\overset{+}{Li} \tag{3.44}$$

표 3.18 음이온 중합 개시제의 대표적 예

구분	개시제의 예
부가형	알킬리튬(예: C_4H_9Li) 금속 아마이드(예: $NaNH_2$, KNH_2) 금속 알콕사이드(예: $NaOCH_3$)
전자 전달형	알칼리 금속(예: Na, K) 알칼리 금속과 방향족 화합물 복합체 (예: sodium/naphthalene)

식 3.45에서 사이아노아크릴레이트(cyanoacrylate)는 음이온 중합 반응성이 매우 강한데, 이것은 전자 흡인성이 강한 사이아노기와 에스터기가 함께 치환기로 존재하기 때문이다. 사이아노아크릴레이트는 순간접착제에 사용되는 음이온 중합성 단량체로서, 피착재에 묻어있거나 대기 중에 존재하는 소량의 수분(H_2O는 약한 염기에 해당함)에 의해서도 중합이 빠르게 개시되어 진행된다(식 3.45). 그러나 음이온 중합성이 낮은 스타이렌은 약한 염기에 의해서는 개시되지 않고, 뷰틸리튬과 같은 강한 염기를 사용해야 음이온 중합이 개시된다.

전자 전달형 개시제의 경우, 소듐이 전자 한 개를 단량체에 전달하여 라디칼 음이온(radical anion)을 생성하고, 라디칼 음이온이 반응하여 dianion 화합물을 생성한다(식 3.46). dianion 화합물은 양쪽 말단에 탄소 음이온 구조가 2개이므로 중합이 양 끝에서 동시에 일어난다. 생성되는 리빙 고분자에 다른 종류의 단량체를 투입하면 ABA 형태의 블록 공중합체를 얻을 수 있다.

$$H_2O + CH_2{=}C(CN)(COOR) \longrightarrow HO{-}CH_2{-}C^{-}(CN)(COOR) \cdots H^{+} \qquad (3.45)$$

$$Na + CH_2{=}CH(Y) \longrightarrow \left[CH_2 \overset{\cdot}{-\!-} CH(Y)\right]^{\cdot -} Na^{+}$$

radical anion

$$2\left[CH_2 \overset{\cdot}{-\!-} CH(Y)\right]^{\cdot -} Na^{+} \longrightarrow Na^{+}\ \overset{-}{C}H(Y)CH_2CH_2\overset{-}{C}H(Y)\ Na^{+} \qquad (3.46)$$

dianion

3.2.3.3 생장 반응

음이온 중합의 **생장 반응**은 양이온 중합과 마찬가지로 생장 사슬 말단 음이온과 대이온의 상호작용(즉, 인력) 정도에 따라 영향을 받는다. 이 상호작용이 작을수록 말단 음이온이 대이온으로부터 좀 더 자유롭게 되고, 따라서 생장 속도가 증가한다. 여기에는 다음의 두 가지 가능성을 내포한다. 첫째, 대이온 자체가 말단 음이온과의 상호작용이 작을 수 있다. 둘째, 같은 대이온이라도 용매의 용매화 능력이 크면 말단 음이온과 대이온의 상호작용이 작을 수 있다. 대표적인 예로 스타이렌의 중합

표 3.19 스타이렌 음이온 중합의 생장 반응 속도 상수

대이온	용매	k_p (L/mol · s)
Na^+	Tetrahydrofuran	80
Na^+	1,2-Dimethoxyethane	3600
Li^+	Tetrahydrofuran	160
Li^+	Benzene	〈0.1

* 반응 온도: 25℃

에 있어서, 대이온 또는 용매 유전율에 따른 생장 반응 속도 상수를 표 3.19에 나타내었다.

대이온으로서 Li^+는 Na^+보다 용매화의 용이성이 큰 것으로 알려져 있다.

$$Li^+ > Na^+$$

따라서 같은 용매(테트라하이드로퓨란)을 사용할 경우, 대이온이 Li^+인 중합의 생장 속도가 대이온이 Na^+인 중합의 생장 속도보다 더 높다. 한편, 용매의 용매화 능력의 크기 순서는 다음과 같이 알려져 있다.

1,2-다이뷰톡시에테인 > 테트라하이드로퓨란 > 벤젠

따라서, 대이온이 Na^+인 경우 1,2-다이뷰톡시에테인을 용매로 사용한 중합이 테트라하이드로퓨란을 사용한 중합에 비해 생장 속도가 빠르며, 대이온이 Li^+인 경우 테트라하이드로퓨란을 사용한 중합이 벤젠을 사용한 중합에 비해 생장 속도가 빠르다.

3.2.3.4 정지 반응

음이온 중합에서는 반응계 내의 불순물을 엄격히 제거하면 일반적으로 연쇄 이동 반응과 **정지 반응**이 일어나지 않는다. 특히 생장 사슬 말단 음이온과 대이온과의 반응에 의한 정지 반응은 일어나지 않는다. 이는 대이온이 일반적으로 알칼리 금속이기 때문이다. 표 3.20에 정리하였듯이 양이온 중합에서는 생장 사슬 말단과 대이온 간의 상호작용이 작기 때문에 말단 탄소 양이온의 반응성이 큰 편이고, 외부의 친핵성 물질이나 불순물(물, 알코올 등)에 의해 쉽게 공격받아 정지 반응이 쉽게 일어날 수 있다. 즉, 생장 사슬 말단의 반응성이 크므로 정지 반응도 활발하게 일어나는 것이다. 반대로, 음이온 중합에서는 생장 사슬 말단이 대이온(보통 Li^+)과 강한

표 3.20 양이온 중합과 음이온 중합의 정지 반응 경향

중합 유형	생장 사슬 말단-대이온 상호작용	말단 반응성	연쇄 이동 반응 또는 정지 반응 경향
양이온 중합	작음	높음	활발함
음이온 중합	큼	낮음(안정함)	거의 발생하지 않음 (리빙 중합 경향)

이온쌍을 이루어 부분적으로 전하가 안정화되어 있고, 이로 인해 외부 친핵체나 불순물과의 반응이 억제된다(즉, 외부에서 공격하기 어려운 일종의 보호 효과 작용). 따라서 정지나 연쇄 이동 반응이 거의 일어나지 않으며, 단량체가 소모된 후에도 활성 종이 잔존하는 리빙 중합 특성을 보인다.

3.2.3.5 리빙 중합

음이온 중합은 중합이 100% 진행된 후에도 생장 음이온이 활성을 유지한 채 살아있는 **리빙 중합** 성격을 띤다. 모든 중합체가 도중에 정지 반응을 일으키지 않고 끝까지 생장 반응을 계속하기 때문에 PDI값이 1.00에 가까운 단분산성 중합체를 얻을 수 있다. 단량체가 완전히 소모되어 중합이 일단 완료된 리빙 고분자(living polymer)에 단량체를 추가로 가하면 중합이 계속 진행되고, 특히 다른 종류의 단량체를 가하면 블록 공중합체가 생성된다. 따라서 음이온 리빙 중합은 **블록 공중합체**를 합성하는 방법의 하나로 이용될 수 있다.

3.2.3.6 공중합

음이온 리빙 중합으로 블록 공중합체를 합성할 때는 단량체의 투입 순서가 중요하다. 예를 들어 메틸 메타크릴레이트와 스타이렌의 블록 공중합체를 합성할 때, 메틸 메타크릴레이트를 먼저 중합시켜 리빙 고분자를 합성하면 생장 사슬 말단 탄소 음이온 구조가 너무 안정하여 염기성이 낮아 스타이렌을 공격하지 못한다(식 3.47). 반대로 스타이렌이 먼저 중합하여 생성된 리빙 고분자 말단 음이온 구조는 반응성(즉, 염기성)이 높아 메틸 메타크릴레이트를 공격하여 블록 공중합체가 생성된다(식 3.48).

$$\sim CH_2-\overset{CH_3}{\underset{\underset{OCH_3}{C=O}}{C^-}} + CH_2=CH-C_6H_5 \longrightarrow \text{(No reaction)} \tag{3.47}$$

$$\sim CH_2-\overset{H}{\underset{C_6H_5}{C^-}} + CH_2=\overset{CH_3}{\underset{\underset{OCH_3}{C=O}}{C}} \longrightarrow \text{PS-}\mathit{block}\text{-PMMA} \tag{3.48}$$

3.2.3.7 바이닐계 이외의 화합물의 음이온 중합

● 고리 구조 에터 화합물의 음이온 중합

에틸렌 옥사이드의 음이온 **개환 중합**(anionic ring-opening polymerization)에서는 식 3.49과 3.50에 나타낸 것처럼, 알콕사이드(alkoxide) 등의 음이온 개시제가 에틸렌 옥사이드의 탄소를 공격하면서 중합이 개시되고, 생성물인 알콕사이드가 에틸렌 옥사이드와 반응하는 과정이 반복되면서 폴리에터의 일종인 폴리(에틸렌 옥사이드)(poly(ethylene oxide), PEO)가 생성된다. 양이온 중합으로 합성되는 PEO에 비해 PDI값이 1에 가까운 단분산이어서, 정밀한 구조 제어가 요구되는 의료용 페길레이션(PEGylation) 등에 활용된다.

$$RO^- + \underset{H_2C-CH_2}{\overset{O}{\triangle}} \longrightarrow ROCH_2CH_2O^- \tag{3.49}$$

$$ROCH_2CH_2O^- + \underset{H_2C-CH_2}{\overset{O}{\triangle}} \longrightarrow \longrightarrow \longrightarrow \underset{\text{PEO}}{-\!\!\left(CH_2CH_2O\right)\!\!-} \tag{3.50}$$

폴리(프로필렌 옥사이드)(poly(propylene oxide))도 에틸렌 옥사이드 단량체와 유사하게, 프로필렌 옥사이드의 양이온 또는 음이온 중합에 의해 제조된다(식 3.51).

$$\underset{H_2C-CHCH_3}{\overset{O}{\triangle}} \xrightarrow{\text{Ionic polymerization}} -\!\!\left(CH_2\underset{CH_3}{\underset{|}{C}}HO\right)\!\!- \tag{3.51}$$

● **고리 구조 아마이드 화합물의 음이온 개환 중합**

나일론 6은 식 3.52에 나타낸 것처럼 ε-카프로락탐(ε-caprolactam)의 개환 중합에 의하여 합성된다. 소듐 카프로락타메이트(sodium caprolactamate) 등의 염기를 사용하는 음이온 개환 중합법을 사용한다. 230~280℃의 온도에서 ε-카프로락탐이 용융된 상태에서 중합이 진행된다. 나일론 6의 상업적 생산은 주로 이 방법을 활용하고 있다.

ε-Caprolactam —Ring-opening polymerization→ Nylon 6 (3.52)

3.2.4 배위 중합

에틸렌은 라디칼 구조를 안정화시킬 수 있는 치환기가 없어서 생장 라디칼이 매우 불안정하고, 따라서 활성화 에너지가 높아 보통의 조건에서는 라디칼 중합이 일어나기 어렵다. 이 때문에 에틸렌의 라디칼 중합을 진행하려면 고온(150~300℃) 및 고압(1000~3000 bar) 조건이 필요하다. 고온은 활성화 장벽을 넘게 하고, 고압은 단량체 충돌 빈도를 높여 반응 속도를 확보하기 위한 것이다(즉, 비활성 단량체를 가혹한 조건에서 강제로 중합시킴). 이러한 고온 및 고압 조건에서는 연쇄 이동 반응이 활발하게 일어나기 때문에 분기형 폴리에틸렌이 생성된다. 분기형 폴리에틸렌은 많은 가지(branch) 때문에 조밀한 쌓임(close packing)이 어려워 저밀도 폴리에틸렌(low-density polyethylene, LDPE)으로 얻어진다(그림 3.14).

지글러(K. Ziegler)는 전이 금속과 유기금속 화합물의 조합을 촉매로 사용하여 저온(70~120℃), 저압(10~80 bar)에서 에틸렌을 중합시킨 결과 (연쇄 이동 반응이 거의 일어나지 않아) 선형 폴리에틸렌이 생성되는 것을 발견하였다. 선형 폴리에틸렌은 입체 구조가 단순하여 결정화도가 높고, 따라서 고밀도 폴리에틸렌(high-density polyethylene, HDPE)이 얻어진다(그림 3.14). HDPE는 LDPE에 비해 밀도가 높고, 강인(tough)하며, 녹는점이 높다. 한편, 나타(G. Natta)는 지글러 촉매를 사용한 1-알켄(1-alkene, α-olefin)의 중합에서 입체 규칙적(isotactic 또는 syndiotactic) 고분자가 생성되는 것을 발견하였다.

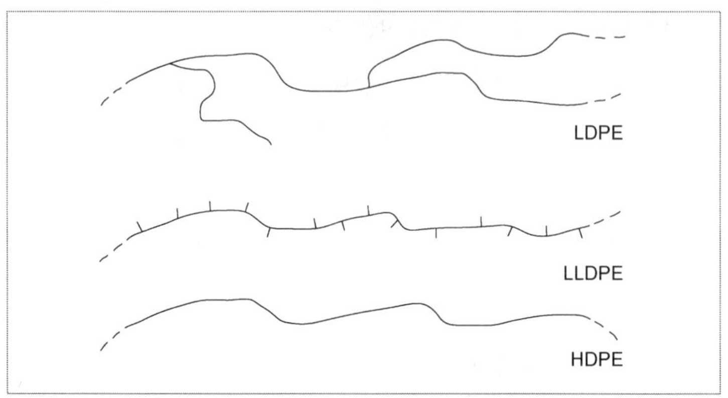

그림 3.14 LDPE, LLDPE 및 HDPE의 개념도.

이들이 사용한 촉매를 **지글러–나타 촉매** 또는 복합 배위 촉매(complex coordination catalyst)라고 부르며; 4~8족의 전이 금속 성분과 1, 2, 13족 원소의 유기금속 성분의 조합으로 되어 있다. 대표적인 사례로 다음과 같은 성분으로 구성된다.

$$TiCl_4 + Al(C_2H_5)_3$$

지글러–나타 촉매는 비극성 단량체에 대해 높은 반응성을 나타내며, 특히 **α–올레핀**을 중합시킬 수 있는 유일한 개시제이다. 그림 3.15에 나타낸 에틸렌, 프로필렌, 1–뷰텐, 1–헥센 등의 α–올레핀, 그리고 다이엔(diene), 사이클로알켄(cycloalkene) 등의 단량체를 중합시킬 수 있다.

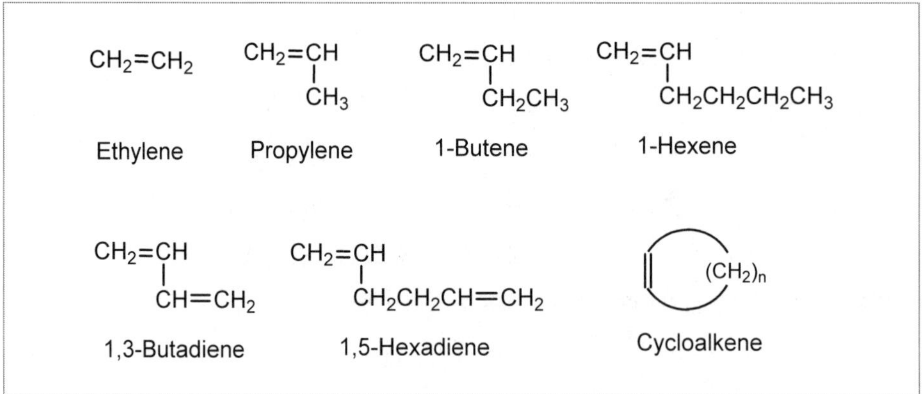

그림 3.15 지글러–나타 촉매로 중합 가능한 비극성 단량체.

표 3.21 복합 배위 촉매로 중합되는 상업적 고분자의 예

고분자	입체 구조	주요 용도
폴리에틸렌	–	병, 파이프, 전기 절연재
폴리프로필렌	아이소택틱	기계 부품, 로프
폴리(1–뷰텐)	아이소택틱	필름, 파이프
폴리(에틸렌–*co*–(1–알켄)) 공중합체 (LLDPE)	–	포장 필름, 병
폴리에틸렌–폴리프로필렌 블록 공중합체	아이소택틱	식품포장 필름, 장난감, 병
1,4–폴리뷰타다이엔	시스	타이어, 컨베이어 벨트, 전기 절연재

α–올레핀은 일반적인 조건에서 라디칼 중합, 이온 중합이 잘 일어나지 않는다(중합을 일으키려면 가혹한 조건이 요구되며, 중합이 일어난다고 해도 저분자량이 얻어진다). 예를 들어 프로필렌은 라디칼 중합이나 이온 중합에 의해서는 충분한 분자량이 얻어지지 않지만, 지글러–나타 촉매를 사용한 배위 중합에 의해서는 높은 분자량의 아이소택틱 폴리프로필렌이 얻어진다. 표 3.21에 지글러–나타 촉매 기반 **배위 중합**으로 합성되는 고분자의 종류와 용도에 대하여 정리하였다. 라디칼 중합에 의하여 합성되는 LDPE의 분자 사슬 형태가 무작위적인 분기형인데 비하여, 배위 중합에서는 가지의 형태와 길이를 균일하게 조절할 수도 있다. 예를 들어 에틸렌과 1–뷰텐을 지글러–나타 촉매 존재하에 공중합시키면 에틸기가 규칙적인 짧은 가지로 달린 폴리에틸렌을 얻을 수 있다. 이것을 **선형 저밀도 폴리에틸렌**(linear low–density polyethylene, LLDPE)이라고 한다(그림 3.14).

복합 배위 촉매로 중합되는 고분자는 다양한 용도에 활용되고 있다(표 3.21). HDPE가 병, 파이프, 전기 절연재 등으로 활용되고 있고, 아이소택틱 폴리프로필렌은 기계 부품, 로프 등으로 활용된다. 폴리(에틸렌–*co*–(1–알켄)) 공중합체(LLDPE)는 포장 필름, 병 등으로 활용되고 있고, 폴리에틸렌–아이소택틱 폴리프로필렌 블록 공중합체는 식품 포장재, 장난감, 병 등으로 사용된다.

복합 배위 촉매에 의한 중합은 단량체와 촉매가 배위 결합 상태로 진행된다(따라서 배위 중합이라고 부름). 그림 3.16에 $TiCl_4/Al(C_2H_5)_3$ 촉매를 사용한 배위 중합의 추정 메커니즘을 보였다. 먼저 전이 금속 전구체($TiCl_4$)가 알킬알루미늄($Al(C_2H_5)_3$)과 반응하여 금속–알킬 복합체를 형성하여 활성 중심을 만든다. 여기에 알켄 단량체의 π 전자쌍이 금속의 빈 d 오비탈과 상호작용하여 배위 결합을 형성

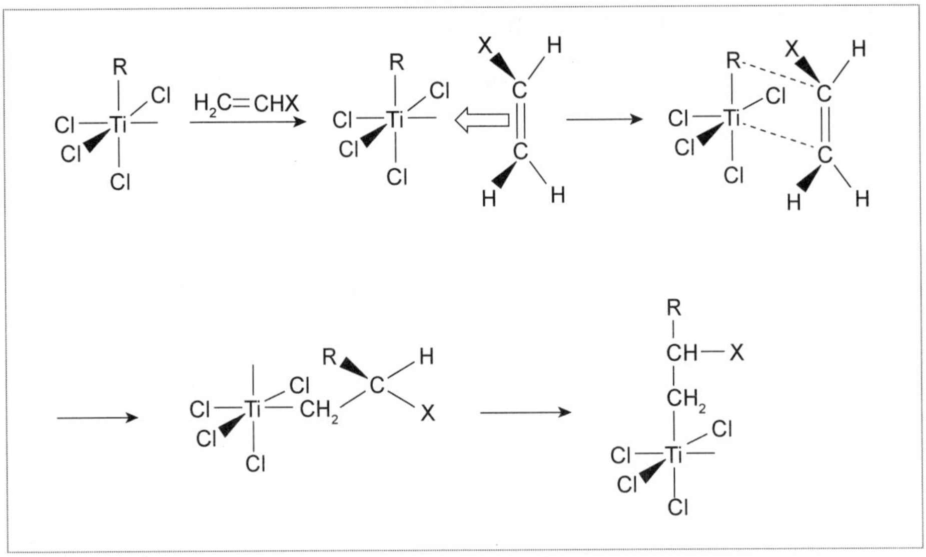

그림 3.16 배위 중합의 메커니즘.

한다. 배위된 알켄 단량체가 금속–알킬 결합 쪽으로 삽입되어 사슬이 연장된다. 이러한 과정이 반복되면서 고분자 사슬이 계속 길어진다.

3.3 단계 중합

3.3.1 단계 중합의 특징(연쇄 중합과의 비교)

연쇄 중합과 단계 중합의 비교는 3.1.1절에서 기술하였다. **연쇄 중합**에서는 개시제에 의한 개시 반응과 분자량이 증가하는 생장 반응이 별도로 존재하는 반면, **단계 중합**에서는 개시 반응과 생장 반응의 구분이 없고 한 종류의 반응(예: 에스터화 반응(esterification))으로 중합이 이루어진다. 연쇄 중합에서는 정지 반응에 의해 말단기의 반응성 구조가 없어지는데 반해(예외: 리빙 중합), 단계 중합에서는 정지 반응이 없고 중합 후에도 말단기의 구조가 그대로 유지된다. 연쇄 중합에서는 선형 고분자를 합성하기 위해서는 작용기 1개인 단량체가, 단계 중합에서는 작용기 2개인 단량체가 필요하다(표 3.22). 가교형 고분자를 합성하기 위해서는 연쇄 중합에

표 3.22 선형 또는 가교형 고분자의 합성

구분	선형 고분자 합성 시 필요한 단량체	가교형 고분자 합성 시 필요한 단량체
연쇄 중합	작용기 1개인 단량체	작용기 2개 이상인 단량체가 포함되어야 함
단계 중합	작용기 2개인 단량체	작용기 3개 이상인 단량체가 포함되어야 함

서는 작용기 2개 이상인 단량체가 포함되어야 하고, 단계 중합에서는 작용기 3개 이상인 단량체가 포함되어야 한다.

단계 중합에서는 연쇄 중합에서 얻어지는 고분자량은 얻기 어렵다. 단계 중합은 초기에는 단량체끼리, 이후에는 올리고머끼리 반응하는 식으로 진행되는데, 분자량이 커질수록 분자 사슬의 움직임이 둔해지고, 또 반응성 말단기의 농도가 낮아지므로 반응성 말단기가 서로 만나 반응하기가 어려워지기 때문이다.

단계 중합은 대체로 **축합 중합**으로 진행되는데, 예를 들어, 다이카복실산과 다이올의 반응으로 물 분자가 빠져나가면서 폴리에스터가 생성된다(식 3.53). 이 반응은 가역반응에 해당하므로, 발생하는 부생성물(물)을 반응계에서 계속 제거해 주어야 정반응(중합 반응)이 원활하게 진행될 수 있다.

$$\mathrm{HO{-}\overset{\overset{O}{\|}}{C}{-}R{-}\overset{\overset{O}{\|}}{C}{-}OH} + \mathrm{HO{-}R'{-}OH} \rightleftharpoons \left(\mathrm{\overset{\overset{O}{\|}}{C}{-}R{-}\overset{\overset{O}{\|}}{C}{-}O{-}R'{-}O}\right)_n + \mathrm{nH_2O} \tag{3.53}$$

단계 중합에서는 고리형 화합물(cyclic compound)의 생성이 중합 반응과 경쟁하는 경우가 있다. 예를 들어 에틸렌 글라이콜을 산 촉매하에서 반응시키면 중합 반응보다도 1,4-다이옥세인(1,4-dioxane) 생성 반응이 우선하여 일어난다(식 3.54). 폴리에터를 주로 얻기 위해서는 에틸렌 글라이콜의 농도를 높여서 중합 반응이 우선적으로 일어나게 할 필요가 있다.

$$\mathrm{HOCH_2CH_2OH} \xrightarrow[-\mathrm{H_2O}]{\mathrm{H^+}} \begin{cases} \text{1,4-dioxane (O, O ring)} \\ \left(\mathrm{CH_2CH_2O}\right) \end{cases} \tag{3.54}$$

3.3.2 분자량의 의도적 제한

고분자의 분자량이 크면 일반적으로 기계적 강도가 증가하는 유리한 점이 있지만, 점도가 높아져 가공이 어려워지는 문제가 있다. 기계적 강도가 좋으면서도 가공이 용이하기 위해서는 (너무 크지 않은) 적절한 수준의 분자량으로 조절할 필요가 있다. 예를 들어 사출성형(injection molding)의 경우, 용융된 고분자를 몰드에 밀어 넣어야 하므로 고분자 용융액의 점도가 너무 높지 않아야 한다.

단계 중합에서 고분자의 분자량을 제한(중합 반응을 도중에 중지)하는 방법으로는, 1) 반응계의 급랭, 2) 작용기 1개짜리 화합물(monofunctional reactant)의 소량 첨가, 3) AA–BB 식 중합에서 한쪽 단량체의 과량 사용 등이 있다(표 3.23). 중합을 도중에 중지시키는 원리에 대하여 표에서 각각 설명하였다.

AA–BB식 중합에서 한쪽 단량체(BB)를 과량 사용하면, 적은 몰수의 단량체(A)가 먼저 소모되어 다른 쪽 단량체(B)만이 남게 됨으로써 중합이 도중에 중지된다. 이것을 **양론적 불균형**(stoichiometric imbalance)이라고 부르며, 분자량 조절에 흔히 사용하는 방법이다. 투입한 반응물 중의 작용기 A와 B의 몰수를 각각 $N_A{}^0$와 $N_B{}^0$라고 할 때, 팩터 r은 수식 3.9와 같이 정의할 수 있다.

$$r = \frac{N_A^0}{N_B^0} \qquad \text{(수식 3.9)}$$

여기서 B의 몰수가 약간 과량이라면 $N_A{}^0 < N_B{}^0$이고, $r < 1$이다. 반응이 완결되었을 때의 평균 중합도는 수식 3.10과 같이 나타내진다(유도 과정 생략).

$$\overline{DP} = \frac{1+r}{1-r} \qquad \text{(수식 3.10)}$$

예를 들어 반응물 중 B의 몰수가 A에 비해 5% 과량이라고 하면, 평균 중합도는 41

표 3.23 단계 중합에서 분자량을 제한하는 방법

분자량 제한 방법	원리
반응계 급랭	반응계의 온도를 크게 낮춤으로써 중합 중지
작용기 1개짜리 화합물 첨가	생장 사슬 말단 작용기와 반응할 수 있는 화합물을 첨가함으로써 말단 작용기를 블로킹하여 반응 차단
한쪽 단량체의 과량 사용 (AA–BB식 중합에서)	반응계의 한쪽 작용기를 먼저 소모시킴으로써 중합 중지

로 계산된다. 따라서 고분자량의 중합체를 얻기 위해서는 엄밀하게 같은 몰수의 단량체($r = 1$)를 사용할 필요가 있음을 보여준다.

3.3.3 단계 중합 방식

바이닐 화합물의 중합과 난바이닐 화합물의 중합을 열역학적으로 비교하면, 바이닐 화합물은 **활성화 에너지**(E_{act})가 낮고 큰 발열을 나타내는 반면, 난바이닐 화합물은 활성화 에너지가 높고 발열량은 작다. 따라서 난바이닐 화합물의 단계 중합은 바이닐 화합물의 연쇄 중합보다 일반적으로 높은 온도(150~280℃)에서 진행한다.

단계 중합의 공정 방식은 상(phase)이 한 종류인 균일 반응계와 상이 두 종류 이상인 불균일 반응계로 나뉠 수 있다(표 3.24). 균일 반응계에서는 용매 없이 단량체만으로 진행되는 **벌크 중합**과, 단량체가 용매에 용해되어 진행되는 **용액 중합**이 있다. 벌크 중합은 얻어진 중합체에 불순물이 적게 함유되어 있다는 장점이 있는 반면, 점도가 높아 효율적인 교반이 어려울 수 있고, (축합 중합의 경우) 부생성물 제거를 위해 감압/고온가열이 필요하다는 단점이 있다. 용액 중합은 점도가 낮아 교반과 처리가 용이하고 공비 증류(azeotropic distillation)에 의해 부생성물 제거가 용이한 장점이 있는 반면, 중합 후 용매 제거 공정이 필요하다는 단점이 있다.

불균일 반응계에는 **계면 중합**(interfacial polymerization)이 있다. 서로 섞이지 않는 두 종류의 용매 중에 두 단량체를 각각 녹여 두 용액상의 경계면에서 중합을 일으키는 방식이다. 예를 들어, 그림 3.17에 나타내었듯이 다이카복실산 이염화물(dicarboxylic acid chloride)을 메틸렌 클로라이드(CH_2Cl_2)에 용해시킨 용액과, 다이아민 화합물을 NaOH 수용액에 용해시킨 용액을 접촉시키면 계면에서 식 3.55의 중합이 일어나 폴리아마이드가 생성된다. 가수분해성이 있는 다이카복실산 이염화물이 경계면에서 물과 접촉하지만 가수분해 반응보다 아민과의 반응이 더 빠르게 일어나므로 중합 반응이 가능하다. 이 반응은 실온에서 매우 빠르게 진행되므로 경계면으로의 단량체의 확산이 율속 과정(rate-determining process)이다. 경

표 3.24 단계 중합의 공정 방식

구분	중합 방식	특징
균일 반응계	벌크 중합	용매 없이 단량체로만 진행
	용액 중합	단량체를 용매에 녹여 진행
불균일 반응계	계면 중합	두 용액상의 계면에서 중합 반응 일어남

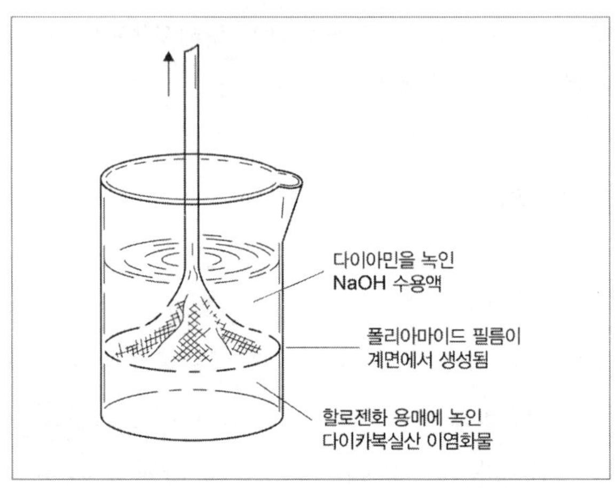

그림 3.17 계면 중합.

계면으로 확산되는 단량체가 주로 중합체의 말단과 반응하게 되므로 고분자량이 얻어진다(연쇄 중합의 생장 반응과 유사한 개념임). 또한 계면에서 반응 후 생성된 중합체는 곧바로 계면에서 떨어져 나오므로 역반응이 억제된다.

$$\mathrm{Cl-\overset{O}{\overset{\|}{C}}-R-\overset{O}{\overset{\|}{C}}-Cl} \quad + \quad \mathrm{H_2N-R'-NH_2}$$
$$\xrightarrow[\mathrm{H_2O,\ CH_2Cl_2}]{\mathrm{NaOH}} \left(\mathrm{\overset{O}{\overset{\|}{C}}-R-\overset{O}{\overset{\|}{C}}-NH-R'-NH}\right)_n \quad + \quad \mathrm{nHCl} \tag{3.55}$$

계면 중합은 1) 초박막 형성이 가능하고, 2) 반응 조건이 온화하고, 3) 반응 속도가 매우 빠른 장점이 있으나, 1) 생산 비용이 높고(장치 및 용매 비용), 2) 반응이 계면에서만 일어나므로 생산 규모 확대(scale-up)가 어려우며, 3) 부산물(HCl) 처리 문제 등의 단점이 있어서 공업적으로는 특수한 일부 분야에서만 활용되고 있다. 표 3.25에 보였듯이 역삼투(reverse osmosis)막 제조, 나노여과(nanofiltration) 분리막용 가교형 아라미드 제조, 향료 또는 의약품 캡슐 제조 등의 특수한 분야에 사용된다.

표 3.25 계면 중합의 상업적 활용

용도	활용 분야	활용 고분자의 예
역삼투용 또는 나노여과용 막 제조	물 정화, 해수 담수화, 반도체 세정수 생산	가교 아라미드
마이크로캡슐 제조	향료 또는 의약품 캡슐 제조	폴리유레아

3.3.4 단계 중합에 의한 공중합체 합성

단계 중합에서 얻어지는 **공중합체**는 두 종류 이상의 반복 단위를 갖는 고분자를 의미한다. 서로 다른 반복 단위가 무질서하게 나열되어 있는 랜덤 공중합체, 반복 단위가 교대로 나열되어 있는 교대 공중합체, 그리고 블록화되어 있는 블록 공중합체를 얻을 수 있다. 예를 들어, 테레프탈산, 아이소프탈산, 에틸렌 글라이콜을 몰비 1:1:2로 반응시키면 두 종류의 반복 단위가 무질서하게 나열된 **랜덤 공중합체**가 생성된다.

$$HO_2C-C_6H_4-CO_2H \;+\; HO_2C-C_6H_4-CO_2H \;+\; HO-CH_2CH_2-OH$$

$$\longrightarrow \left(\overset{O}{\overset{\|}{C}}-C_6H_4-\overset{O}{\overset{\|}{C}}-O-CH_2CH_2-O\right)_m\left(\overset{O}{\overset{\|}{C}}-C_6H_4-\overset{O}{\overset{\|}{C}}-O-CH_2CH_2-O\right)_n \qquad (3.56)$$

Poly[(ethylene terephthalate)-*co*-(ethylene isophthalate)]

두 종류의 반복 단위가 교대로 나열된 **교대 공중합체**를 합성하기 위해서는 다음과 같은 방법을 사용한다(식 3.57). A와 C, 그리고 B와 C가 서로 반응할 수 있는 작용기라고 할 때, 단량체 AA를 단량체 CC를 몰비 1:2로 반응시키면 CC–AA–CC가 얻어진다. CC–AA–CC를 단량체 BB와 몰비 1:1로 반응시키면 CC–AA와 CC–BB가 교대로 나열된 교대 공중합체가 생성된다. 만약 AA, BB, CC를 몰비 1:1:2로 한꺼번에 반응시킨다면 랜덤 공중합체가 생성될 것이다.

$$AA + 2CC \longrightarrow CC-AA-CC \xrightarrow{BB} \left(CC-AA-CC-BB\right) \qquad (3.57)$$

식 3.58에 나타내었듯이 양 말단이 하이드록시기인 폴리에터와 양 말단이 아이소사이아네이트기인 폴리우레탄을 반응시키면 폴리에터 블록과 폴리우레탄 블록으로 구성된 블록 공중합체를 합성할 수 있다.

$$HO-\text{polyether}-OH \;+\; OCN-\text{polyurethane}-NCO$$

$$\longrightarrow \left(O-\text{polyether}-\overset{O}{\overset{\|}{O}C}NH-\text{polyurethane}-NH\overset{O}{\overset{\|}{C}}\right) \qquad (3.58)$$

3.3.5 단계 중합에 의한 고분자의 종류별 합성

3.3.5.1 폴리에테르

폴리에테르는 양이온 중합, 음이온 중합뿐만 아니라 단계 중합에 의해서도 제조된다. 예를 들어 슈퍼엔지니어링 플라스틱으로 이용되는 **폴리에테르이미드**(polyetherimide, PEI)는 식 3.59에 나타낸 바와 같이 비스페놀A(bisphenol A)의 소듐염과 1,3−비스(나이트로프탈이미도)벤젠(1,3−bis(nitrophthalimido)benzene)의 축합 중합으로 합성된다. PEI는 열안정성, 내용제성, 내화학성이 우수하기 때문에 자동차나 전자전기 제품의 부품 등으로 널리 사용되고 있다.

$$\text{NaO–C}_6\text{H}_4\text{–C(CH}_3)_2\text{–C}_6\text{H}_4\text{–ONa} + \text{O}_2\text{N–(phthalimide)–N–C}_6\text{H}_4\text{–N–(phthalimide)–NO}_2 \xrightarrow{-\ \text{NaNO}_2} \text{–[O–C}_6\text{H}_4\text{–C(CH}_3)_2\text{–C}_6\text{H}_4\text{–O–(phthalimide)–N–C}_6\text{H}_4\text{–N–(phthalimide)]–} \quad (3.59)$$

단계 중합에 의한 폴리에테르의 또 다른 예로는 **폴리에테르에테르케톤**(polyetheretherketone, PEEK)을 들 수 있는데, 이 고분자도 슈퍼엔지니어링 플라스틱으로 중요하게 활용되고 있다. 이 고분자는 식 3.60에 나타낸 바와 같이 하이드로퀴논(hydroquinone)의 포타슘염과 4,4'−다이플루오로벤조페논(4,4'−difluorobenzophenone)의 중축합 반응에 의해 제조된다. PEEK는 내마모성, 난연성, 내화학성, 열안정성 등이 우수하기 때문에 케이블 등의 절연이나 기계 부품 등으로 사용되고 있다.

$$\text{KO–C}_6\text{H}_4\text{–OK} + \text{F–C}_6\text{H}_4\text{–C(=O)–C}_6\text{H}_4\text{–F} \xrightarrow{-\ \text{KF}} \text{–[O–C}_6\text{H}_4\text{–O–C}_6\text{H}_4\text{–C(=O)–C}_6\text{H}_4\text{]–} \quad (3.60)$$

에폭시 수지(epoxy resin)는 폴리에터의 특별한 형태로서, 에폭시기(epoxy group)를 2개 이상 가진 **프리폴리머**(prepolymer)를 가교반응(crosslinking)시켜 3차원 그물구조를 형성한 것을 말한다. 대표적인 예를 들면, 우선 비스페놀A와 에피클로로하이드린을 다음 식 3.61과 같이 반응시켜 n이 2~25인 에폭시 프리폴리머를 합성한다. 프리폴리머는 점성이 높은 액체로서, 여기에 적절한 **가교제**(crosslinking agent)를 혼합하여 가열하면 가교반응이 일어나 단단한 에폭시 수지가 얻어진다. 가교제로는 다작용성 아민 또는 무수물(anhydride)을 사용한다. 식 3.62와 3.63에 아민을 사용한 가교반응의 예를 보였다. 에폭시 수지는 내화학성, 접착성 등이 우수하고 가교반응 시 수축이 적기 때문에 보호 코팅, 접착제, 복합수지의 매트릭스 등의 용도로 이용된다.

$$HO-C_6H_4-C(CH_3)_2-C_6H_4-OH + H_2C\overset{O}{-}CH-CH_2Cl \longrightarrow$$
$$H_2C\overset{O}{-}CHCH_2\left(O-C_6H_4-C(CH_3)_2-C_6H_4-OCH_2CH(OH)CH_2\right)_n O-C_6H_4-C(CH_3)_2-C_6H_4-OCH_2CH\overset{O}{-}CH_2 \quad (3.61)$$

$$RNH_2 + H_2C\overset{O}{-}CH\sim \longrightarrow RNHCH_2CH(OH)\sim \quad (3.62)$$

$$RNHCH_2CH(OH)\sim + H_2C\overset{O}{-}CH\sim \longrightarrow RN(CH_2CH(OH)\sim)CH_2CH(OH)\sim \quad (3.63)$$

3.3.5.2 폴리에스터와 유사 고분자

● 폴리에스터

다음의 에스터기를 고분자 주쇄에 가진 고분자를 **폴리에스터**라고 한다. 고분자 형태에 따라서 크게 선형과 가교형으로 나눌 수 있다.

$$-\overset{O}{\overset{\|}{C}}-O-\quad \text{Ester group}$$

선형 폴리에스터의 대표적인 예로는 **폴리(에틸렌 테레프탈레이트)**(PET)를 들 수 있다. PET는 현재 합성섬유 분야에서 가장 생산량이 많은 고분자이며, PET 섬유의 60% 이상은 의복용으로 사용되고 있다. PET는 섬유뿐만 아니라 병과 필름 형태로도 많이 사용되고 있다(흔히 페트병이라고 불리는 음료수병이 PET로 제조된 것이다). 식 3.64와 식 3.66에 나타낸 것과 같이 테레프탈산(terephthalic acid, TPA)과 에틸렌 글라이콜(ethylene glycol, EG)을 반응시켜 중간체인 비스(2-하이드록시에틸) 테레프탈레이트(bis(2-hydroxyethyl) terephthalate, BHET)를 합성한 후, BHET를 축합 중합시켜 PET를 합성하는 방법이 사용된다. 다이메틸 테레프탈레이트(dimethyl terephthalate, DMT)와 EG를 에스터 교환 반응(transesterification)시켜 합성(식 3.65)한 BHET를 축합 중합시키는 방법도 사용되고 있다. 두 가지 방법 중, TPA의 가격이 DMT보다 저렴하고, 식 3.64의 반응 시 부생성물이 물이기 때문에(즉, 친환경적임), TPA를 사용하는 방법이 주로 사용되고 있다.

$$\underset{\text{TPA}}{HO\overset{O}{\overset{\|}{C}}-C_6H_4-\overset{O}{\overset{\|}{C}}OH} + \underset{\text{EG}}{HO-CH_2CH_2-OH} \longrightarrow \underset{\text{BHET}}{HO-CH_2CH_2-O\overset{O}{\overset{\|}{C}}-C_6H_4-\overset{O}{\overset{\|}{C}}O-CH_2CH_2-OH} + H_2O \quad (3.64)$$

$$\underset{\text{DMT}}{H_3C-O\overset{O}{\overset{\|}{C}}-C_6H_4-\overset{O}{\overset{\|}{C}}O-CH_3} + \underset{\text{EG}}{HO-CH_2CH_2-OH} \longrightarrow \text{BHET} + \text{MeOH} \quad (3.65)$$

$$\text{BHET} \xrightarrow{\text{Polycondensation}} \underset{\text{PET}}{\left(\overset{O}{\overset{\|}{C}}-C_6H_4-\overset{O}{\overset{\|}{C}}O-CH_2CH_2-O\right)} + \text{EG} \quad (3.66)$$

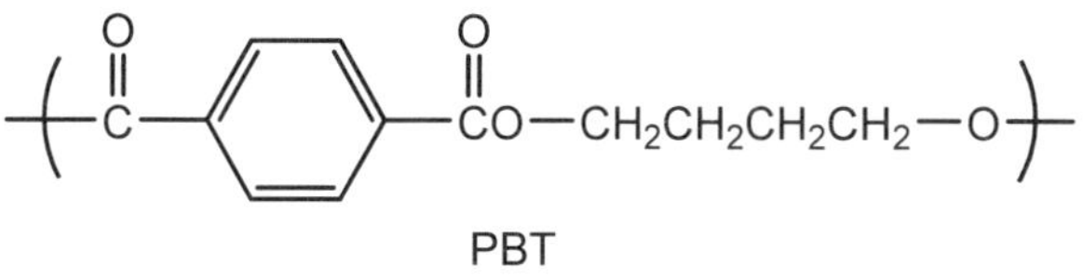

PBT

그림 3.18 PBT의 화학 구조.

PET와 유사한 구조의 선형 폴리에스터로서 그림 3.18의 **폴리(뷰틸렌 테레프탈레이트)**(poly(butylene terephthalate), PBT)가 엔지니어링 플라스틱으로 사용되고 있다. PBT는, 사출성형(injection molding)이 어려운 PET를 대체하기 위하여 개발되었다. PBT가 PET에 비해 사슬의 유연성이 더 커서 결정화 속도가 더 빠르기 때문에(즉, 더 짧은 시간 내에 고화되므로) 사출 성형에서 생산성이 더 높다. 자동차 또는 전기전자용 사출품으로 PET보다 PBT가 선호되고 있다.

가교형 폴리에스터(crosslinked polyester)는 다작용성(polyfunctional) 카복실산과 다작용성 알코올을 반응시켜 얻어진다. 대표적인 예는 식 3.67에 나타낸 2작용성의 무수프탈산(phthalic anhydride)과 3작용성의 글리세롤(glycerol)을 반응시켜 가교 폴리에스터인 **글라입탈**(glyptal)을 제조하는 것이다. 글라입탈의 제조는 2단계로 구성되는데, 첫 번째 단계에서는 점성 액체 올리고머가 얻어지는 시점까지 중합시키고, 두 번째 단계에서 올리고머 액체를 코팅하거나 몰드에 넣고 완전히 경화시켜 단단한 중합체를 얻는다. 글라입탈은 주로 접착제나 코팅 용도로 사용되고 있다.

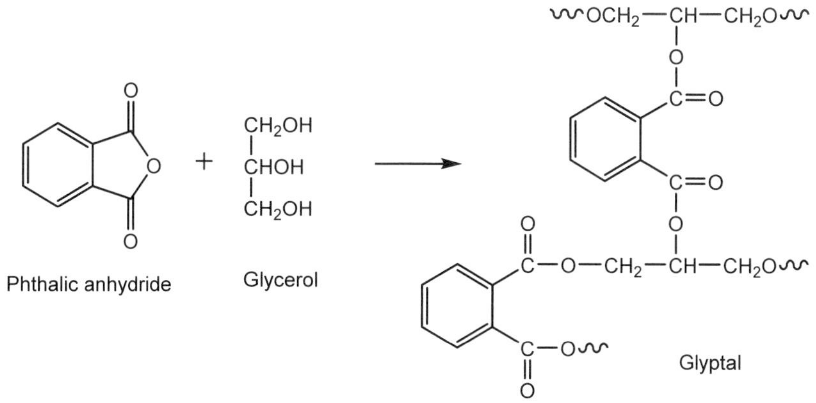

Phthalic anhydride + Glycerol → Glyptal (3.67)

위에서 기술한 글라입탈은 에스터화 반응에 의해서 중합과 동시에 가교반응이 일어난다. 만약 고분자 사슬에 불포화 결합(탄소-탄소 다중 결합)을 도입하면 중합 후 필요할 때 불포화 결합의 반응에 의해 가교를 일으킬 수 있다. 이러한 고분자를 **불포화 폴리에스터**(unsaturated polyester)라고 하며, 식 3.68에 대표적인 합성방법을 나타내었다. 무수프탈산(phthalic anhydride), 무수말레산(maleic anhydride), 다이에틸렌 글라이콜(diethylene glycol)을 몰비 1:1:2로 혼합하여 중축합 반응을 시키면 주쇄에 탄소-탄소 이중 결합을 가진 선형의 불포화 폴리에스터가 얻어진다. 이 단계에서는 분자량이 비교적 낮다. 가교 시에는 스타이렌 등의 바이닐 단량체에 라디칼 개시제와 함께 용해시켜 점성 있는 액체를 제조한 후 몰드에 넣고 가열한다(식 3.69). 불포화 폴리에스터는 주로 **섬유 강화 플라스틱**의 매트릭스 성분으로 사용되고 있다.

Phthalic anhydride + Maleic anhydride + $HOCH_2CH_2OCH_2CH_2OH$ (Diethylene glycol)

$\xrightarrow{-H_2O}$ $\sim OC(=O)-C_6H_4-C(=O)OCH_2CH_2OCH_2CH_2O\sim OC(=O)CH{=}CHC(=O)OCH_2CH_2OCH_2CH_2O\sim$

Unsaturated polyester (3.68)

Unsaturated polyester + $CH{=}CH_2$ (styrene) $\xrightarrow{\text{Radical crosslinking}}$ (3.69)

(crosslinked structure: $\sim OC(=O)CH-CHC(=O)O\sim$ chains linked through $-CH(C_6H_5)-CH_2-$)

● 폴리카보네이트

폴리카보네이트(polycarbonate, PC)는 주로 포스젠(phosgene)과 비스페놀A의 계면 중합으로 합성된다(식 3.70). 알칼리 수용액 층에는 비스페놀A가, 유기 용액 층에는 포스젠이 용해된 상태로, 두 층이 접촉하면서 계면에서 중합 반응이 일어난다. 반응이 빠르고 고분자량이 얻어지는 장점이 있으나, 포스젠의 유독성 때문에 안전성이 떨어지고 부생성물로 염화 수소(HCl)가 발생하여 환경에 부담이 된다는 단점이 있다. 폴리카보네이트를 합성하는 또 다른 방법으로, 용융 에스터 교환 반응이 개발되었다. 다이페닐 카보네이트(diphenyl carbonate)가 용융 상태에서 비스페놀A와 반응하여 폴리카보네이트를 생성한다(식 3.71). 이 반응은 유기용매를 사용하지 않으며, 부생성물인 페놀은 증류로 회수하여 재활용된다. 안전성이 우수하며 친환경적이어서 현재 대부분의 상업적 PC 생산에 활용되고 있다.

$$\text{HO-}C_6H_4\text{-}C(CH_3)_2\text{-}C_6H_4\text{-OH} + Cl\text{-}C(=O)\text{-}Cl \xrightarrow{-\,HCl} \left[\text{-O-}C_6H_4\text{-}C(CH_3)_2\text{-}C_6H_4\text{-O-}C(=O)\text{-} \right]_n \tag{3.70}$$

Bisphenol A　　Phosgene　　PC

$$\text{HO-}C_6H_4\text{-}C(CH_3)_2\text{-}C_6H_4\text{-OH} + PhO\text{-}C(=O)\text{-}OPh \xrightarrow{-\,PhOH} \left[\text{-O-}C_6H_4\text{-}C(CH_3)_2\text{-}C_6H_4\text{-O-}C(=O)\text{-} \right]_n \tag{3.71}$$

Bisphenol A　　Diphenyl carbonate　　PC

3.3.5.3 폴리아마이드와 유사 고분자

역사적으로, 또 상업적으로 폴리아마이드는 고분자 시장에서 매우 중요한 위치를 차지한다. 듀폰사에서 개발된 나일론은 최초의 합성섬유(synthetic fiber)로 기록되었고, 당시의 상품명이었던 나일론이라는 명칭이 현재는 지방족 구조를 가진 폴리아마이드계의 고분자 물질을 총칭하는 것으로도 사용된다. 나일론은 전체 섬유 생산량의 약 25%, 전체 엔지니어링 플라스틱 생산량의 약 40%를 차지한다. 폴리아마이드와 유사한 화학 구조를 가지는 고분자로서는 폴리우레탄(polyurethane), 폴리이미드(polyimide) 등이 있다. 그림 3.19에 아마이드, 우레탄, 이미드의 구조를 나타내었다.

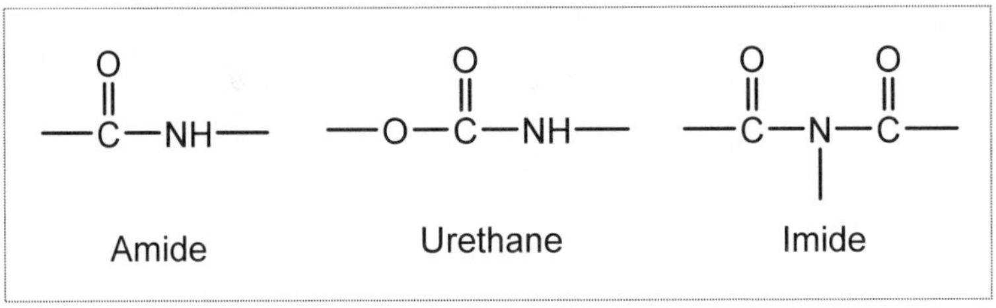

그림 3.19 폴리아마이드와 그의 유사 고분자의 기본 구조.

● **폴리아마이드**

폴리아마이드의 대표적인 예로는 지방족 폴리아마이드인 나일론 6, 66, 11, 12, 610 등과 방향족 폴리아마이드인 **아라미드**(aramid)를 들 수 있으며, 섬유와 플라스틱으로 사용된다. 그중에서 폴리아마이드 생산량의 약 80%를 차지하는 나일론 6과 나일론 66의 제조 방법에 대하여 설명하기로 한다. 나일론 6은 **ε-카프로락탐**(ε-caprolactam)의 음이온 개환 중합에 의하여 합성(식 3.52)하기도 하지만, 식 3.72에 나타낸 것처럼 ε-카프로락탐을 가수분해하여 6-아미노카프로산(6-aminocaproic acid)을 제조한 후 이를 축합 중합시키는 방법도 사용된다. 이 방법은 고온 및 진공 등의 조건에서 부생성물인 물을 제거하면서 중합을 진행해야 하므로 음이온 개환 중합에 비하여 불리한 점이 있다.

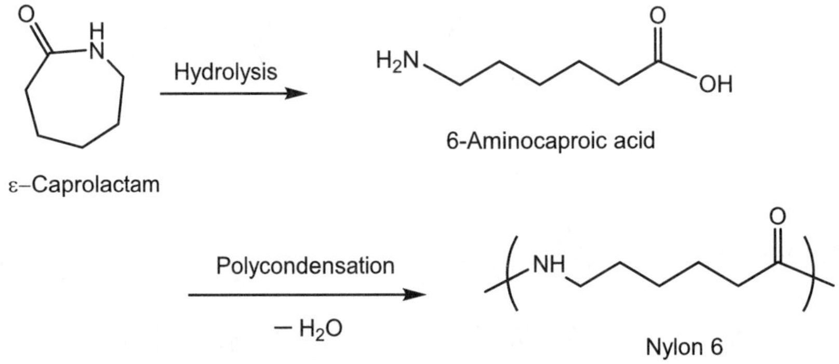

ε-Caprolactam → Hydrolysis → 6-Aminocaproic acid → Polycondensation ($-H_2O$) → Nylon 6 (3.72)

나일론 66은 식 3.73에 나타낸 것처럼 아디프산(adipic acid)과 헥사메틸렌다이아민(hexamethylenediamine)의 반응에 의하여 합성된다. 아디프산과 헥사메틸렌다이아민을 혼합하면 산염기 반응에 의하여 암모늄염 중간체(monomer salt, **단량체 염**)가 얻어지며, 이것을 260~280℃로 가열하면 축합 반응에 의하여 나일론 66이 얻어진다. 단량체 염은 두 단량체의 몰비가 정확하게 1:1로 맞춰진 상태여서, 중합 공정에서 물을 철저히 제거한다면 고분자량의 나일론 66을 얻을 수 있다.

Hexamethylenediamine + Adipic acid

Monomer salt (3.73)

Polycondensation, $-H_2O$

Nylon 66

나일론은 일반적으로 인장 강도, 굽힘 강도(flexural strength), 충격 강도(impact strength) 등이 우수하여 자동차, 전기·전자 제품, 정밀 기계, 스포츠용품 등에 널리 사용된다.

아라미드(aramid) 고분자 중 대표적인 케블라(Kevlar)의 중합 반응을 식 3.74에 보였다. *p*-페닐렌다이아민(*p*-phenylenediamine)과 테레프탈로일 클로라이드(terephthaloyl chloride)를 유기용매 중에서 중합시키면 Kevlar 고분자가 얻어진다. Kevlar는 유기용매에 녹지 않기 때문에 고농도 황산(H_2SO_4)에 녹여 액정성 용액(liquid crystalline dope)을 만든 후 방사(spinning)하여 섬유로 제조한다.

p-Phenylenediamine + Terephthaloyl chloride

(3.74)

Polycondensation, $-HCl$

Kevlar

● 폴리우레탄

폴리우레탄의 제조에서 사용되는 주요 반응으로는 비스클로로포메이트(bischloroformate) 화합물과 다이아민의 반응(식 3.75), 다이아이소사이아네이트

(diisocyanate) 화합물과 다이하이드록시(dihydroxy) 화합물의 반응(식 3.76)을 들 수 있다.

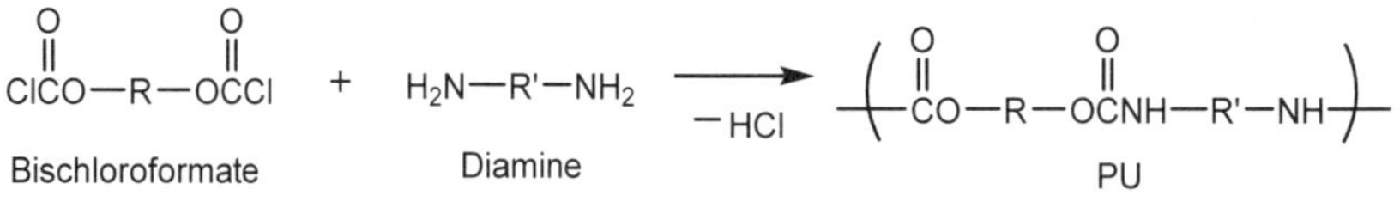

$$\underset{\text{Bischloroformate}}{\mathrm{ClCO{-}R{-}OCCl}} \;(\text{both C}{=}\text{O}) + \underset{\text{Diamine}}{\mathrm{H_2N{-}R'{-}NH_2}} \xrightarrow[-\mathrm{HCl}]{} \underset{\text{PU}}{\left[\overset{O}{\overset{\|}{C}}O{-}R{-}O\overset{O}{\overset{\|}{C}}NH{-}R'{-}NH\right]} \qquad (3.75)$$

$$\underset{\text{Diisocyanate}}{\mathrm{OCN{-}R{-}NCO}} + \underset{\text{Dihydroxy compound}}{\mathrm{HO{-}R'{-}OH}} \longrightarrow \underset{\text{PU}}{\left[\overset{O}{\overset{\|}{C}}NH{-}R{-}NH\overset{O}{\overset{\|}{C}}O{-}R'{-}O\right]} \qquad (3.76)$$

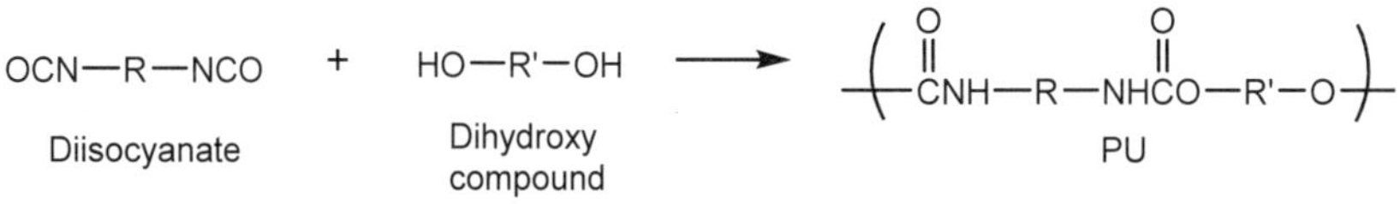

공업적으로는, 부생성물이 없는 식 3.76의 반응이 더 유리하다. 폴리우레탄은 주로 섬유, 접착제, 고무, 발포제의 네 가지 형태로 생산된다. **섬유용** 폴리우레탄의 대표적인 예로서 헥사메틸렌 다이아이소사이아네이트(hexamethylene diisocyanate)와 테트라메틸렌 글라이콜(tetramethylene glycol)의 반응에 의한 고분자(상품명 Perlon U)를 들 수 있다(식 3.77). Perlon U는 섬유, 브러시(brush)용 강모(bristle), 전선 피복 등으로 사용된다.

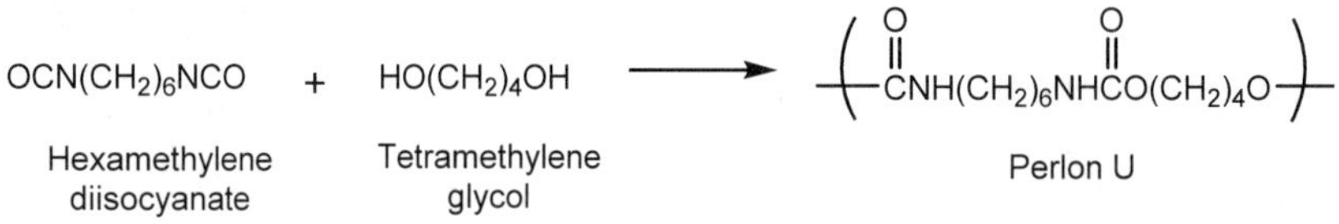

$$\underset{\text{Hexamethylene diisocyanate}}{\mathrm{OCN(CH_2)_6NCO}} + \underset{\text{Tetramethylene glycol}}{\mathrm{HO(CH_2)_4OH}} \longrightarrow \underset{\text{Perlon U}}{\left[\overset{O}{\overset{\|}{C}}NH(CH_2)_6NH\overset{O}{\overset{\|}{C}}O(CH_2)_4O\right]} \qquad (3.77)$$

접착제용 폴리우레탄에는 그림 3.20에 나타낸 방향족계 다이아이소사이아네이트가 주로 사용된다. 메틸렌 다이페닐 다이아이소사이아네이트(methylene diphenyl diisocyanate, MDI), 톨루엔 다이아이소사이아네이트(toluene diisocyanate, TDI) 등이 대표적이다. 이 화합물들의 아이소사이아네이트기는 수분, 피접착제 표면의 수산기 등과 반응하여 화학적 1차 결합을 형성하고, 접착제 성분 중의 하나로 포함된 폴리올(polyol) 등과 2차적인 결합을 하여 접착성을 발휘한다.

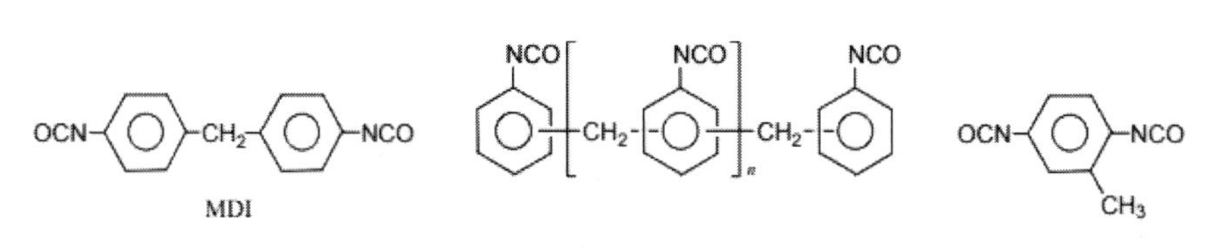

그림 3.20 폴리우레탄 접착제에 사용되는 다이아이소사이아네이트의 대표적인 예.

폴리우레탄은 **고무**로 사용되기도 한다. 그 예로는 양 끝에 말단기로 하이드록시기를 가진 분자량 2,000~3,000 g/mol의 폴리에스터 또는 폴리에터에 나프탈렌 1,5-다이아이소사이아네이트(naphthalene 1,5-diisocyanate)를 반응시킨 것이 있다(식 3.78). 말단의 아이소사이아네이트기는 다이아민 존재하에서 유레아(urea, 요소) 구조를 생성하면서 분자량이 높아지고(식 3.79), 이를 고압하에서 가열하면 잔류 아이소사이아네이트기가 우레탄기(-NHCOO-) 또는 요소기(-NHCONH-)의 수소와 반응하여 3차원 그물구조를 형성하면서 고무 특성을 가지게 된다.

$$\underset{\text{polyester or polyether}}{HO\sim\sim OH} + OCN{-}C_{10}H_6{-}NCO \longrightarrow OCN{-}C_{10}H_6{-}NHCO\sim\sim OCNH{-}C_{10}H_6{-}NCO \quad (3.78)$$

$$\sim\sim NCO + H_2NCH_2CH_2NH_2 + OCN\sim\sim \longrightarrow \sim\sim NH\overset{O}{\overset{\|}{C}}NHCH_2CH_2NH\overset{O}{\overset{\|}{C}}NH\sim\sim \quad (3.79)$$

폴리우레탄의 최대 용도는 **발포재**(foams)이다. 아이소사이아네이트기를 양 말단에 가진 분자량 약 3,000 g/mol의 예비 중합체(prepolymer)에 물을 가하면 식 3.80에 나타낸 것과 같이 말단기가 요소기를 생성하면서 결합하여 분자량이 높아진다. 이때 발생하는 이산화 탄소가 폴리우레탄 매트릭스 내에 기포를 형성하게 된다.

$$OCN\sim\sim NCO + H_2O \longrightarrow OCN\sim\sim NH\overset{O}{\overset{\|}{C}}OH \xrightarrow{CO_2} OCN\sim\sim NH_2 \longrightarrow \left(\sim NH\overset{O}{\overset{\|}{C}}NH\sim\right) \quad (3.80)$$

예비 중합체의 종류에 따라 경질 발포재(rigid foams) 또는 연질 발포재(flexible foams)가 제조되는데, 경질 발포재는 단열재, 방음재 등으로, 연질 발포재는 쿠션, 베개, 화장용 도구, 완구 등의 용도로 사용된다.

● 폴리이미드

고리형 이미드(cyclic imide) 구조를 가지는 **폴리이미드**는 특별히 높은 열안정성(high thermal stability)을 가지기 때문에 내열성 고분자로서 주목받고 있다. 폴리이미드의 전형적인 합성 반응을 식 3.81에 나타내었다. 방향족 다이안하이드라이드(dianhydride)와 다이아민을 반응시켜 폴리암산(poly(amic acid))을 합성하고, 이를 가열하여 고리 닫힘(ring closure) 반응에 의하여 폴리이미드를 얻는다.

$$\text{Phthalic anhydride} + H_2N-R-NH_2 \longrightarrow \text{Poly(amic acid)} \xrightarrow[-H_2O]{\text{Heat}} \text{Polyimide} \qquad (3.81)$$

여기에서 R이 방향족인 경우에는 최종 폴리이미드가 불용(insoluble), 불융(infusible)이므로 원하는 형태로의 가공이 불가능하다. 따라서 폴리아마이드 중간체(폴리암산)를 사용하여 원하는 형태로 가공(폴리암산은 용매에 녹음)한 후 가열하여 폴리이미드를 제조한다. **슈퍼엔지니어링** 플라스틱으로 분류되는 폴리이미드는 일반적으로 400℃ 이상의 T_g와 500℃ 이상의 열분해 온도를 가져, 높은 내열성이 요구되는 용도에 사용되며, 아울러 전기 절연성이 우수하여 반도체 등의 전기 절연재료(insulating material)로도 사용된다.

3.3.5.4 페놀, 요소 및 멜라민 수지

페놀, 요소 및 멜라민(melamine)은 폼알데하이드(formaldehyde)와 반응하여 경화되며, 이렇게 얻어지는 수지를 각각 페놀 수지, 요소 수지, 멜라민 수지라 한다. 이들 수지는 전체 열경화성 수지 생산량의 약 70%를 차지한다.

페놀은 염기 존재 하에서 식 3.82와 같이 양성자가 떨어진 구조를 갖게 되며, 식 3.83과 같이 폼알데하이드와 반응하여 메틸올페놀을 생성한다. 메틸올기는 하이드록시기에 대하여 오쏘(ortho) 및 파라(para) 위치 모두에 치환될 수 있다. 메틸올페놀을 가열하면 축합 반응이 일어나 그림 3.21과 같은 구조의 **레졸**(resole)이 합성된다.

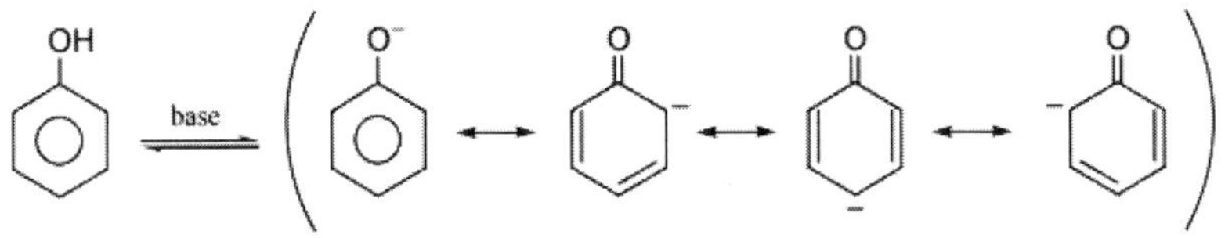

(3.82)

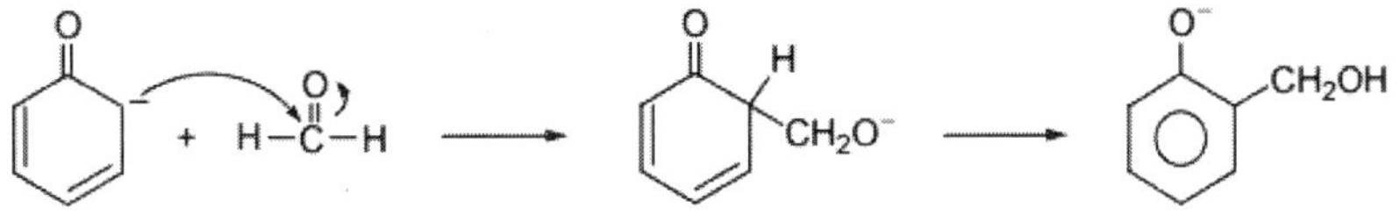

(3.83)

페놀과 폼알데하이드를 산 존재하에서 반응시키면 식 3.84와 같이 폼알데하이드에 양성자 첨가(protonation)가 일어난 후 식 3.85와 같이 페놀에 치환 반응을 일으키게 된다. 치환 반응은 오쏘 및 파라 위치 모두에 일어나며, 반응은 더 진행되어 그림 3.21과 같은 구조의 **노볼락**(novolac)이 얻어진다.

$$H{-}C(=O){-}H \xrightleftharpoons{H^+} (CH_2{=}\overset{+}{O}H \longleftrightarrow \overset{+}{C}H_2{-}OH) \quad (3.84)$$

(3.85)

레졸과 노볼락은 분자량 1,000 g/mol 이하의 예비 중합체로서, 이 상태에서 성형 가공을 한 후 가열하여 완전히 경화시킨다.

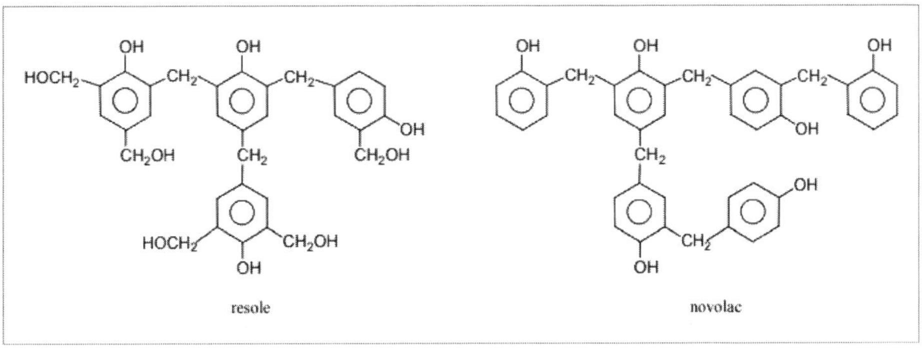

그림 3.21 레졸과 노볼락의 전형적인 구조.

요소 및 멜라민도 각각 식 3.86과 식 3.87과 같이 폼알데하이드와 반응하고, 추가적인 반응이 더 진행되어 예비 중합체를 생성한다.

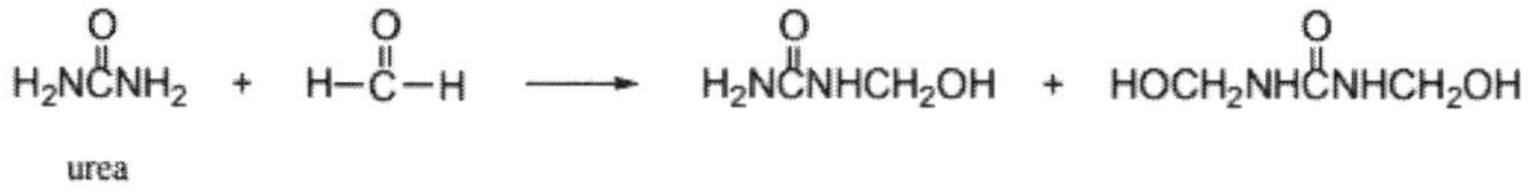

$$\underset{\text{urea}}{H_2N\overset{O}{\overset{\|}{C}}NH_2} + H-\overset{O}{\overset{\|}{C}}-H \longrightarrow H_2N\overset{O}{\overset{\|}{C}}NHCH_2OH + HOCH_2NH\overset{O}{\overset{\|}{C}}NHCH_2OH \quad (3.86)$$

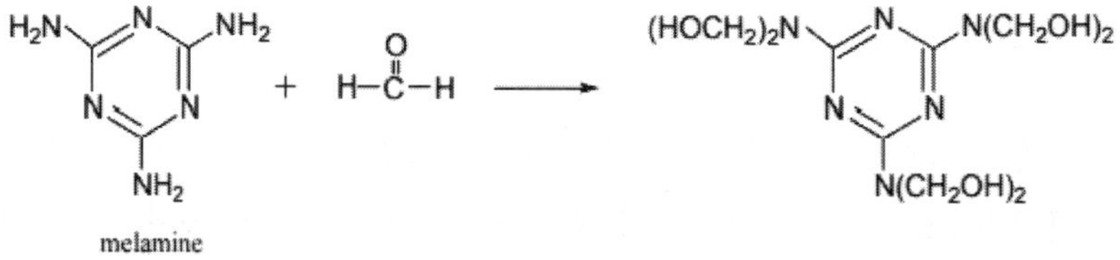

$$\text{melamine} + H-\overset{O}{\overset{\|}{C}}-H \longrightarrow \text{2,4,6-tris}[N(CH_2OH)_2]\text{-1,3,5-triazine} \quad (3.87)$$

3.3.6 무기 고분자

3.3.6.1 무기 고분자 개요

유기 고분자를 제외한 나머지 고분자는 모두 **무기 고분자**(inorganic polymer)로 분류된다. 고분자는 유기 고분자가 대부분이고, 무기 고분자의 종류는 매우 한정되어 있다. 좁은 의미에서는 그림 3.22의 폴리(설퍼 나이트라이드)(poly(sulfur nitride))와 같이 유기 구조를 전혀 포함하지 않는 고분자를 무기 고분자로 부른다. 그러나 넓은 의미에서는 주쇄가 유기 구조를 갖지 않는 고분자를 의미한다(단, 측쇄는 유기 구조일 수 있다). 이에 해당하는 대표적인 예로는 **폴리포스파젠**(polyphosphazene), 폴리실록세인(polysiloxane), 폴리실레인(polysilane) 등이 있다(그림 3.23).

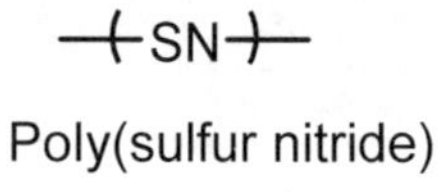

$$-\!\!\left(SN\right)\!\!-$$

Poly(sulfur nitride)

그림 3.22 유기 구조를 가지지 않은 무기 고분자.

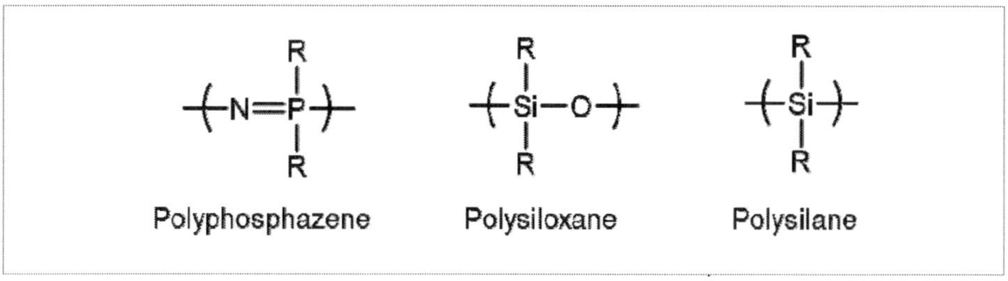

Polyphosphazene　Polysiloxane　Polysilane

그림 3.23 유기 측쇄를 가진 무기 고분자.

3.3.6.2 실리콘 제품

실리콘 고분자(silicone polymer)는 Si–O–Si 결합을 주쇄로 가진 유기규소 고분자(organosilicon polymer)를 의미한다. 편의상 **실리콘 오일**, 실리콘 고무, 실리콘 수지 등으로 분류할 수 있다. 실리콘 고분자의 대표적인 장점 중의 하나로 내열성과 내화학성을 들 수 있고, 이것은 규소와 산소의 반복된 결합에 기인한다. 아울러, 규소에 결합된 메틸기는 유기기 중에서는 가장 간단하고 안정하기 때문에 실리콘 제품의 우수한 내열성과 내화학성에 기여한다. 이 메틸기가 페닐기로 치환되면 페닐기의 안정성 때문에 내열성이 더욱 향상될 뿐 아니라, 페닐기의 부피가 메틸기보다 크기 때문에 실리콘의 유연성이 증가한다. 일반적으로 규소에 치환된 유기기의 화학 구조에 따라 실리콘 제품의 전체 특성이 달라진다. 따라서 규소에 치환된 유기기의 화학 구조를 다르게 하거나 실리콘 고분자의 분자량을 조절함으로써 다양한 특성의 실리콘 제품을 제조할 수 있다.

● 실리콘 오일

$(CH_3)_2SiCl_2$를 가수분해하면 Si–Cl기가 가수분해되어 실란올(Si–OH)기로 전환된다(식 3.88). 실란올기는 알코올(C–OH)과 달라 불안정하며, 스스로 축합 반응을 일으켜 물 분자가 빠져나오면서 실록세인(Si–O–Si) 구조가 된다(식 3.89). 그런데 분자당 실란올기가 2개씩 있으므로 양쪽에서 계속 축합 반응을 일으켜 중합이 일어나면서 분자량이 증가한다. 분자량이 증가하는 과정에서 분자 사슬의 양쪽 끝의 실란올기가 반응하게 되면 고리형 **폴리다이메틸실록세인**(cyclic polydimethylsiloxane (PDMS))이 생성되고, 그렇지 않은 경우는 선형(linear) PDMS가 생성된다(식 3.90). 가수분해 조건에 따라 고리형과 선형의 비율이 달라진다.

$$\mathrm{Cl{-}Si(CH_3)_2{-}Cl} + 2H_2O \longrightarrow \mathrm{HO{-}Si(CH_3)_2{-}OH} + 2HCl \quad (3.88)$$

$$\mathrm{HO{-}Si(CH_3)_2{-}OH} + \mathrm{HO{-}Si(CH_3)_2{-}OH} \longrightarrow \mathrm{HO{-}Si(CH_3)_2{-}O{-}Si(CH_3)_2{-}OH} + H_2O \quad (3.89)$$

$$\mathrm{HO{-}Si(CH_3)_2{-}O{-}Si(CH_3)_2{-}OH} \longrightarrow \left(\mathrm{Si(CH_3)_2{-}O}\right)_n \text{ Cyclic}; \quad \mathrm{HO}\left(\mathrm{Si(CH_3)_2{-}O}\right)_n\mathrm{H} \text{ Linear} \quad (3.90)$$

식 3.88~3.90의 반응에 의해 생성된 실리콘 오일은 분자 양 끝에 붙어있는 실란올기가 축합을 일으켜 보관 중에 점도가 변화(증가)할 수 있으므로, 실리콘 오일을 제품화하기 위해서는 점도를 안정화시킬 필요가 있다. 또한 용도별로 점도가 다른 다양한 제품들을 만들 필요가 있다. 따라서, 1) 고리형 PDMS의 사슬을 열어 선형 PDMS를 만들고, 2) 평형화 공정을 통하여 점도를 조절하고, 3) 고분자의 양 끝에 사슬 stopper를 결합시켜 안정화시킨다. 고리형 PDMS 사슬을 여는 데는 강한 산이나 염기가 촉매로 사용된다. 예를 들어 황산은 실록세인의 사슬을 분해시키는 반응과 실란올기를 축합시키는 반응을 동시에 일으킨다. 이러한 분해-재축합의 평형화 과정을 통하여 점도를 조절할 수 있다. 사슬 stopper로서는 대표적으로 $(CH_3)_3SiCl$를 사용하는데, 이 화합물을 가수분해시키면 $(CH_3)_3SiOH$로 전환되어 선형 PDMS의 말단 실란올기와 반응함으로써 PDMS 말단기의 반응성을 없앤다(식 3.91). 실리콘 오일 제품 중에서 가장 많이 사용되는 것이 식 3.91에 나타낸 PDMS이다.

$$\mathrm{HO}\left(\mathrm{Si(CH_3)_2{-}O}\right)_n\mathrm{H} \xrightarrow{(CH_3)_3SiOH} \mathrm{H_3C{-}Si(CH_3)_2{-}O}\left(\mathrm{Si(CH_3)_2{-}O}\right)_n\mathrm{Si(CH_3)_2{-}CH_3} \quad (3.91)$$

위에서 제조한 실리콘 오일에는 미량의 저분자량 PDMS나 고리형 PDMS가 잔류할 수 있다. 이러한 물질들은 끓는점이 낮아 사용 도중에 휘발하여 점도 변화를 초래하거나 가연성이어서 화재의 위험이 있다. 따라서 이들 물질은 감압증류를 통하여 제거해야 한다. 최종적으로, 150℃에서 24시간 가열 시 무게 변화가 0.5% 미만인 실리콘 오일 제품을 만든다. 실리콘 오일 제품은 열전달 매체, 윤활유, 유압 오일, 브레이크 오일, 변속 오일 등으로 사용되고 있다.

● 실리콘 고무

분자량이 매우 높아 고무상(고체에 가까운 점탄성)을 나타내는 실리콘 생고무를 가교시키면 강도와 탄성이 증가하여 **실리콘 고무**가 된다. PDMS 구조의 메틸기 대신에 바이닐, 페닐, 트라이플루오르프로필기 등이 치환되어 다양한 성질을 가진 실리콘 고무 제품이 생산되고 있다(그림 3.24). PDMS 구조 기반의 실리콘 고무는 대량 생산에 적합하여 가격이 저렴한 반면, 다른 유기기가 치환된 구조는 생산 원가가 높은 대신 공정상의 이점이 있거나 고무 제품의 성질이 우수하다. 바이닐기를 가진 고무는 가교반응을 더 낮은 온도에서 수행할 수 있고, 페닐기를 가진 고무는 유연성과 내열성이 우수하다. 트라이플루오르프로필기의 도입은 내약품성 및 내용제성을 향상시킨다.

실리콘 생고무를 가교시키는 방법에는 고온 가교와 상온 가교가 있다. 실리콘 생고무와 유기과산화물의 혼합물을 고온으로 가열하면 식 3.92~3.94에 나타내었듯이 먼저 과산화물이 분해되어 자유 라디칼 화학종이 생성된다. 이 라디칼 화학종이

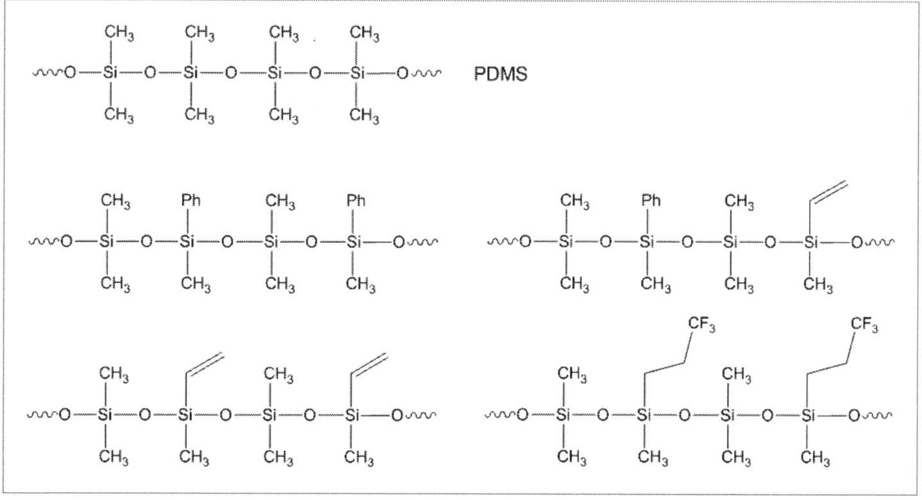

그림 3.24 실리콘 고무 제조에 사용되는 실리콘 생고무의 화학 구조.

메틸기에서 수소를 떼어내 폴리실록세인 사슬에 메틸라디칼기를 생성시킨다. 메틸라디칼기를 가진 폴리실록세인 분자끼리 반응하여 가교 구조를 형성하면서 실리콘 생고무가 실리콘 고무로 전환된다.

$$\mathrm{Ph{-}\overset{\displaystyle O}{\overset{\|}{C}}{-}O{-}O{-}\overset{\displaystyle O}{\overset{\|}{C}}{-}Ph} \xrightarrow{\Delta} 2\,\mathrm{Ph{-}\overset{\displaystyle O}{\overset{\|}{C}}{-}O\cdot} \tag{3.92}$$

$$\mathrm{Ph{-}\overset{\displaystyle O}{\overset{\|}{C}}{-}O\cdot} + \mathrm{\sim O{-}\underset{\displaystyle CH_3}{\overset{\displaystyle CH_3}{Si}}{-}O\sim} \longrightarrow \mathrm{\sim O{-}\underset{\displaystyle CH_3}{\overset{\displaystyle \dot{C}H_2}{Si}}{-}O\sim} + \mathrm{Ph{-}\overset{\displaystyle O}{\overset{\|}{C}}{-}OH} \tag{3.93}$$

$$2\,\mathrm{\sim O{-}\underset{\displaystyle CH_3}{\overset{\displaystyle \dot{C}H_2}{Si}}{-}O\sim} \longrightarrow \mathrm{\sim O{-}\overset{\displaystyle CH_3}{Si}(CH_2CH_2)\underset{\displaystyle CH_3}{Si}{-}O\sim} \tag{3.94}$$

위에 기술한 가교 방법이 실리콘 생고무와 유기과산화물의 2성분을 사용하고 고온에서 가교가 이루어지는 데 비하여, 실리콘 생고무를 상온에서 반응시키는 방법도 개발되었다(식 3.95 및 3.96). 이 방법에서는 분자 사슬의 말단이 실란올기로 되어있는 실리콘 생고무에 메틸트라이아세톡시실레인($CH_3Si(OCOCH_3)_3$) 화합물을 혼합한다. 이 혼합물이 공기 중의 수분과 접촉하면 $CH_3Si(OCOCH_3)_3$ 화합물에 가수분해가 일어나 초산이 탈리되면서 실란올기가 생성된다(식 3.95). 이 실란올기가 주변의 다른 실란올기와 축합 반응하면서 가교가 일어나 실리콘 고무가 생성된다(식 3.96). $CH_3Si(OCOCH_3)_3$ 화합물을 사용하는 대신 PDMS 사슬의 말단 규소를 아세톡시기로 보호해 놓은 생고무를 사용하는 방법도 있다.

$$\mathrm{H_3C{-}Si(O{-}\overset{\displaystyle O}{\overset{\|}{C}}{-}CH_3)_3} \xrightarrow{\text{Hydrolysis}} \mathrm{H_3C{-}\underset{\displaystyle OH}{\overset{\displaystyle OH}{Si}}{-}OH} + 3\,\mathrm{HO{-}\overset{\displaystyle O}{\overset{\|}{C}}{-}CH_3} \tag{3.95}$$

$$CH_3Si(OH)_3 + 3\ \sim\!Si(CH_3)_2\text{–}OH \xrightarrow[-\,H_2O]{} CH_3Si[\text{–}O\text{–}Si(CH_3)_2\!\sim]_3 \qquad (3.96)$$

실리콘 고무는 본질적으로 분자 간 인력이 작고 비결정성 구조를 갖기 때문에 인장 강도가 매우 낮아 실용성이 떨어진다. 따라서 강도를 향상시키기 위해서는 충진제를 혼합하는 것이 필요하다. 대표적으로 사용되고 있는 충진제는 산화 규소(SiO_2) 분말이다. 산화 규소는 입자 표면에 실란올기가 존재하여 생고무 분자의 양 끝에 있는 실란올기와 수소 결합을 하거나, 또는 입자 표면 실란올기와의 축합 반응을 통하여 화학 결합을 함으로써 실리콘 고무를 보강하게 된다. 실리콘 고무는 밀봉재, 접착제, 콘택트렌즈, 인공심장 밸브, 인쇄회로 기판 등의 용도로 사용되고 있다.

● 실리콘 수지

규소에 한 개의 유기기와 세 개의 염소가 결합되어 있는 유기트라이클로로실레인(organotrichlorosilane, $RSiCl_3$) 화합물을 가수분해시키면 3개의 실란올기가 생성되고, 중합 반응과 가교반응이 동시에 진행되면서 고체가 된다. 이 고체 생성물을 결합의 형태에 따라 분류하면 입방체(cubic)형, 사다리(ladder)형, 교차(crossed)형으로 나누어진다(그림 3.25).

R_2SiCl_2과 $RSiCl_3$를 혼합하여 가수분해시키면 중합 반응과 가교반응이 동시에 진행되어 식 3.97에 나타낸 것과 같이 수지 상태의 고분자가 얻어진다. 생성되는 수지의 특성은 규소에 결합되어 있는 유기기의 화학 구조, 규소에 대한 유기기의 비율, 두 성분의 비율, 가수분해 방법에 따라 달라질 수 있다. 경우에 따라서는 $RSiCl_3$과 $SiCl_4$을 사용하기도 한다.

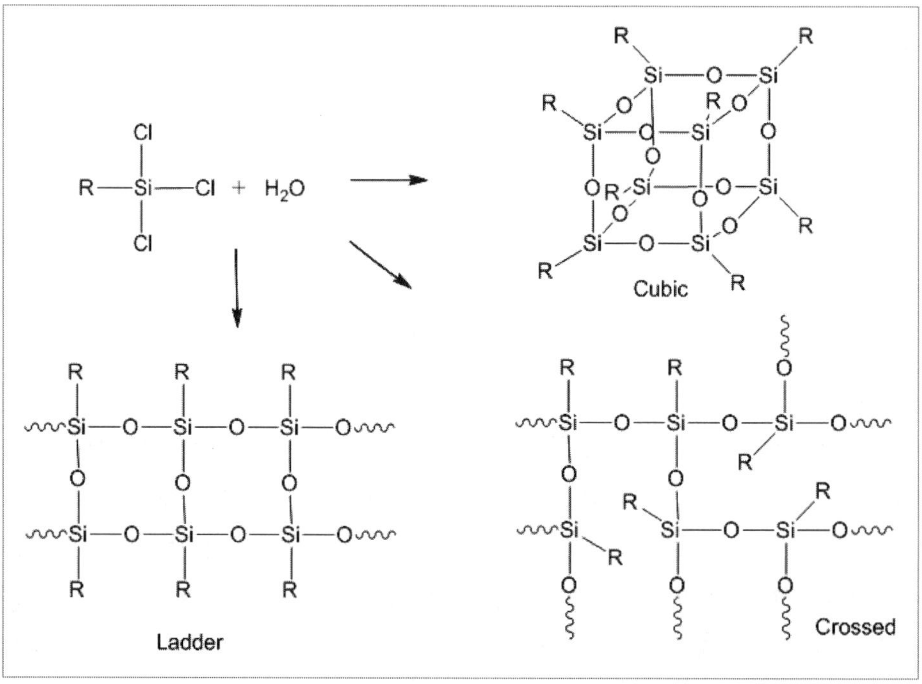

그림 3.25 유기트라이클로로실레인이 가수분해되어 형성하는 결합 형태.

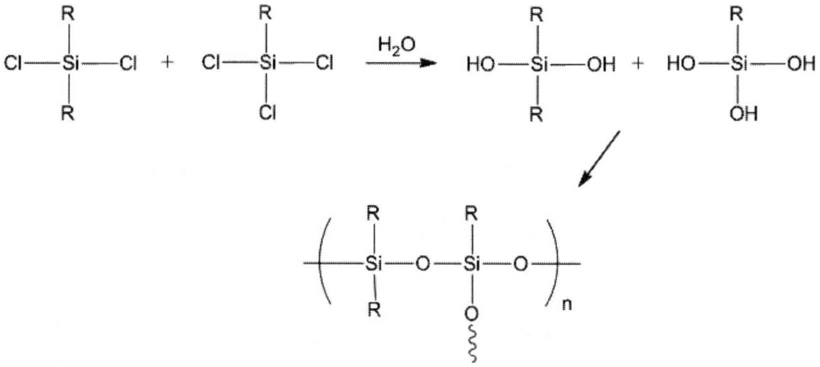

$$\mathrm{Cl{-}SiR_2{-}Cl + Cl{-}SiR(Cl){-}Cl \xrightarrow{H_2O} HO{-}SiR_2{-}OH + HO{-}SiR(OH){-}OH \rightarrow \left(SiR_2{-}O{-}SiR(O\sim){-}O \right)_n} \tag{3.97}$$

유기기로서 크기가 작은 메틸기의 함량이 높으면 생성되는 수지는 단단하나 부스러지기 쉽다. 반면, 페닐기의 함량이 높으면 수지는 유연해진다. 메틸기와 페닐기 이외에도 다양한 특성의 실리콘 수지를 제조하기 위하여 바이닐기, 에스터기, 아민기, 싸이올기, 에폭시기, 아크릴기, 플루오린기 등의 작용기를 가진 알킬기가 규소에 결합된 유기클로로실레인(organochlorosilane)을 사용한다. 특히, 플루오린기를 함유하는 클로로실레인(chlorosilane)으로 제조된 실리콘 수지는 발수성이 매우 우수하다.

실리콘 수지는 물체를 보호하기 위한 코팅, 물체를 부착시키고 절연성 · 방수성을 갖는 적층판, 내용물이 용기에 묻지 않도록 하는 이형용 코팅(특히 음식물을 가공하는 용기의 코팅), 수분 침투를 방지하는 발수 코팅, 내열성 성형 재료, 전기전자용 절연재, 거품을 방지하는 소포제 등으로 활용된다.

● 제2세대 실리콘 제품

위에서 언급한 실리콘 고분자들은 그 골격이 규소와 산소의 결합(-Si-O-)으로 이루어진 것이며 이것을 제1세대 실리콘 제품이라고 부른다. 규소에 결합된 유기기는 대부분은 메틸기이며 일부분만이 페닐기, 바이닐기 등으로 치환되어 있다. 이처럼 비교적 단순한 유기기에 비하여 유기기의 비중이 더 커진 실리콘 제품을 제2세대 실리콘 제품이라고 한다. 대표적인 예로서, 실리콘과 유기 고분자가 Si-C 결합으로 연결된 그래프트 공중합체를 들 수 있다. 대부분의 경우 이러한 공중합체는 실리콘 고분자가 가지고 있는 Si-H 결합과 유기 고분자가 가지고 있는 바이닐기나 알릴기의 수소규소화(hydrosilylation) 반응을 통해 제조된다(식 3.98). 이 공중합체는 소수성의 실리콘 고분자와 친수성의 폴리에틸렌글라이콜 구조를 가지므로 계면활성제로 사용된다.

(3.98)

● 제3세대 실리콘 제품

규소와 탄소의 결합(Si-C)은 가수분해에 대하여 안정하며 열적 안정성도 좋다. Si-C 결합을 주요 골격으로 하면서, Si-O 결합 구조 또는 유기고분자 구조를 부수적으로 가져서, 결과적으로 탄화규소의 성질이 가미된 실리콘 제품을 제3세대 실리콘 제품이라고 한다. 규소와 탄소의 결합은 수소규소화 반응을 통하여 생성시킬

수 있으며 식 3.99에 나타낸 것처럼 Si–C 결합을 골격으로 하는 고분자를 얻을 수 있다

$$H-SiR_2-CH_2-SiR_2-H \xrightarrow{\text{CH}_2=\text{CH}-\text{CH}=\text{CH}_2} \left(-SiR_2-CH_2-SiR_2-CH_2CH_2CH_2CH_2-\right)_n \quad (3.99)$$

3.4 고분자의 반응

고분자를 합성한 뒤, 원하는 물성을 얻기 위해 추가적인 화학 반응을 수행하기도 하며, 사용 과정에서 고분자 자체가 화학적으로 변할 수도 있다. 고분자에 일어나는 반응을 표 3.26에 정리하였다. 고분자에 본래는 없던 작용기를 새롭게 도입하거나, 있던 작용기를 다른 구조로 변환시켜 새로운 기능을 부여할 수 있다. 블록 또는 그래프트 공중합체로 만들어 새로운 기능이나 물성을 추가할 수 있다. 고분자 사슬 간 다리 결합을 생성함으로써 기계적 물성을 강화할 수 있고, 필요에 따라 고분자 사슬을 끊기도 한다.

일반적으로, 저분자 화합물에 일어나는 반응이 고분자에도 일어난다. 예를 들어, C=C 결합을 가진 화합물에 Br_2를 반응시킬 때, 저분자(식 3.100)와 고분자(식 3.101)에 같은 반응이 일어날 수 있다.

$$CH_3CH{=}CHCH_3 \xrightarrow{Br_2} CH_3CH(Br)-CH(Br)CH_3 \quad (3.100)$$

표 3.26 고분자의 반응

구분	화학 구조 변화
작용기의 도입 또는 변환	없던 작용기 도입 또는 있던 작용기 바꿈
블록 또는 그래프트 공중합체 합성	새로운 블록을 말단에 선형으로 달거나 가지 형태로 추가
가교	고분자 사슬 간 다리 결합 생성
분해	고분자 사슬을 절단하여 분자량 감소

$$-\!\!\!\left(CH_2CH{=}CHCH_2\right)\!\!\!-_n \xrightarrow{Br_2} -\!\!\!\left(CH_2\underset{Br}{CH}-\underset{Br}{CH}CH_2\right)\!\!\!-_n \tag{3.101}$$

1,4-Polybutadiene　　　Head-to-head poly(vinyl bromide)

단, 고분자 반응의 경우는 분자량이 크기 때문에 점도가 높아 이동성이 떨어지므로 저분자 화합물에 비해 반응 속도가 느릴 수 있다. 또한, 고분자 고체와 기체 물질 간 반응의 경우, 결정성 부분에는 기체 반응물이 침투하지 못하여 반응이 일어나지 않고, 비결정성 부분에만 침투하여 반응할 수 있다. 아울러 반응 도중 고분자의 물리적 상태가 변할 수 있다(예를 들어, 침전이 쉽게 일어남). 고분자의 대표적인 반응에 대하여 알아본다.

3.4.1 작용기의 도입 또는 변환

작용기를 고분자에 도입하는 예로서는 폴리에틸렌을 염소화시켜 염소화 폴리에틸렌(chlorinated PE)을 합성하는 반응을 들 수 있다(식 3.102). 일반적으로 할로젠이 도입되면 난연성(nonflammability)이 증가한다. 이 고분자보다 PVC가 난연성이 더 높기는 하지만 PVC를 사용하는 대신 폴리에틸렌을 낮은 비율로 염소화시켜 폴리에틸렌의 특성을 주로 가지면서 난연성을 띠게 하기 위해 사용된다.

$$-\!\!\!\left(CH_2CH_2\right)\!\!\!-_n \xrightarrow{Cl_2} -\!\!\!\left(CH_2\underset{Cl}{CH}\right)\!\!\!-_n + HCl \tag{3.102}$$

PE　　　Chlorinated PE

또 다른 **작용기 도입** 사례로서는 폴리스타이렌의 벤젠 고리를 클로로메틸화(chloromethylation)하여 다양한 용도로 활용하는 것을 들 수 있다(식 3.103). 예를 들어 이 고분자에 트라이메틸아민을 반응시켜 암모늄염 구조로 만들어(식 3.104) 음이온 교환 수지로 활용할 수 있다. 식 3.104는 본래 존재하는 작용기를 다른 구조로 변환하는 **작용기 변환**에 해당한다.

$$-\!\!\!\left(CH_2\underset{C_6H_5}{CH}\right)\!\!\!-_n \xrightarrow[AlCl_3]{CH_3OCH_2Cl} -\!\!\!\left(CH_2\underset{C_6H_4CH_2Cl}{CH}\right)\!\!\!-_n + CH_3OH \tag{3.103}$$

PS

$$\text{-(CH}_2\text{CH)}_n\text{-}(C_6H_4)CH_2Cl \xrightarrow{N(CH_3)_3} \text{-(CH}_2\text{CH)}_n\text{-}(C_6H_4)CH_2\overset{+}{N}(CH_3)_3\ Cl^- \qquad (3.104)$$

작용기 변환의 또 다른 사례로서, **폴리(바이닐 아세테이트)**(poly(vinyl acetate), PVAc)를 알코올분해(alcoholysis)시켜 **폴리(바이닐 알코올)**(poly(vinyl alcohol), PVA)을 합성하는 반응을 들 수 있다(식 3.105). 아세테이트기가 메탄올에 의해 하이드록실기로 변환된다. 바이닐 알코올(vinyl alcohol)을 직접 중합시켜 PVA를 합성하지 못하는 이유는, 바이닐 알코올이 구조적으로 불안정하여 enol-keto tautomerism에 의해 대부분 아세트알데하이드 형태로 존재하기 때문이다(식 3.106). 따라서 바이닐 아세테이트를 중합시켜 PVAc를 합성하고, PVAc를 작용기 변환시켜 PVA를 합성한다. 한편 식 3.101도 작용기 변환에 해당한다. head-to-head 폴리(바이닐 브로마이드)는 바이닐 브로마이드를 중합시켜서는 얻을 수 없기 때문에 1,4-폴리뷰타다이엔을 브로민화시키는 방식으로 진행한다.

$$\underset{\text{PVAc}}{\text{-(CH}_2\text{CH(OCOCH}_3\text{))}_n\text{-}} \xrightarrow[\Delta]{CH_3OH} \underset{\text{PVA}}{\text{-(CH}_2\text{CH(OH))}_n\text{-}} + CH_3CO_2CH_3 \qquad (3.105)$$

$$\underset{\text{Vinyl alcohol}}{CH_2{=}CH(OH)} \rightleftharpoons \underset{\text{Acetaldehyde}}{CH_3{-}CH{=}O} \qquad (3.106)$$

3.4.2 블록 또는 그래프트 공중합체 합성

표 3.27에 정리한 것처럼 고분자 간의 반응 또는 고분자와 단량체 간의 반응으로 **블록 공중합체**를 합성할 수 있다. 먼저, 말단에 서로 반응할 수 있는 작용기를 가진 고분자들을 반응시키는 방법이 있다. 예를 들어, 식 3.107에 나타낸 것처럼 하이드록시 말단기를 가진 폴리에터와 아이소사이아네이트 말단기를 가진 폴리우레탄을 반응시켜 폴리에터-*block*-폴리우레탄 공중합체를 얻을 수 있다. 유사한 방법으로 폴리에스터-*block*-폴리아마이드 공중합체를 합성하는 반응을 식 3.108에 보였다.

표 3.27 고분자를 이용한 블록 공중합체 합성 방법

방법 구분	반응 화학종
말단에 작용기를 가진 두 고분자 간의 반응	A 고분자 + B 고분자
리빙 중합 이용	A 단량체의 리빙 고분자 + B 단량체
고분자 말단에 중합개시형 작용기 도입	A 단량체의 고분자 + B 단량체

두 번째로는, 리빙 고분자를 합성한 후 다른 종류의 단량체를 투입하여 블록 공중합체를 합성하는 방법으로서, 라디칼, 양이온, 음이온 중합에서 모두 가능하다(3.2절에서 소개함). 세 번째로는, 고분자의 말단에 중합개시가 가능한 퍼옥사이드 등의 구조를 도입한 후, 다른 종류의 단량체를 투입하여 중합시키는 방법이 있다(식 3.109).

$$\text{HO—polyether—OH} + \text{OCN—polyurethane—NCO} \longrightarrow \left(\overset{O}{\overset{\|}{C}}O\text{—polyether—}O\overset{O}{\overset{\|}{C}}NH\text{—polyurethane—}NH \right) \quad (3.107)$$

Polyether-*block*-polyurethane

$$Cl\overset{O}{\overset{\|}{C}}\text{—polyester—}\overset{O}{\overset{\|}{C}}Cl + H_2N\text{—polyamide—}NH_2 \longrightarrow \left(\overset{O}{\overset{\|}{C}}\text{—polyester—}\overset{O}{\overset{\|}{C}}NH\text{—polyamide—}NH \right) \quad (3.108)$$

Polyester-*block*-polyamide

$$\sim CH(R)CH_2OC(CH_3)_2\text{—}C_6H_4\text{—}CH(CH_3)_2 \xrightarrow{O_2} \sim CH(R)CH_2OC(CH_3)_2\text{—}C_6H_4\text{—}C(CH_3)_2OOH \quad (3.109)$$

고분자를 이용한 **그래프트 공중합체**의 합성에는 표 3.28에 정리한 것과 같이 고분자 간의 반응 또는 고분자와 단량체 간의 반응을 이용한다. 먼저, 주쇄에 작용기를 가진 고분자와 말단에 작용기를 가진 고분자를 반응시켜서 그래프트 공중합체를 합성할 수 있다. 식 3.110에서는 측쇄로서 옥사졸린(oxazoline)기를 갖는 고분자에,

표 3.28 **고분자를 이용한 그래프트 공중합체 합성 방법**

방법 구분	반응 화학종
측쇄와 말단에 각각 작용기를 가진 두 고분자 간의 반응	A 고분자의 측쇄 + B 고분자의 말단기
연쇄 이동에 의한 방법	A 고분자 + B 단량체 + 라디칼 개시제
측쇄에 중합 개시가 가능한 작용기가 있는 고분자 사용	A 고분자의 측쇄 + B 단량체

말단기가 카복실기인 고분자를 반응시켜 그래프트 고분자를 합성하는 예를 나타내었다.

$$\sim\text{(oxazoline)} + HO_2C\sim \longrightarrow \sim -\overset{O}{\overset{\|}{C}}NHCH_2CH_2O\overset{O}{\overset{\|}{C}}\sim \quad (3.110)$$

두 번째로, 연쇄 이동 반응을 일으킬 수 있는 고분자에 다른 종류 단량체를 투입하여 개시제 존재하에서 중합시키는 방법이 있다(식 3.111). 예를 들어, PVAc, 에틸렌, 알킬 퍼옥사이드를 혼합하여 가열하면, 생성된 알콕시 라디칼이 아세테이트기 또는 그 주변에 연쇄 이동을 일으키고, 새롭게 생성된 라디칼 구조에서 에틸렌이 중합하여 PVAc-*graft*-PE 공중합체가 생성된다. 세 번째 방법은, 측쇄로서 중합개시가 가능한 작용기를 가진 고분자와 다른 종류의 단량체를 반응시키는 것이다. 예를 들어, 식 3.112에 나타낸 것과 같이 페닐소듐 작용기를 가진 고분자에 아크릴로나이트릴 단량체를 반응시키면, 페닐소듐 구조에서 아크릴로나이트릴로 전자 이동이 일어나면서 음이온 중합이 일어나 PS-*graft*-PAN 공중합체가 얻어진다.

$$\underset{\text{PVAc}}{\sim CH_2\underset{OCCH_3 (C{=}O)}{CH}\sim} \xrightarrow[\text{peroxide}]{CH_2{=}CH_2} \sim CH_2\underset{OC(=O)CH_2(CH_2CH_2)_x^{\cdot}}{CH}\sim\sim CH_2\overset{(CH_2CH_2)_x^{\cdot}}{\underset{OC(=O)CH_3}{C}}\sim \quad (3.111)$$

$$\sim CH_2CH\sim\text{(p-}C_6H_4\text{-Na)} \xrightarrow{CH_2=CHCN} \sim CH_2CH\sim\text{(p-}C_6H_4\text{-}CH_2CH(CN)\sim) \quad (3.112)$$

3.4.3 가교

가교는 고분자 사슬들이 화학 결합에 의해 서로 연결되어 그물구조를 이루는 반응이다. 산업적으로 가장 중요한 고분자 반응 중의 하나로 고무의 가교반응을 들 수 있다. 예를 들어, 퍼옥사이드 존재하에 고분자를 가열하면 퍼옥사이드에서 발생한 라디칼 화학종이 고분자 사슬의 수소를 떼어내 라디칼 구조를 만들고(식 3.113), 이 라디칼 구조끼리 결합(radical combination)하여 가교된다(식 3.114).

$$RO\cdot + \sim CH_2CH_2\sim \longrightarrow \sim\dot{C}HCH_2\sim + ROH \quad (3.113)$$

$$\sim\dot{C}HCH_2\sim + \sim\dot{C}HCH_2\sim \longrightarrow \begin{array}{c}\sim CHCH_2\sim \\ | \\ \sim CHCH_2\sim\end{array} \quad (3.114)$$

황(sulfur)을 이용한 고무의 가교를 식 3.115에 나타내었다. 원소 상태의 황이 가열에 의해 탄소-탄소 이중 결합에 부가되는 방식으로 가교가 일어난다. 황을 이용한 가교반응을 **가황**(vulcanization)이라고 부른다. 넓게는 식 3.114를 포함한 고무의 가교 전반을 가황이라고 부를 때도 있다.

$$\begin{array}{c}\sim CH_2CH{=}CHCH_2\sim \\ + \\ \sim CH_2CH{=}CHCH_2\sim\end{array} \xrightarrow[\text{vulcanization}]{\text{sulfur}} \begin{array}{c}\sim CH_2CH{-}CH_2CH_2\sim \\ | \\ (S)_n \\ | \\ \sim CH_2CH{-}CH{=}CH\sim\end{array} \quad (3.115)$$

불포화 폴리에스터의 경우, 스타이렌 등의 바이닐 단량체에 라디칼 개시제와 함께 용해시켜 점성 있는 액체를 제조한 다음 가열하여 가교반응을 일으킨다(식 3.116). 불포화 폴리에스터는 주로 섬유 강화 플라스틱의 매트릭스 성분으로 사용되고 있다.

$$\text{Unsaturated polyester} + \text{styrene} \xrightarrow{\text{Radical crosslinking}} \text{crosslinked structure} \quad (3.116)$$

가교반응은 빛에 의해서도 일어날 수 있다(식 3.117). 이를 **광화학적 가교반응**(photochemical crosslinking)이라고 한다. 고분자에 측쇄로서 결합된 신나메이트(cinnamate)기가 광조사에 의해 광부가환화(photocycloaddition) 반응을 일으키면서 가교가 진행된다.

$$\text{—OC(=O)—CH=CH—Ar} + \text{Ar—CH=CH—CO(=O)—} \xrightarrow{h\nu} \text{cyclobutane adduct} \quad (3.117)$$

3.4.4 분해

고분자의 분해(degradation)는 사슬 절단 또는 측쇄 절단을 통해 분자량이 감소하고, 그 결과 기계적, 열적, 광학적 성질이 저하되는 과정이다. 고분자의 분해 반응은 크게 1) 화학적, 2) 열적, 3) 방사선에 의한 분해로 분류할 수 있다(기타, 초음파, 미생물, 분쇄 등에 의해 분해도 있음). 먼저, 화학적 분해는 본질적으로 산화반응이다. 포화 고분자(saturated polymers)는 산소에 의해 매우 천천히 분해되며, 열, 빛, 화학물질에 의해 분해가 촉진된다(3.118).

$$\sim CH_2\underset{R}{\underset{|}{C}}HCH_2\underset{R}{\underset{|}{C}}HCH_2\underset{R}{\underset{|}{C}}H\sim \xrightarrow{O_2} \sim CH_2\underset{R}{\underset{|}{C}}HCH_2\overset{OOH}{\overset{|}{\underset{R}{\underset{|}{C}}}}CH_2\underset{R}{\underset{|}{C}}H\sim$$

$$\longrightarrow \sim CH_2\underset{R}{\underset{|}{C}}HCH_2^{\bullet} + \overset{O}{\overset{\|}{\underset{R}{\underset{|}{C}}}}CH_2\underset{R}{\underset{|}{C}}H\sim + \bullet OH \tag{3.118}$$

열에 의한 주쇄의 분해의 예로서, 폴리에틸렌의 분해를 식 3.119에 나타내었다. 고온에서 열에너지에 의해 무작위적인 균일 결합 분해 반응(homolytic bond- cleavage reaction)을 일으켜 라디칼 화학종을 생성하며, 이어서 라디칼의 이동이 일어난다. 한편, 열에 의해 고분자가 단량체로 되돌아가는 **해중합**(depolymerization)을 일으키는 경우도 있다. 주로 1,1-이치환(1,1-disubstituted) 단량체로 합성된 고분자가 이러한 성질을 가진다(식 3.120). 대표적으로, 폴리(α-메틸스타이렌)(poly(α-methylstyrene))은 66℃에서 해중합을 일으킨다. PMMA도 198℃에서 해중합을 일으켜 메틸 메타크릴레이트 단량체를 생성한다.

$$\sim CH_2CH_2CH_2CH_2\sim \longrightarrow \sim CH_2CH_2^{\cdot} + {}^{\cdot}CH_2CH_2\sim$$

$$\longrightarrow \sim CH{=}CH_2 + CH_3CH_2\sim \tag{3.119}$$

$$\sim CH_2\overset{R}{\overset{|}{\underset{R'}{\underset{|}{C}}}}CH_2\overset{R}{\overset{|}{\underset{R'}{\underset{|}{C}}}}\cdot \longrightarrow \sim CH_2\overset{R}{\overset{|}{\underset{R'}{\underset{|}{C}}}}\cdot + CH_2{=}C\begin{matrix} R \\ R' \end{matrix} \tag{3.120}$$

고분자의 분해 반응에 의해 일반적으로 물성이 저하되지만, 고분자의 분해를 의도적으로 활용하는 경우도 있다(표 3.29). 고분자의 **재활용**을 위해 단량체 구조로 분해할 수 있다(고분자의 3차 재활용에 해당함). 2.4.2절에 PET와 나일론6의 재활용에 대해 설명하였다. 고분자의 사출 성형이나 압출 성형의 가공성을 향상시키기 위하여 열분해를 통하여 점도를 낮추기도 한다. 약물이 담지된 고분자 미세캡슐의 막이 분해되면서 약물의 방출 속도를 조절하기도 한다. 상처의 봉합에 사용하는 봉합사가 상처가 아무는 동안 유지되다가 서서히 분해되어 체내에서 흡수되도록 한다. 포장재 등에 **생분해성 고분자**를 도입함으로써 폐기되었을 때 미생물에 의해 분해되어 자연으로 돌아가게 만든 제품도 있다.

표 3.29 고분자의 분해를 의도적으로 활용하는 사례

목적	내용	해당되는 고분자
폐고분자 재활용	단량체로 분해한 후 재중합	PET, 나일론6
가공성 향상	열분해로 점도를 낮춰 가공성 향상	PE, PP
약물 전달	고분자가 천천히 분해되면서 약물 방출	PLA, PLGA
생체의료용	수술용 봉합사가 체내에서 흡수	콜라겐, 젤라틴
폐고분자 자연 분해	폐기된 고분자가 자연환경에서 분해	PLA, 전분 기반 고분자

고분자의 고체 구조

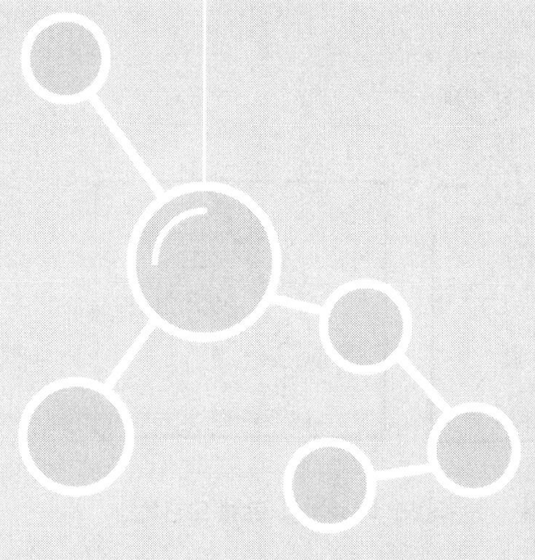

고분자 재료의 특성을 결정짓는 핵심적인 요소는 그 재료의 내부 구조(internal structure, 또는 **미세구조**(microstructure)라고도 함)이다. 여기서 미세구조는 분자의 배열방식, 결함(defect), 상(phase) 등을 포함한다. 4장에서는 미세구조 중에서 특히 분자들의 배열을 살펴보기로 한다. 고분자 고체 내에 분자들이 어떤 방식으로 배열되어 있는가는 재료의 특성에 큰 영향을 미친다. 예를 들어, 성분이 똑같은 고분자라도 열처리 조건이나 가공 방법에 따라 특성이 다양하게 변화하는데, 이것은 제조 방법에 따라 분자의 배열 방식이 달라지기 때문이다.

4.1 고체 구조의 종류와 특성

4.1.1 분자 배열의 규칙성에 따른 분류

고분자 고체는 그림 4.1에 나타내었듯이 1) 분자 사슬들이 규칙적으로 배열된 **결정립**(crystallite)들이 분자 배열의 규칙성이 없는 **비결정성**(amorphous) 매트릭스에 분산되어 있는 **부분 결정성**(semi-crystalline) 고체와(그림 4.1(왼쪽 및 가운데)), 2) 배열의 규칙성이 거의 없는 비결정성 고체(그림 4.1(오른쪽))로 나누어진다. 부분 결정성의 경우, 그림 4.1의 왼쪽처럼 서로 다른 분자 사슬이 모여 일부 규칙적인 배열(사슬 간 결정성, inter-chain ordering)을 가질 수 있고, 그림 4.1의 가운데처럼 분자 사슬 내에(규칙적인 배열(intra-chain ordering)이 존재할 수 있다. 고분자가 어떠한 배열을 가지는지는 고분자의 화학 구조와 고체 제조 방법 등의 영

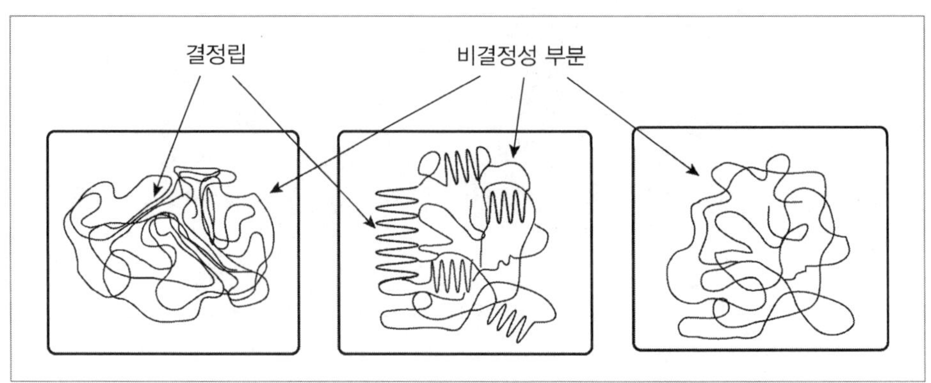

그림 4.1 고분자의 부분 결정성 고체(왼쪽 및 가운데)와 비결정성 고체(오른쪽).

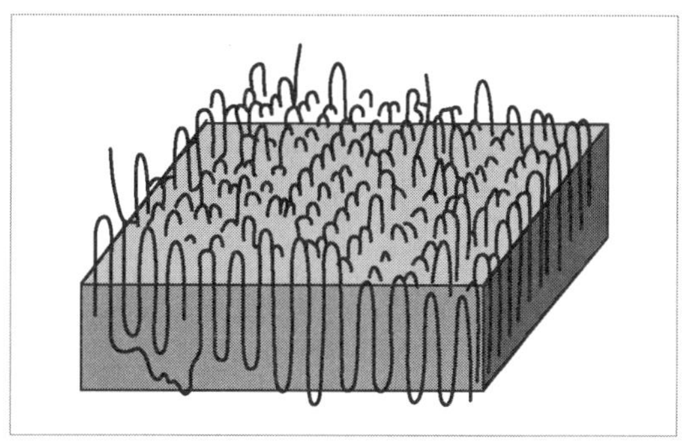

그림 4.2 결정성 고분자의 라멜라 구조의 개념도

향을 받는다.

결정성이 매우 높은 고분자 고체에 존재하는 결정립은 그림 4.2에 나타낸 것처럼 사슬이 접힌 형태로 층을 이루는 **라멜라**(folded-chain lamella) 구조를 가진다. 고분자가 결정성을 갖는데 유리한 화학 구조의 조건은 다음과 같다. 1) 높은 입체 규칙성(아이소택틱 또는 신디오택틱 구조)을 가질 것(그림 2.5), 2) 사슬의 분기(chain branching)가 없거나 적을 것, 3) 측쇄가 없거나, 있어도 크기가 가급적 작을 것, 4) 강한 분자 간 인력을 가질 것 등이다. 즉, 결정화되기 쉬운 고분자의 구조는 한마디로 한다면 입체 구조가 단순하고 분자 간 인력이 큰 구조이다.

결정화도(degree of crystallinity)는 전체 중 결정 영역이 차지하는 비율(%)로 표현한 지표이다(수식 4.1).

$$\text{결정화도}(\%) = \frac{\text{결정성 부분의 질량(또는 부피)}}{\text{전체 고분자의 질량(또는 부피)}} \times 100 \qquad (\text{수식 } 4.1)$$

고분자는 구조적 특성상 100%에 가까운 결정화도를 갖는 경우는 사실상 존재하지 않는다. 그 이유로서는, 사슬의 접힌 부분의 주변 및 말단기 부분은 항상 비결정성 영역인 점(그림 4.2), 그리고 액체상에서 사슬들이 서로 얽혀 있기 때문에 액체가 고체화할 때 전체 사슬이 동시에 풀려 규칙적으로 배열되기는 어렵기 때문이다. 표 4.1에 일반적으로 높은 결정화도를 나타내는 고분자의 예를 보였다. 측쇄/분기가 없는 단순한 구조를 가지거나, 입체규칙성이 높거나, 분자 간 인력이 강한 고분자가 높은 결정성을 가진다.

표 4.2에는 결정화도가 거의 0%인 고분자의 사례를 보였다. 입체규칙성이 없거나, 측쇄의 부피가 크거나, 랜덤 공중합체로서 반복 단위 배열의 규칙성이 없거나 가교 구조를 가진 고분자는 결정화가 거의 일어나지 않는다. 이외에도, 광학적 투명성 부여를 위하여 의도적으로 비결정성으로 제조된 것도 있다.

표 4.1 결정화도가 높은 고분자의 예

고분자	최대 결정화도(%)	결정화도가 높은 주된 이유
HDPE	90~95	단순한 구조(측쇄/분기 없음)
PTFE	90~95	단순한 구조(측쇄/분기 없음)
아이소택틱 PP	70~80	높은 입체규칙성
PET	40~60	단순한 구조(측쇄/분기 없음)
나일론, 아라미드	50~80	수소 결합

표 4.2 결정화도가 0%에 가까운 고분자의 예

고분자	결정화도가 거의 0%인 주된 이유
어택틱 PS, 어택틱 PMMA	입체규칙성 없음
Poly(*tert*-butyl methacrylate)	측쇄의 부피가 큼
Poly(ethylene-*co*-(vinyl acetate)) 랜덤 공중합체	반복 단위 배열의 규칙성 없음, 측쇄 부피가 큼
페놀 수지, 에폭시 수지	가교 구조
PMMA, PC Amorphous PET (A-PET)	광학적 투명성 부여를 위해 의도적으로 비결정성으로 제조

4.1.2 분자 배열의 규칙성에 따른 기계적, 열적 특성

고분자의 결정성 부분에서는 분자 사슬이 규칙적으로 조밀한 배열을 하고 있어서 분자 간 인력이 효과적으로 작용한다. 결과적으로 더 큰 응집력이 형성되고 물성이 증가한다. 예를 들어, 고분자 고체의 결정성이 높을수록 외력이 작용할 때 잘 변형되지 않고(탄성 계수 높음, 소성 변형이 잘 일어나지 않음), 잘 파손되지 않는다(강도 높음). 반면 결정성이 높을수록 유연성은 떨어진다. 결정성 고분자 고체가 비결정성에 비하여 가지는 일반적인 특성을 표 4.3에 정리하였다.

부분 결정성 고분자(그림 4.1(왼쪽))에 있어서 결정립 내에서의 분자 사슬들은 분자 간 인력에 의해 강하게 붙들려 있다. 따라서 결정립은 일종의 임시적 가교 구조(crosslink)처럼 작용한다. 결정립은 재료에 인장력이 가해졌을 때 사슬 간의 미끄러짐을 억제하여 유연성을 감소시키면서 재료를 강화하는 역할을 한다. 부분 결정성 고분자의 주된 장점은 가교 고분자와는 다르게 가열하면 녹을 수 있다는 점이

표 4.3 결정성 고분자 고체가 비결정성 고체에 비하여 갖는 특성

비결정성 고체에 비하여 갖는 특성	특성의 원인
더 강인(tougher)	사슬들의 더 조밀한 쌓임 → 더 효과적인 분자 간 인력 작용 → 더 큰 응집력 형성
더 딱딱함(stiffer)	사슬들의 더 조밀한 쌓임 → 더 효과적인 분자 간 인력 작용 → 더 큰 응집력 형성
더 불투명함(more opaque)	미세결정립에 의한 빛의 산란
내용제성 더 높음 (more resistant to solvents)	사슬들이 더 조밀하여 쌓여 있어서 용매 분자가 내부로 침투하기 어려움
더 높은 밀도(higher density)	사슬들이 더 조밀하게 쌓여 있음

다. 따라서 녹는점 이상으로 가열하여 압출(extrusion) 또는 사출 성형(injection molding)이 가능하다.

가교되지 않은 비결정성 고분자를 가열하면 **유리 전이 온도**(glass transition temperature, T_g)에서 딱딱한 **유리상**으로부터 말랑거리는 **고무상** 물질로 전이된다(5.4절에서 자세히 설명함). 미시적으로 보면, T_g는 가열에 의해 분자 사슬이 부분적으로 움직이기(segmental motion) 시작하는 온도를 의미한다. T_g는 비결정성 고분자에서 관찰되고, 결정성 고분자에서는 관찰되지 않는다. 결정 배열 내에서는 분자 사슬들은 최대한 조밀하게 쌓여 있고 분자 간 인력이 최대한 효과적으로 작용하여 분자 사슬의 부분적인 움직임을 억제하기 때문이다. 대신 결정성 고분자는 T_g보다 더 높은 온도인 녹는점(T_m)에서 액체로 변한다.

고분자는 길고 복잡한 분자 사슬 형태로 되어 있기 때문에 기본적으로 결정성이 아주 높은 고체 구조를 가지기 어렵다. 결정성 배열을 갖지 않는, 즉 비정질로 존재하는 부분의 고분자 사슬들은 무작위적인 컨퍼메이션(conformation)을 가지기 때문에 서로 꼬여있게 된다(그림 4.3). 고분자 **사슬 간 꼬임**은, 고분자 재료에 힘이 가해졌을 때 사슬들이 서로 미끄러져 분리되지 않도록 잡아준다든가(즉 변형이 잘 되지 않게), 충격이 가해졌을 때 그 충격을 흡수하는(즉 깨지지 않게 하는) 역할을 하기 때문에 고분자 고체의 기계적 특성이 향상되는 효과가 있다. 고분자 사슬이 길수록, 또한 사슬의 유연성이 클수록 사슬 간 꼬임의 정도가 높다.

그림 4.3 고분자 사슬의 꼬임을 나타내는 개념도.

4.2 결정화 유도 방법

고분자 고체의 기계적, 열적 특성을 향상시키기 위한 방법의 하나로 결정화도를 높이는 방법이 있다(표 4.4). 가급적 높은 결정화도의 고체를 제조하는 방법으로는, 첫째, 고분자를 가열하여 용융시킨 후 매우 천천히 냉각하는 방법이 있다. 고분자 사슬이 규칙적으로 배열할 시간을 충분히 줌으로써 **결정화**를 유도할 수 있다. 둘째, 고분자를 용매에 용해시킨 후 용매를 천천히 증발시킴으로써 역시 사슬이 규칙적으로 배열할 시간을 충분히 주는 방법이 있다. 셋째, 고분자 고체의 비결정성 부분을 일부 결정화시킴으로써 결정화도를 높일 수도 있다. 1) 고분자 고체의 T_g보다 높으면서 녹는점(T_m)보다 낮은 온도에서 가열하는 방법으로서, 이를 **어닐링**(annealing)이라고 한다. 즉, T_g 이상으로 가열하여 사슬들이 고체상에서 규칙적인 배열로 움직여 갈 수 있는 에너지를 주는 것이다. 2) 고분자 고체를 양쪽에서 잡아당겨 규칙적인 배열을 유도하는 방법(**연신**)이 활용되고 있다. 가열과 함께 연신을 하는 경우도 있는데, T_g보다 높으면서 녹는점(T_m)보다 낮은 온도에서 스트레칭(stretching)을 해 준다(그림 4.4). 고분자 고체에 열에너지를 주면서 양쪽에서 잡아당김으로써 사슬들이 좀 더 조밀한 쌓임(closer packing) 상태로 가면서 규칙적인 배열을 하도록 유도하는 것이다. 고무상의 경우는 가열없이 잡아당기기만 하는 경우도 있다.

표 4.4 고분자의 결정화 유도 방법

방법 구분	방법의 설명
용융액을 냉각	고분자의 용융액을 매우 천천히 냉각
용액에서 용매 증발	고분자의 용액에서 용매를 매우 천천히 증발
어닐링	고분자 고체를 가열(온도 조건: $T_g < T < T_m$)
연신	고분자 고체를 (가열하면서) 잡아 당김 (가열할 경우 온도 조건: $T_g < T < T_m$)

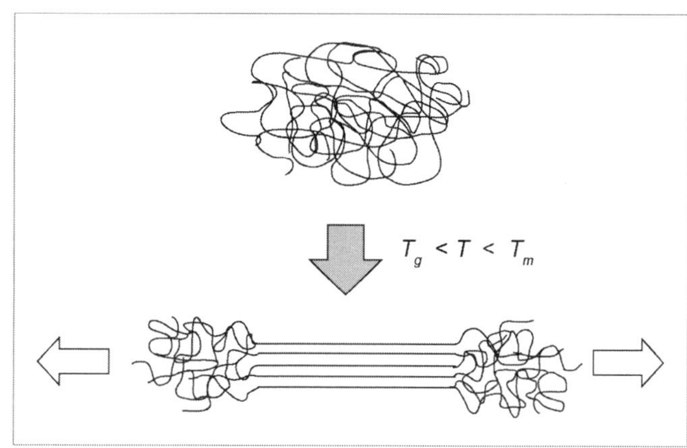

그림 4.4 고분자의 연신에 의한 결정화 유도의 개념도.

고분자 재료의 특성

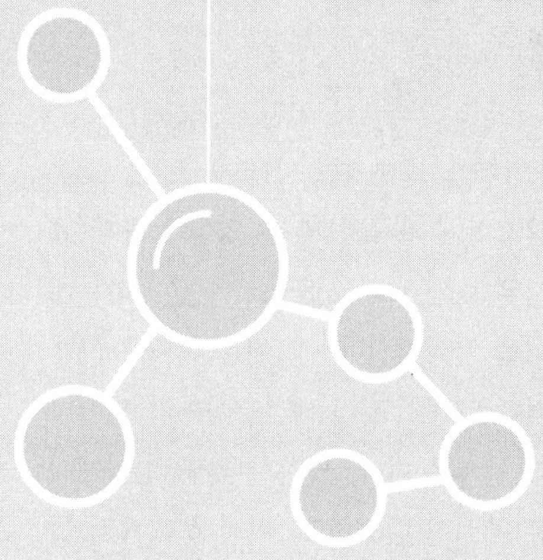

5.1 기계적 특성

재료의 기계적 성질은 재료에 힘(압축(compression), 인장(tension), 굽힘(bending), 비틀림(torsion), 전단(shear) 등)을 가할 때 재료가 반응하는 성질을 의미한다(그림 5.1). 기계적 성질은 고분자가 재료로서 활용되기 위해서 기본적으로 갖춰야 할 중요한 특성이다. 다양한 기계적 성질 중에서 대표적인 성질은 강도(strength), 탄성 변형, 소성 변형 등이 있다. 이러한 특성은 원자 간의 결합 종류(공유 결합, 이온결합 등), 원자들의 배열 방법(결정, 비결정 등), 결함(기공, 상분리 등), 분자 간의 인력(분산력, 쌍극자–쌍극자 힘, 수소 결합 등) 등의 영향을 받는다.

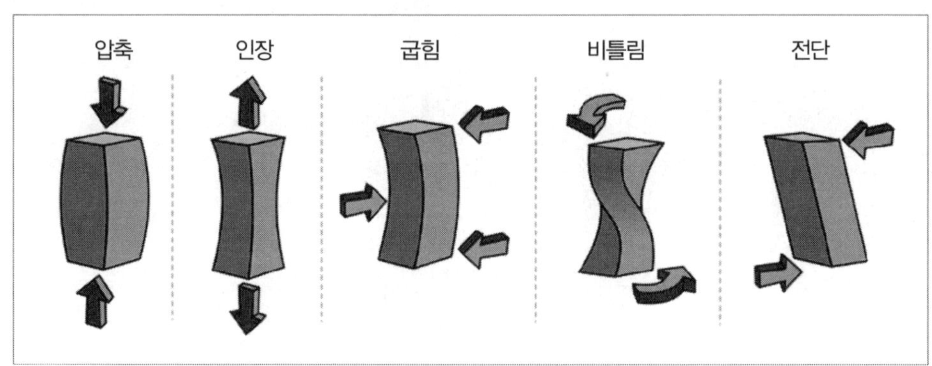

그림 5.1 재료에 가해지는 기계적 힘.

5.1.1 고분자의 분자량과 기계적 특성

고분자의 **기계적 특성**은 기본적으로 **분자량**의 영향을 크게 받는다(그림 5.2). 낮은 분자량 영역에서는 말단기가 많기 때문에 말단기의 수가 물성에 큰 영향을 준다(표 5.1). 고분자의 말단기 주변에는 빈 공간인 **자유 체적**(free volume)이 존재하는데(그림 5.3), 자유 체적은 고분자의 기계적 물성을 약화시킨다. 그 이유는 자유 체적이 존재하는 부분에서는 첫째, 사슬 간의 인력이 약해지고, 둘째, 결정화가 일어나기 어렵고, 셋째, 사슬이 더 쉽게 움직일 수 있기 때문이다. 낮은 분자량 영역에서 분자량이 증가하면 말단기 수의 감소하여 자유 체적이 감소하고, 따라서 기계적 물

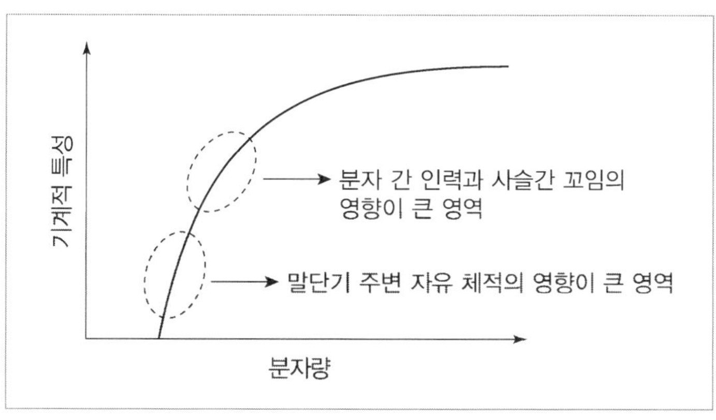

그림 5.2 고분자의 분자량과 기계적 특성과의 관계.

성이 증가한다. 분자량이 어느 정도 높은 영역에서는 말단기의 수가 충분히 적어져 말단기의 영향은 무시할 수 있고, 대신에 분자 사슬 간의 인력과 꼬임(entanglement) 정도가 중요해진다. 이 영역에서 분자량이 증가하면 분자 간 인력과 꼬임 정도가 증가하므로 기계적 물성이 증가한다. 매우 높은 분자량 영역에서는 분자 간 인력과 꼬임도 큰 증가가 없게 되고, 따라서 기계적 강도의 큰 증가가 일어나지 않는다(level off). 기계적 강도의 증가율이 감소되는 분자량의 크기는 화학 구조에 따라 다르다. 이것은 분자 간 인력이 화학 구조의 영향을 받기 때문인데, 예를 들어 폴리에틸렌(분산력만 작용)은 200,000~300,000 g/mol 정도, 폴리아마이드(분산력과 수소 결합이 작용)는 30,000~50,000 g/mol 정도이다.

표 5.1 고분자의 분자량에 따른 기계적 특성

분자량의 크기	기계적 특성에 영향을 주는 주요 요소	분자량 증가에 따른 기계적 특성의 증가 여부
낮은 분자량	말단기의 수 (분자량 클수록 말단기 수 감소 → 말단기 주변의 자유 체적 감소)	빠른 증가
어느 정도 높은 분자량	분자 간 인력 및 사슬 간 꼬임(분자량 클수록 인력 및 꼬임 증가)	빠른 증가
매우 높은 분자량		큰 변화 없음

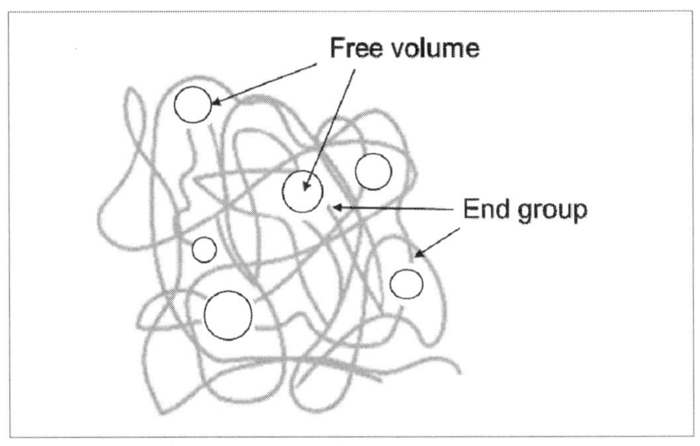

그림 5.3 고분자 고체에서 말단기 주변에 존재하는 자유 체적.

5.1.2 탄성 변형과 소성 변형

재료에 힘을 가할 때 일어나는 변형은 크게 탄성 변형과 소성 변형으로 나눌 수 있다(그림 5.4). 예를 들어 고분자 재료를 양쪽 끝에서 잡아당기면 원자 또는 분자 간의 간격이 늘어나면서 변형이 일어나고, 힘을 제거하면 원래의 모양과 크기로 되돌아가는 것을 **탄성 변형**(elastic deformation)이라고 한다. 그러나 어느 한계 이상으로 잡아당기면 힘을 제거해도 재료가 원래의 형태와 크기로 되돌아가지 못한다. 이를 **소성 변형** 또는 영구 변형(permanent deformation)이라고 한다.

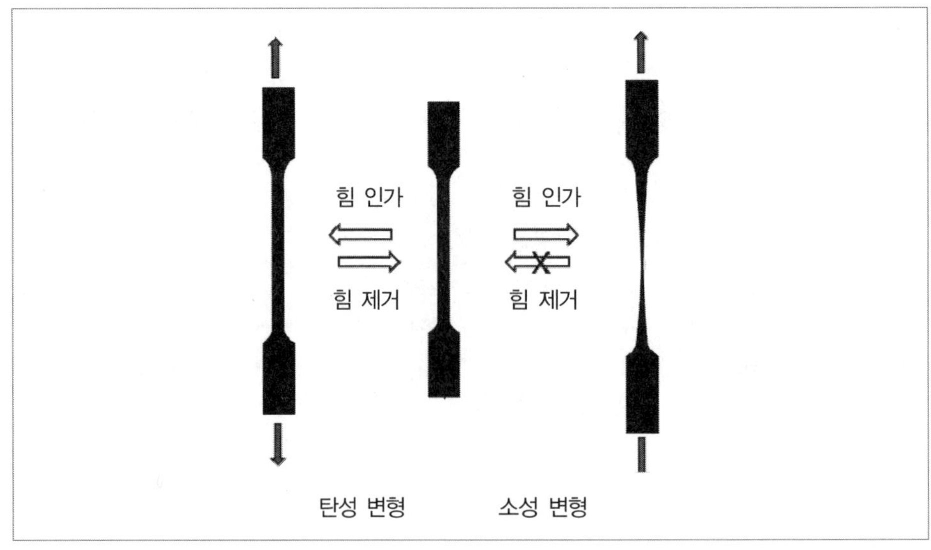

그림 5.4 고분자 재료를 잡아당길 때 일어나는 탄성 변형과 소성 변형.

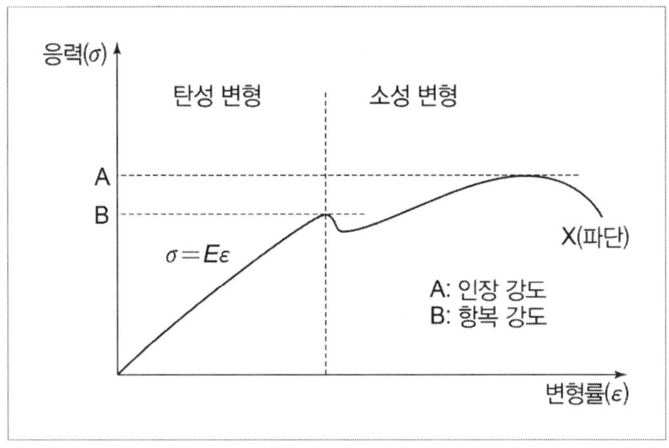

그림 5.5 인장 시험에서의 응력-변형률 곡선.

물체에 외력(external force)이 작용하였을 때, 그 외력에 저항하여 물체의 형태를 그대로 유지하려는 저항력이 물체 내에 생기는데, 단위 면적 당의 저항력을 응력(stress)이라고 한다(물체 내부가 균일한 상태일 때 응력=외력/면적으로 봄). 재료를 양 끝에서 잡아당기는 인장 시험(tensile test)을 예로 들면, 잡아당기는 힘이 증가할수록 재료는 응력이 증가하면서 점점 더 늘어나게 된다(그림 5.5). 처음에는 탄성 변형 영역 안에서 변형이 일어나게 되는데 이 영역에서는 응력과 변형률이 비례한다. 탄성 영역에서 힘과 변형의 관계는 다음의 **후크의 법칙**(Hook's law)을 따른다(수식 5.1).

$$\sigma = E\varepsilon \qquad \text{(수식 5.1)}$$

여기서 σ는 응력이며, ε는 변형률(strain)로 재료의 단위 길이당 변형된 비율($\Delta l/l$)을 의미한다. E는 응력과 변형률 간의 비례 관계를 나타내는 **탄성 계수**(elastic modulus)인데, Young의 계수(Young's modulus)라고도 한다.

한편, 재료의 소성 변형이 시작되는 지점을 **항복점**(yield point)라고 하고 여기에 해당하는 응력을 **항복 강도**(yield strength)라고 한다(그림 5.5). 외력이 점점 강해지면서 고분자 재료가 항복점을 지나면 소성 변형을 일으킨다. 재료가 파괴될 때까지의 최대 응력을 극한 인장 강도(ultimate tensile strength) 또는 **인장 강도**(tensile strength)라고 한다.

금속에서는 원자면들이 미끄러지면서 소성 변형이 일어나는 데 비해 고분자에서는 분자 사슬들이 서로 미끄러지면서 소성 변형이 일어난다(그림 5.6). 선형 또는 분기형 고분자는 소성 변형이 잘 일어날 수 있는데, 분자 사슬 간에는 약한 분자

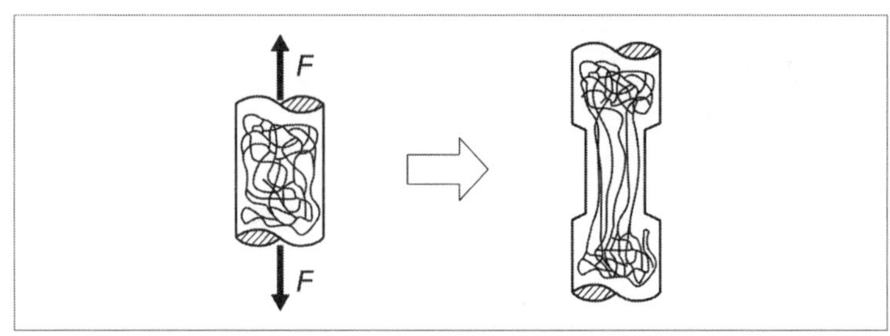

그림 5.6 분자 사슬의 미끄러짐으로 일어나는 고분자의 소성 변형

간 힘만이 작용하고 있어서 분자 사슬들이 쉽게 미끄러질 수 있기 때문이다. 반면 가교 구조 고분자는 분자들이 강한 공유 결합으로 가교되어 있으므로 분자 사슬들이 서로 미끄러지기 어려워 소성 변형이 잘 일어나지 않는다.

고분자의 종류들인 플라스틱, 섬유, 고무의 **응력-변형률 곡선**을 그림 5.7에 나타내었다. 플라스틱과 섬유는 일반적으로 탄성영역에서 높은 기울기(탄성 계수)를 보이며, 동일 고분자(예: PET)라면 플라스틱보다 섬유가 좀 더 높은 인장 강도를 가진다. 상대적으로 고무는 낮은 탄성 계수와 강도를 나타낸다. 결정성이 높거나 또는 가교 밀도가 매우 높은 플라스틱은 단단해서 변형을 잘 일으키지 않고 소성 변형되기 전에 부서진다. 반면, 유연한 재질의 플라스틱은 탄성 변형을 거쳐 소성 변형을 일으킨다.

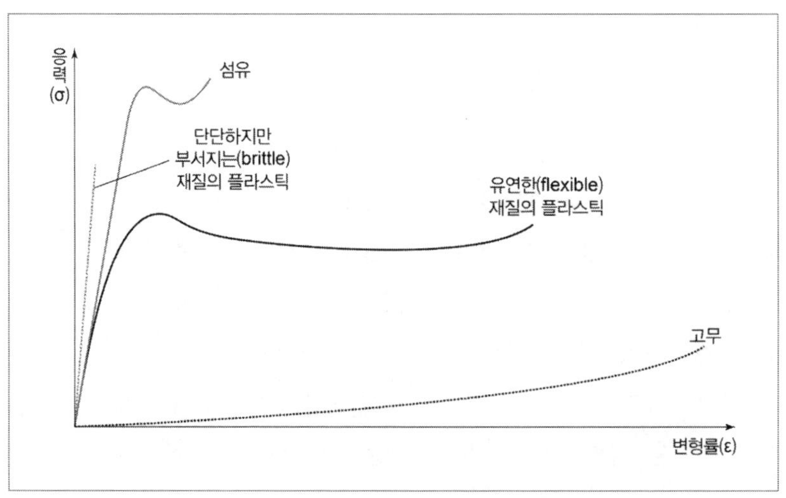

그림 5.7 플라스틱, 섬유, 고무의 응력-변형률 곡선(인장시험의 경우).

5.1.3 기계적 특성 강화 방법

고분자의 기계적 특성 강화 방법으로서는 첫째, 분자량을 증가시키는 것을 들 수 있다(표 5.2). 분자량이 증가할수록 사슬 간 인력의 크기와 함께 사슬 간 꼬임 정도가 증가한다. 고분자 사슬들이 서로 더 강하게 끌어당기고 또 더 많이 꼬여있어서 사슬 간 미끄러짐이 어려워지면 외력에 좀 더 강하게 저항할 수 있다. 그러나 위에서 설명했듯이 level off 수준 이상의 분자량에서는 더 이상의 분자량 증가가 큰 효과가 없을 수 있다. 둘째, 분자 간 인력이 큰 화학 구조를 도입하는 것이다. 비슷한 분자량이라면 PE 같은 비극성 고분자보다는 극성을 띠는 폴리에스터의 분자 간 인력이 더 클 것이다(그림 5.8). 폴리아마이드는 분자 간 인력이 매우 강한 **수소 결합**을 가지고 있기 때문에 그렇지 않은 고분자에 비해 비슷한 분자량에서 더 높은 기계적 강도를 나타낼 수 있다. 셋째, 결정성을 증가시키는 것이다. 결정 구조에서는 분자들 사이의 빈 공간이 최소화되고 분자들이 규칙적으로 배열하고 있으므로 분자 간 인력이 최대한 효율적으로 작용할 수 있다. 넷째, **가교** 구조를 도입하는 것이다. 분자들이 공유 결합으로 가교되어 있다면 외력에 더 잘 견딜 수 있을 것이다. 그러나 **가교 밀도**가 너무 높으면 취성(brittleness)이 높아져 잘 부서질 수도 있다. 다섯째, 기계적 강도가 높은 무기 재료를 혼합하여 복합재료로 만드는 것이다. 대표적으로 섬유 강화 플라스틱을 들 수 있다.

표 5.2 고분자의 기계적 특성을 향상시키는 방법

분류	특성 향상 원리
분자량 증가	고분자 사슬 간 인력과 꼬임의 정도 증가
분자 간 인력이 큰 화학 구조 도입	고분자 사슬 간에 큰 인력 작용(예: 폴리아마이드)
결정성 증가	고분자 사슬 간 인력이 최대로 작용
가교 구조 도입	고분자 사슬들이 강한 공유 결합으로 연결됨 (예: 열경화성 플라스틱)
강화재 혼합(복합화)	기계적 특성이 높은 무기계 재료의 혼합 (예: 섬유 강화 플라스틱)

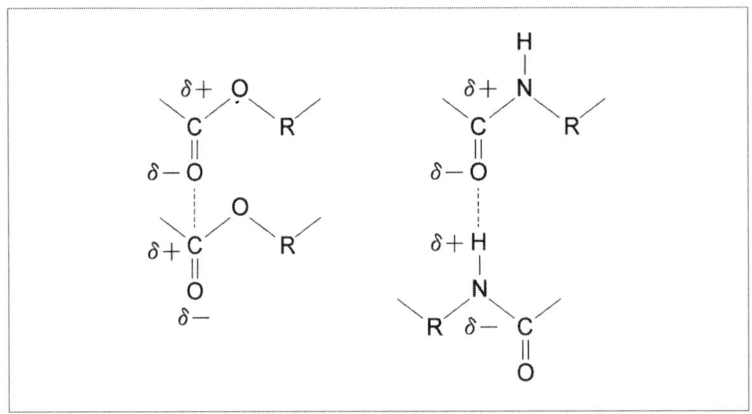

그림 5.8 폴리에스터(왼쪽)와 폴리아마이드(오른쪽)에서의 분자 간 인력.

5.2 전기적 특성

전기 전도도(electrical conductivity)를 기준으로 물질을 나눈다면 크게, 전기를 잘 통하는 **도체**(conductor)와 통하지 않는 **부도체**(insulator)가 있다. 도체에는 은, 구리, 알루미늄 등의 금속 물질이 속하고, 부도체에는 다이아몬드, 유리, 대부분의 고분자 등이 속한다. 금속은 대략 10^7~10^8 S/m, 고분자는 10^{-12}~10^{-17} S/m 정도의 전기 전도도를 나타낸다. 일부 물질은 도체와 부도체의 중간 특성, 즉 전기를 약하게 통하는 특성을 가지는데, 이것을 **반도체**(semiconductor)라고 한다. 반도체는 부도체와 도체의 전기 전도도 값의 사잇값을 가진다.

전기가 흐른다는 것은 전자가 이동한다는 것이기 때문에, 자유 전자가 많은 도체는 전기가 잘 통하고 자유 전자가 없는 부도체는 전기가 안 통한다. 반면 반도체에는 보통 상태에서는 자유 전자가 없으나 열, 빛 또는 전기장을 가하면 자유 전자가 조금 생겨나 전기가 약하게 통하게 된다.

물질의 전기 전도성은 **에너지띠**(energy band)를 이용하여 설명할 수도 있다. 양자역학(quantum mechanics)에 의하면 전자는 입자와 파동의 성질을 함께 가지고 있으므로, 이들이 재료 내에서 가질 수 있는 파장과 이에 준하는 양자 상태(quantum state)가 정해진다. 이에 따라 재료를 구성하는 원자들의 원자가 전자들이 가질 수 있는 불연속적인 에너지 상태(discrete energy state)가 정해지는데, 각각의 에너지 준위가 매우 밀집되어 있으므로 마치 연속적인 띠(band)처럼 보인다고 하여 에너지띠라고 부른다. 에너지띠는 세 부분, 즉 전도띠(conduction band), 금지된 띠(forbidden band), 원자가띠(valence band)로 나누어진다. 그림 5.9에 도체, 반도체, 부도체의 에너지띠를 나타내었다. 전도띠는 전자가 결정의 주기 퍼텐셜 속에서도 외부 전기장에 반응하여 이동할 수 있는 허용된 에너지띠를 의미한다. 반면, 주기적 결정 퍼텐셜로 인한 전자 파동의 간섭 효과 때문에 전자가 존재할 수 없는 에너지 영역이 형성되며, 이를 금지된 띠라고 한다.

도체의 에너지띠에서는 일반적으로 원자가띠가 전자들로 완전히 채워져 있지 않기 때문에 전기장이 걸리면 전자들이 에너지를 얻어서 원자가띠 내의 더 높은 에너지 준위로 올라갈 수 있다. 이것은 전자의 운동 에너지 증가, 즉 속도의 증가를 의미하므로 전류가 흐르게 된다는 것을 뜻한다. 도체는 또 다른 형태의 에너지띠를 가지는데, 원자가띠에 전자가 완전히 채워져 있지만 원자가띠와 전도띠가 겹쳐있고 금지된 띠가 존재하지 않는 형태이다. 따라서 원자가띠의 전자들이 쉽게 전도띠로 올라갈 수 있다. 반도체의 에너지띠에서는, 원자가띠가 전자들로 완전히 채워져 있는 데다가 바로 위에는 금지된 띠가 있어서 전자들이 보통의 상태에서는 더 높은 에너지 준위로 가는 것이 허용되지 않는다. 그러나 전자들이 금지된 띠를 뛰어넘기에 충분한 에너지(열, 빛, 전기장 등)를 가해 주면 전도띠로 올라갈 수 있으므로 전류가 흐르게 된다. 금지된 띠의 폭인 에너지 간격(energy gap, E_g)은, 실리콘(silicon)은 1.1 eV, 저마늄(germanium)은 0.67 eV이다. 부도체의 경우는 에너지 간격이 5 eV 이상으로 매우 크기 때문에 전자들이 전도띠로 올라갈 수가 없고, 따라서 전류가 흐르지 않는다.

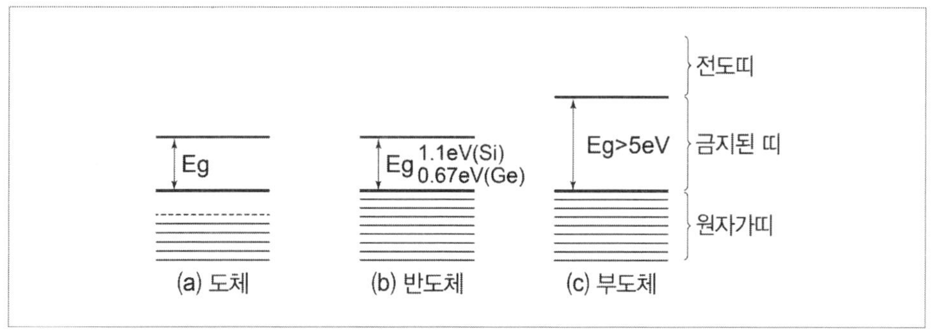

그림 5.9 도체, 반도체, 부도체의 에너지띠.

일반적으로 고분자는 부도체이기 때문에 절연 재료(insulating material)로 널리 이용되고 있다. PVC가 전선 피복재로 사용되는 것을 비롯하여, 폴리이미드(PI)

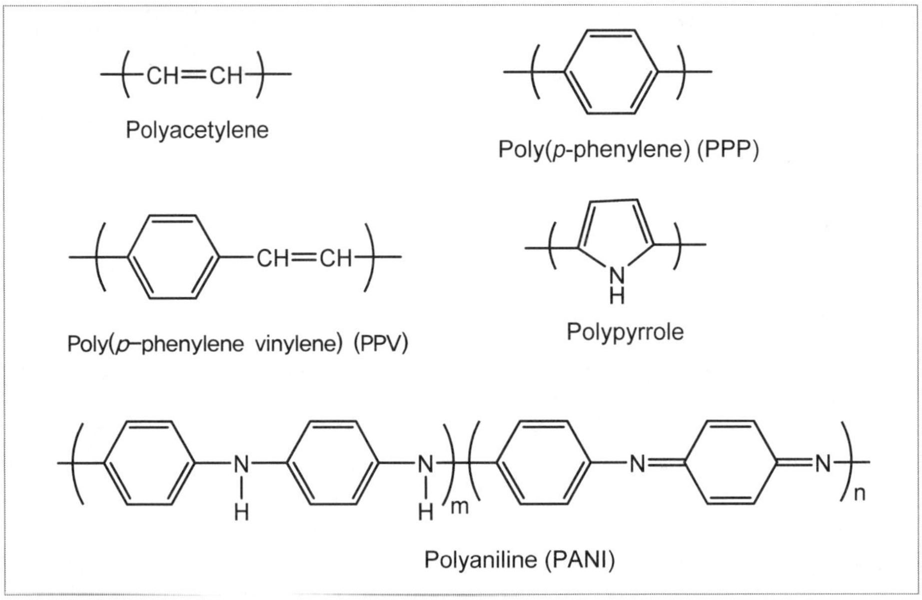

Polyacetylene

Poly(p-phenylene) (PPP)

Poly(p-phenylene vinylene) (PPV)

Polypyrrole

Polyaniline (PANI)

그림 5.10 주요 전도성 고분자.

와 에폭시 수지가 반도체 집적 회로를 밀봉하는 재료로 사용된다. 반면, 고분자에 전기 전도성을 부여하여, 반도체 수준에서 금속에 가까운 수준의 전도성을 띠는 **전도성 고분자**(conducting polymer)가 개발되고 있다. 이러한 전도성은 **공액 고분자**(conjugated polymer)에 도핑(doping)을 해 줌으로써 발현된다.

그림 5.10에 대표적인 전도성 공액 고분자를 나타내었다. 공액 고분자는 고분자의 주사슬을 따라 단일 결합과 다중 결합이 교대로 연결된 구조를 갖는다. 공액 구조에서는 탄소-탄소 이중 결합의 π 전자가 비편재화(delocalization)되어 움직일 수 있다. 예를 들어, 폴리아세틸렌(polyacetylene)은 반도체 정도의 전도성을 띠는데, 폴리아세틸렌에 알칼리 금속 등의 전자 공여(electron donor) 물질 또는 AsF_5, I_2 등의 전자 흡인(electron acceptor) 물질을 도핑하면 10^5 S/cm 수준의 전기 전도도를 달성할 수 있다. 전도성 고분자에 많은 수의 자유 전자와 정공이 발생하는 기전은 정확하게 규명되지 않고 있다. 아마도 도펀트(dopant) 물질을 공액 고분자에 투입함으로써 띠간격 내에 형성되는 폴라론/바이폴라론 준위 때문에 전하 이동 가능 상태가 증가하기 때문인 것으로 추정된다. 전도성 고분자는 금속에 비해 가볍고 유연하며 가공(필름/코팅/인쇄)이 용이한 장점이 있다. 전도성 고분자는 전극(electrode), 정전기 방지제(antistatic agent), 센서(sensor), 유기 태양전지(organic solar cell), 유연 · 투명 디스플레이(flexible transparent display) 등에 활용될 수 있다.

5.3 광학적 특성

고분자 재료의 광학적 현상들(투과, 굴절, 흡수, 발광, 이방성, 비선형성 등)의 대부분은 외부로부터 입사되는 전자기파와 재료 내의 전자들의 상호작용으로부터 일어난다. 분자 배열이나 배향에 따라, 그리고 광학적 특성을 갖는 치환기 또는 첨가물의 종류에 따라 다양한 **광학적 특성**을 나타낸다. 고분자의 광학적 특성에 따라 다양한 응용 가능성을 결정할 수 있다(표 5.3).

고분자 물질은 일반적으로 부도체에 해당하는 에너지띠 구조를 갖는다. 원자가띠와 전도띠 사이의 E_g이 비교적 넓기 때문에, 입사광의 에너지에 의해 들뜬 전자가 이 금지된 띠를 넘어 전도띠로 전이하기에 충분하지 않으면, 전자는 들뜨지 못한다. 그 결과 고분자는 입사된 빛을 흡수하지 않고 그대로 투과시키게 된다. 따라서 에너지가 낮은 가시광선은 흡수되지 않고 통과하기 때문에 고분자는 일반적으로 투명성을 갖는다. 비결정성 고분자는 투명성이 높다. 예를 들어, 결정화도가 거의 0%인 PMMA는 투명하다. 부분 결정성 고분자는 결정립 표면에서 빛 산란을 일으키므로 불투명할 수 있다. 그러나 부분 결정성 PET의 경우는 예외적으로, 결정립의 크기가 수십 나노미터 수준으로 가시광선의 파장보다 훨씬 작고, 비결정과 결정 영역 간 굴절률 차이가 크지 않아서 빛이 산란되지 않으므로 투명하게 보인다. 투명한 고분자는 병, 포장재, 안경 렌즈 등으로 활용된다. 그러나 PET를 광산란이 가능한 크기의 결정립을 가진 부분 결정성으로 제조하여 불투명한 백색의 내열 식기로 제조하기도 한다.

굴절은 입사파가 재료 내부로 투과되어 들어갈 때 속도가 감소함으로써 진행 방

표 5.3 고분자의 광학적 특성과 응용

광학적 특성	대표적 예	응용 분야
투명성	PET, PC, PMMA	병, 포장재, 안경 렌즈, 창문
굴절률	PS, PET, PMMA, PC	광섬유, 디스플레이용 필름
흡수/발광	PPV	디스플레이(OLED), 조명, 센서
이방성	PI	액정 디스플레이
비선형성	PI	전자-광 변환 소자, 광스위치
내광성	PTFE, PE	건축용 창호, 야외 코팅재

향이 구부러지는 현상이다. 굴절률(index of refraction) n은 수식 5.2와 같이 정의된다.

$$n = c / v \qquad \text{(수식 5.2)}$$

여기서 c는 진공 상태에서의 빛의 속도, v는 매질(medium) 내부에서의 빛의 속도를 의미한다. 굴절률은 빛의 파장에 따라 달라진다. 굴절률은 고분자의 전자 밀도 및 극성이 높을수록 높아지는데, 예를 들어 PS와 PET는 벤젠 고리 때문에 전자 밀도가 높아 굴절율이 1.6으로 높은 편이다. PMMA는 카보닐기의 극성이 높아 1.5의 굴절률을 나타낸다.

π 전자를 가진 공액 구조 고분자는 자외선, 가시광선 영역에서 빛을 흡수해 색깔을 띠고, 흡수된 에너지가 형광 또는 인광으로 방출된다. 예를 들어 폴리아세틸렌, 폴리피롤, 폴리아닐린(PANI) 같은 전도성 고분자는 색깔을 띠면서 **발광** 성질을 가진다. 또 다른 전도성 고분자인 폴리(p-페닐렌 바이닐렌)(PPV)은 OLED 재료로 사용된다. PPV는 기본적으로 노란색~주황색을 띠지만 PPV에 치환기나 전자 공여기/전자 흡인기를 도입하면 띠간격이 조절되어 녹색 또는 빨간색도 구현할 수 있다. 고분자의 이방성에 대해서는 7.3.1절, 광분해성에 대해서는 3.4.4절에서 언급하였다.

5.4 열적 특성

열적 특성(thermal property)은 열이 가해졌을 때 고분자가 어떤 거동을 보이는지를 의미한다. 고분자 고체가 열의 형태로 에너지를 흡수하면 열은 온도가 높은 지점에서 낮은 지점으로 전달되면서 고체의 온도가 상승하고 일반적으로 부피가 증가한다. 고체 재료를 실제 사용하는 데 고려해야 할 대표적인 열적 특성으로는 열용량, 열팽창 계수, 열전도도, 녹는점, 유리 전이 온도 등이 있다.

5.4.1 열용량

고체 물질은 가열되면 온도가 올라가는데, 이것은 열에너지를 흡수했음을 의미한다. **열용량**(heat capacity)은 물질이 외부에서 열을 흡수하는 능력 즉, 단위 온도 상승을 이루는 데 필요한 에너지의 양을 나타낸다. 열용량 C는 다음 수식 5.3으로 나타내어진다.

$$C = \frac{dQ}{dT} \qquad \text{(수식 5.3)}$$

여기서 dQ는 온도 변화 dT를 이루는 데 필요한 에너지이다. 열용량은 J/mol · K 또는 cal/mol · K의 단위를 가진다. 단위 질량당 열용량인 **비열용량**(specific heat capacity) (소문자 c로 표현됨)이 사용되는 경우도 있으며, 단위는 J/kg · K 또는 cal/g · K이다(이를 비열(specific heat)이라고도 함). 비열이 클수록 온도 변화가 잘 일어나지 않으며, 다른 말로는 온도를 높이는데 더 많은 열량이 필요하다.

열용량의 측정에는 두 가지 방식이 있다. 하나는 시료의 부피를 일정하게 유지하면서 측정(C_v로 표현됨)하는 것이고, 또 하나는 외부 압력을 일정하게 유지하면서 측정(C_p로 표현됨)하는 것이다. C_p는 C_v에 비하여 항상 크거나 같지만, 그 차이는 실온 조건에서 대부분의 고체 물질에 있어서 매우 작다. 대표적인 금속, 세라믹, 고분자 재료의 c_p값을 표 5.4에 나타내었다. 대체적으로 고분자의 비열이 가장 큰 편이며, 금속의 비열이 가장 작다.

고분자의 열용량은 고분자 사슬이 얼마나 다양한 분자 운동(진동, 회전, 굴절, 세그먼트(segment) 운동)을 할 수 있는가에 의해 결정된다. 열용량이 큰 고분자는 다

표 5.4 재료의 열적 특성

재료	c_p (J/kg · K)	α_l [(℃)$^{-1}$ × 10^{-6}]	k (W/m · K)
Aluminum	900	23.6	247
Gold	128	14.2	315
Iron	448	11.8	80
Alumina (Al_2O_3)	775	7.6	39
Fused silica (SiO_2)	740	0.4	1.4
Graphite	710~830	1.2~8.2	25~470
HDPE	1850	106~198	0.46~0.50
Polystyrene	1170	90~150	0.13
PTFE (Teflon)	1050	126~216	0.25
Nylon 66	1670	144	0.24
Phenol-formaldehyde	1590~1760	122	0.15

표 5.5 열용량이 큰 고분자의 화학 구조적 특징

구조적 요인	열용량 증가 원리	예시
사슬의 유연함 (–CH_2–, –O– 구조)	세그먼트 운동, 회전/진동/굴절 운동이 용이함	PEO
측쇄가 많거나 측쇄의 부피가 큼	진동, 회전 운동 증가	PP, PMMA, PVAc
비결정성	사슬 운동의 자유도 증가	PS와 PE(비결정성), TPU
극성기 존재	국소 진동 모드 증가	PVA, Nylon, PU
수소 결합 네트워크	진동 모드 다양화	PVA, Nylon

음 표 5.5와 같은 화학 구조적 특징을 갖는다. 사슬 구조가 유연하여 세그먼트의 운동, 회전 운동, 진동 운동 등이 용이한 구조일수록, 또한 이러한 운동이 용이한 분자 배열(비결정성)을 가질수록 열용량이 높다. 고분자에 가해지는 열에너지를 다양한 분자 운동의 형태로 저장할 수 있는 능력이 클수록 열용량이 높고, 그만큼 고분자의 온도 변화는 작게 일어난다.

표 5.6에는 열용량이 큰 고분자의 활용의 대표적인 사례를 보였다. 가열 또는 냉각에 의해서 온도가 크게 변하지 않기 때문에 단열재, 방화/내열 완충재로, 그리고 리튬 이온 이차 전지에서 애노드와 캐쏘드 사이에 분리막으로 활용된다.

표 5.6 열용량이 큰 고분자의 활용

활용 분야	기능 원리	활용 예시
단열재	가열 또는 냉각되어도 온도가 천천히 변함	건축, 냉장고 (PE foam, PU foam)
전지 분리막	급격한 온도 상승 억제	리튬 이온 이차 전지 (PE/PP 다공체)
방화/내열 완충층	순간 고열로부터 구조물 보호	건축, 우주 항공 (실리카–고분자 단열재)

5.4.2 열팽창

대부분의 고체 물질은 가열하면 팽창하고 냉각하면 수축한다. 고체 물질의 온도에 따른 길이 변화는 다음 수식 5.4 또는 5.5와 같이 나타낸다.

$$\frac{l_f - l_0}{l_0} = \alpha_l (T_f - T_0) \qquad \text{(수식 5.4)}$$

또는

$$\frac{\Delta l}{l_0} = \alpha_l \Delta T \qquad \text{(수식 5.5)}$$

여기서 l_0와 l_f는 각각 최초 온도 T_0에서 최종 온도 T_f로 변할 때의 최초 길이 및 최종 길이를 의미한다. α_l은 선팽창 계수(linear coefficient of thermal expansion)로, 재료가 가열될 때 길이 방향으로 팽창하는 정도를 나타낸다(단위는 온도의 역수임). 대표적인 금속, 세라믹, 고분자 재료의 α_l값을 표 5.4에 나타내었다. 고분자는 금속이나 세라믹에 비해 일반적으로 매우 큰 열팽창을 보인다.

가열 또는 냉각은 물체의 부피 변화를 수반한다. 온도에 따른 부피의 변화는 다음 수식 5.6으로 표현된다.

$$\frac{\Delta V}{V_0} = \alpha_v \Delta T \qquad \text{(수식 5.6)}$$

여기서 ΔV와 V_0는 각각 변화된 부피와 최초 부피를 의미한다. α_v은 부피 팽창 계수(volume coefficient of thermal expansion)로, 재료가 가열될 때 부피가 팽창하는 정도를 나타내는 성질이다(단위는 온도의 역수임). 많은 재료에 있어서, α_v값은 이방성을 나타내는데, 결정 구조 상의 방향에 따라 값이 달라진다. 재료의 열팽창이 등방성인 경우, α_v값은 대략 α_l에 해당한다.

고분자의 열팽창은 온도 상승으로 인해 분자 사슬의 진동/회전/굴절 운동과 세그먼트 운동이 활발해져 분자 사슬 간 거리가 증가하기 때문에 발생한다(세그먼트 운동은 회전과 굴절 운동을 포괄하는 상위 개념이다). 따라서 사슬이 더 쉽게 움직일 수 있는 구조가 더 높은 열팽창 계수를 갖는다. 표 5.7에 나타내었듯이, 사슬의 유연성이 클수록, 방향족 고리가 없을수록, 측쇄 또는 가지가 많거나 벌키할수록, 분자 간 인력이 작을수록, 그리고 비결정성일수록 열팽창 계수는 높아진다. 분자 간의 공유 결합(즉, 가교 결합)이 존재하면 열팽창 계수는 감소하는 경향을 보이는데, 예를 들어 페놀-폼알데하이드 고분자는 다른 선형 또는 분기형 고분자에 비해 낮은 α_1을 나타낸다. 열팽창 계수가 작은 고분자에는 PET, 나일론, 폴리이미드, PPS 등이 있다.

표 5.7 고분자의 화학 구조와 열팽창 계수와의 상관관계

구조 요소	열팽창 계수 증가 방향	열팽창 계수 감소 방향
사슬 유연성	유연할수록	강직(stiff)할수록
방향족 고리	적을수록	많을수록
측쇄, 가지	많을수록, 벌키(bulky)할수록	없을수록, 크기가 작을수록
분자 간 인력	약할수록	강할수록
결정성	비결정성일수록	결정성일수록

표 5.8에 열팽창 계수에 따른 고분자의 용도를 보였다. 열팽창 계수가 큰 고분자에는 PE, PP, 폴리뷰타다이엔, PMMA 등이 있고, 온도 변화에 따른 치수 안정성이 낮으므로 정밀 장비에는 부적합하고 주로 단열재, 완충재 등으로 활용된다. 열팽창 계수가 작은 고분자에는 PET, 나일론, 폴리이미드, PPS 등이 있으며, 온도 변화에 따른 치수 변화가 작으므로 정밀한 전기, 전자 또는 광학 장비에 활용된다.

표 5.8 열팽창 계수에 따른 고분자의 용도

구분	대표적인 예	용도
열팽창 계수가 큰 고분자	PE, PP, 폴리뷰타다이엔, PMMA	단열재, 완충재
열팽창 계수가 작은 고분자	PET, 나일론, 폴리이미드, PPS	반도체, 디스플레이, 정밀 기계, 광학 장비

5.4.3 열전도도

열전도(thermal conduction)는 온도가 높은 지점에서 낮은 지점으로 열이 전달되는 현상을 의미한다. 물질이 열을 전달하는 능력을 **열전도도**(thermal conductivity)라고 표현하고, 수식 5.7로 정의한다.

$$q = -k\frac{dT}{dx} \qquad \text{(수식 5.7)}$$

여기서 q는 열흐름(단위 시간당 단위 면적당의 heat flux 또는 heat flow), k는 열전도도, dT/dx는 온도 구배(temperature gradient)이다. q와 k의 단위는 각각 W/m^2와 $W/m \cdot K$이다. 수식 5.7은 열흐름이 시간에 따라 변하지 않는 정상 상태

(steady state)에 도달했을 때 적용된다. 식의 마이너스 표현은 열흐름이 고온에서 저온으로 일어나는 데 기인한다.

열은 고체 내에서 **격자 진동파**(lattice vibration waves, **포논**(phonon))과 자유 전자에 의해서 전달된다. 열전도도는 이들 각 기전과 모두 관련이 있고, 따라서 총 열전도도는 두 기전의 기여분의 합이다(수식 5.8).

$$k = k_l + k_e \qquad \text{(수식 5.8)}$$

여기서 k_l와 k_e는 각각 포논에 의한 열전도도와 자유 전자에 의한 열전도도를 의미하며, 일반적으로 물질에 따라 어느 한쪽이 큰 값을 갖는다. 열에너지의 전달은 포논과 자유 전자가 움직이는 방향으로 일어난다.

금속이 아닌 다른 재료의 경우 자유 전자가 거의 없기 때문에 열전도에 대한 자유 전자의 기여는 매우 작다. 이러한 재료들에서는 포논이 열전달에 주로 기여하며 따라서 k_l이 k_e에 비하여 매우 크다. 그러나 포논은 격자 결함에 의해 산란이 쉽게 일어나기 때문에, 자유 전자에 비하여 열에너지의 전달이 효과적이지 못하다.

고분자에서의 열에너지 전달은, 사슬의 정렬이 규칙적인 결정성 영역에서는 주로 포논에 의해, 사슬이 무질서하게 배열되어 있는 비결정성 영역에서는 주로 세그먼트 운동과 국소 진동에 의해 일어난다. 포논에 의한 열전도는 상대적으로 빠른 반면, 세그먼트 운동과 국소진동 운동에 의한 열전도는 매우 느리다. 표 5.4에 나타내었듯이 고분자의 열전도도는 일반적으로 0.3 W/m · K 이하이다. 고분자는 일반적으로 낮은 열전도도를 가지므로 단열재로 사용된다. 세라믹과 마찬가지로, 고분자의 단열성은 작은 기공을 내부에 도입함으로써 증가시킬 수 있다. 내부에 기포가 형성된 폴리스타이렌은 흔히 스티로폼(styrofoam)이라고 부르며, 음료수 컵이나 포장재로 활용되고 있다.

고분자는 일반적으로 낮은 열전도도를 가지지만, 표 5.9에 정리한 것처럼 고분자의 열전도도를 향상시켜 높은 열전도도가 요구되는 용도에 활용할 수 있다. 초고배향 PE 재료는 결정화도를 최대화할 수 있으므로 비교적 높은 열전도도를 가진다. 열전도도가 매우 높은 세라믹 계열 입자(예: 보론 나이트라이드(boron nitride, BN) 등)를 고분자 매트릭스 내에 분산시켜 열전도도가 높은 고분자 복합재료를 제조하기도 한다. 전자 기기(전자, 배터리, 디스플레이, 광학 등)의 용량과 속도가 고도화될수록 기기의 내부에서 더 많은 열이 발생하므로, 발생하는 열을 외부로 빠르게 방출해야 과열을 방지할 수 있다. 열전도도가 높은 고분자 소재는 이러한 용도

표 5.9 고분자의 열전도도 향상 방법

방법	열전도도	원리
초고배향 PE 제조 (UHMWPE)	10~50 W/m · K	결정화도를 최대한 높임(~95%)
복합재료화	1~20 W/m · K	열전도도가 매우 높은 세라믹 계열 재료를 고분자에 혼합함

의 **방열 소재**(heat dissipation material)로서 활용되고 있다.

5.4.4 용융과 유리 전이

가열에 의해 고체가 액체로 변하는 것을 **용융**(melting)이라고 한다. 결정성 고체는 **녹는점**(melting temperature, T_m)에서 액체로 변한다. 결정성 금속과 세라믹은 일반적으로 특정 값의 T_m을 나타내는 데 비하여 결정성 고분자는 T_m이 어느 정도의 온도 범위를 가진다. 고분자의 경우 분자량 분포를 갖는데(2.3.2절 참조), 결정성 고분자의 온도를 일정 속도로 올릴 때, 분자량이 높은 부분은 녹는 데 좀 더 시간이 걸리기 때문이다.

고분자 고체를 가열하면 어느 특정 온도에서 딱딱한 상태에서 말랑거리는 상태로 전환된다. 이렇게 재료가 유리상에서 고무상으로 전환되는 온도를 **유리 전이 온도**(glass transition temperature, T_g)라고 한다. 유리 전이는 비결정성 고분자에서 나타난다. 부분 결정성 고분자도 비결정성 부분을 일부 포함하므로 유리 전이가 나타날 수 있다. T_g 아래의 온도에서는 원자 단위로 진동이 일어나는 유리상으로 존재하지만, T_g 위로 올라가면서 사슬이 부분적으로 움직이기 시작함으로써, 즉, **세그먼트**(segment)의 움직임이 시작됨으로써 고무상으로 전이되는 것이다(세그먼트는 원자 20~50개로 이루어진 사슬의 작은 부분을 의미함).

비결정성 고분자를 냉각하거나 가열할 때 T_g를 경계로 다양한 특성들(강성(stiffness), 비용(specific volume, 밀도의 역수임), 열용량, 열팽창 계수 등)이 변한다(그림 5.11). 고분자 재료는 유리상에서 온도 증가에 따라 비용이 어떤 비율로 증가하다가 T_g를 경계로 그 증가하는 비율이 커진다. T_g 이상의 온도에서는 세그먼트의 움직임이 일어나고 있으므로, 유리상에 비하여 같은 정도의 온도 증가에도 사슬 간의 간격이 더 큰 폭으로 넓어지면서 부피가 더 큰 비율로 증가하는 것이다. 부분 결정성 고분자는 비결정성 부분과 결정성 부분이 함께 존재하므로 T_g 이상

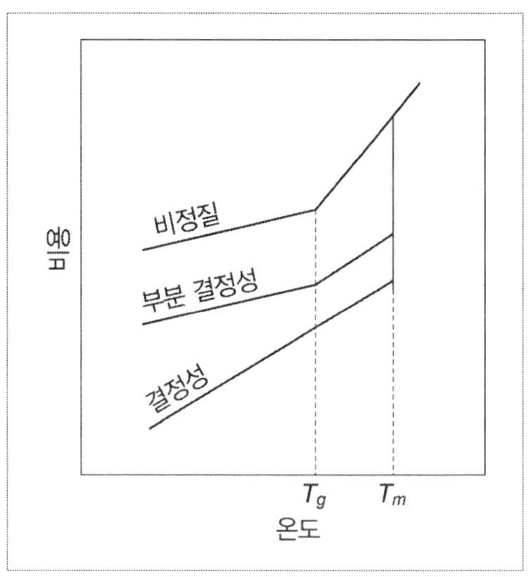

그림 5.11 온도에 따른 비용.

에서의 비용 증가 비율이 전체가 비결정성인 고분자에 비하여 작으며, T_g와 T_m을 모두 나타낸다. 이러한 경향은 고분자와 세라믹이 유사하다. 결정성 재료는 유리전이가 일어나지 않고(즉, T_g가 없음), T_m에서 비용의 불연속적인 변화를 보인다.

고분자의 경우 다음과 같이 세그먼트가 움직이기 어려운 화학 구조일수록 T_g가 높다. 1) 부피가 큰 측쇄: 예를 들어, 측쇄로 메틸기를 갖는 폴리프로필렌(PP)은 -18℃이며, 부피가 더 큰 페닐기를 갖는 폴리스타이렌(PS)은 사슬의 움직임이 억제되어 100℃의 T_g를 갖는다. 2) 극성 구조: 예를 들어, 전기음성도가 높은 염소 원자를 갖는 폴리(바이닐 클로라이드)(PVC)는 87℃, 비극성인 폴리프로필렌은 -18℃의 T_g를 갖는다. 일반적으로 사슬 간 인력이 클수록 T_g가 높아진다. 3) 주쇄에 이중 결합 또는 방향족 구조: 그림 5.12(위)는 -63℃, (아래)는 69℃의 T_g를 가지는데, 이는 그림 5.12(아래)의 경우 주쇄에 존재하는 벤젠 고리 때문에 분자 사슬이 좀 더 강직해지기 때문이다. 4) 분기형 고분자의 경우: 분기 수가 많으면 분자 사슬의 쌓임이 조밀하지 못하고 **자유 체적**(free volume)이 증가하여 사슬의 움직임이 용이해지므로 T_g가 낮아진다. 5) 가교형 고분자의 경우, 가교 밀도: 가교 밀도가 높아질수록 사슬의 움직임이 더 억제되어 T_g가 높아지며, 가교 밀도가 매우 높은 경우에는 사슬의 움직임이 원천적으로 억제되어 유리 전이를 나타내지 않는다.

이외에도, 분자량이 클수록 T_g가 높아진다. 예를 들어 수평균 분자량이 3,000 g/mol, 300,000 g/mol인 폴리스타이렌은 각각 40℃와 100℃의 T_g를 갖는다. 이것은 분자량이 클수록 사슬 말단의 수가 적어져 총 **자유 체적**이 감소하기 때문이다

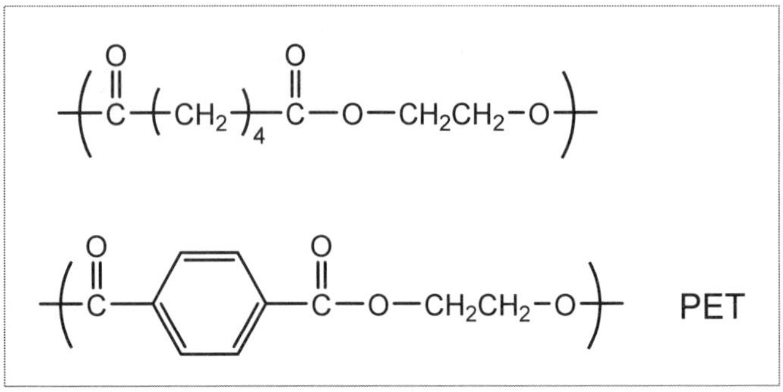

$$-\!\!\left(\overset{O}{\overset{\|}{C}}-\left(CH_2\right)_4-\overset{O}{\overset{\|}{C}}-O-CH_2CH_2-O\right)\!\!-$$

$$-\!\!\left(\overset{O}{\overset{\|}{C}}-C_6H_4-\overset{O}{\overset{\|}{C}}-O-CH_2CH_2-O\right)\!\!- \quad \text{PET}$$

그림 5.12 폴리에스터의 예.

(고분자의 말단 주변에는 자유 체적이 존재함).

특히 고분자 재료를 사용하는 데 있어서 T_g는 중요성을 갖는다(표 5.10). 딱딱한 성질을 활용하는 **플라스틱**은 T_g가 사용 온도보다 높을 필요가 있다. **고무**는 T_g가 사용 온도보다 낮아야 고무 성질을 활용할 수 있다. **섬유**는 T_g가 너무 높을 경우 다림질이 잘되지 않으며 T_g가 너무 낮을 경우 접은 금 유지(crease retention)가 잘되지 않으므로 적절한 T_g를 가져야 한다.

표 5.10 플라스틱, 섬유, 고무의 T_g

구분	요구되는 T_g	이유
플라스틱	사용 온도 $< T_g$	T_g 아래에서 사용해야 딱딱한 성질 활용 가능
섬유	적당한 T_g	T_g가 너무 높으면 다림질 잘 안 됨 T_g가 너무 낮으면 접은 금 유지가 잘 안 됨
고무	사용 온도 $> T_g$	T_g 위에서 사용해야 고무 성질 활용 가능

고분자 재료의 가공 및 복합화

6.1 고분자의 상태에 따른 가공 유형

고분자의 가공은 고분자를 용도에 맞게 적절한 형태의 제품으로 제작하는 것을 의미한다. 가공에 사용되는 고분자의 상태는 표 6.1에 나타낸 것처럼 가열에 의해 얻어지는 용융 상태, 용매에 용해된 용액 상태, 그리고 고체 상태를 들 수 있다. 용융 상태에서의 **가공**(melt processing)은 대부분의 열가소성 플라스틱을 대상으로, **압축 성형**(compression molding), **압출 성형**(extrusion molding), **사출 성형**(injection molding), **블로우 성형**(blow molding) 등의 가공에 활용되며, 부품, 용기, 파이프, 필름, 병 등을 제조한다. 대부분의 고분자는 용융 상태로 가공된다. 용액 상태에서의 가공(solution processing)은 **코팅**(coating), **캐스팅**(casting), **스피닝**(spinning) 등의 가공 방식에 활용된다. 고체 상태에서의 가공(solid-state processing)은 제한적으로 사용되며, **소결**(sintering) 등에 활용된다.

표 6.1 고분자의 상태에 따른 가공 유형과 제품

고분자 상태	가공 대상	방식	대표적 제품	비고
용융 상태	대부분의 열가소성 플라스틱	압축 성형, 압출 성형, 사출 성형, 블로우 성형	부품, 용기, 파이프, 필름, 병	가장 일반적
용액 상태	코팅/필름/섬유 용도의 고분자, 고온에 분해되기 쉬운 고분자	코팅, 캐스팅, 캘린더링, 스피닝	코팅, 막, 필름, 섬유	
고체 상태	특정 결정성 고분자	압축 성형(소결)	부품	드물게 사용

6.2 가공 적정 분자량 범위

그림 6.1에 나타낸 것처럼 고분자 고체는 분자량이 높아질수록 기계적 특성이 향상되며, 어느 정도의 분자량에 도달하면 기계적 특성의 큰 증가가 없게 된다. 이에 비해, 고분자 용액 또는 용융액은 분자량이 커질수록 점도가 빠르게 증가한다. 고

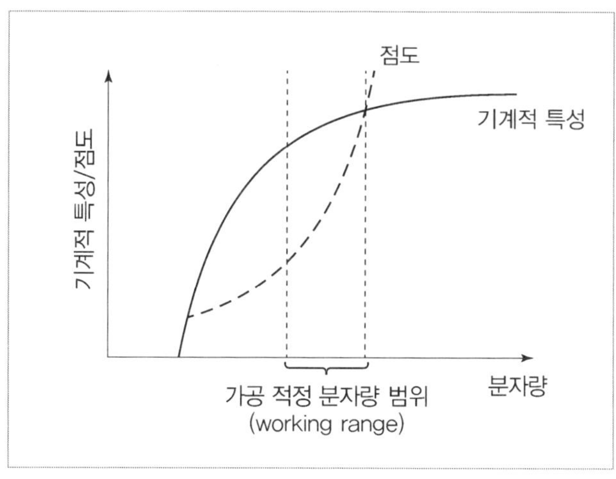

그림 6.1 가공에 적절한 분자량의 결정.

분자 용액 또는 용융액의 점도가 너무 높은 경우 가공에 어려움이 생길 수 있다. 따라서 고분자의 기계적 특성과 점도 사이에 트레이드 오프(trade off)가 존재하게 된다. 가공이 용이한 수준의 점도를 나타내면서 기계적 특성이 충분히 나타나는 분자량을 선택하는 것이 최선의 방법이다. 이 분자량을 **가공 적정 분자량**(working range) 또는 최적 분자량이라고 한다.

6.3 고분자 가공 방법

고분자의 가공 방법은 금형(mold)을 사용하는 가공(성형, molding)과 금형을 사용하지 않는 가공(forming)으로 크게 나눌 수 있다. 표 6.2에 고분자의 가공 방법을 정리하였다. 고분자는 금속과 세라믹에 비해 용융되거나 유연해지는 온도가 매우

표 6.2 고분자의 가공 방법

구분	방법의 개요	가공 방법의 종류
금형을 사용하는 가공	금형을 사용하여 3차원 형상을 제조	압축, 사출, 블로우 성형
금형을 사용하지 않는 가공	다이(die), 롤러 등을 사용하여 연속체를 제조(파이프, 필름, 판재, 섬유 등)	압출, 코팅, 캐스팅, 캘린더링, 스피닝

낮기 때문에 가공에 필요한 온도가 매우 낮다.

6.3.1 금형을 이용하는 가공

얻고자 하는 모양을 안쪽에 새긴 금형을 사용하여 고분자를 가공하는 방법이다. **압축 성형**은 고분자의 분말을 금형에 넣고 열과 압력을 가하여 찍어내는 방법이다(그림 6.2). 금형을 냉각한 후 분리하면 성형된 고분자 제품을 얻을 수 있다. 열가소성뿐만 아니라 열경화성 고분자의 성형도 가능해서 보편적으로 많이 사용된다. **사출 성형**은 용융된 고분자를 스크류를 사용하여 금형의 내부에 밀어 넣은 후 냉각하고 금형을 분리하여 가공품을 얻는다(그림 6.3). 열가소성 수지를 가공하는 데 사용된다. **블로우 성형**은 주로 병 모양을 만드는 데 사용된다(그림 6.4). 가열하여 유연하게 만들어진 고분자 튜브를 금형에 넣고 내부에 압축 공기를 불어 넣거나 금형 쪽에서 진공으로 빨아들여 금형에 밀착시키는 방식으로 수행된다.

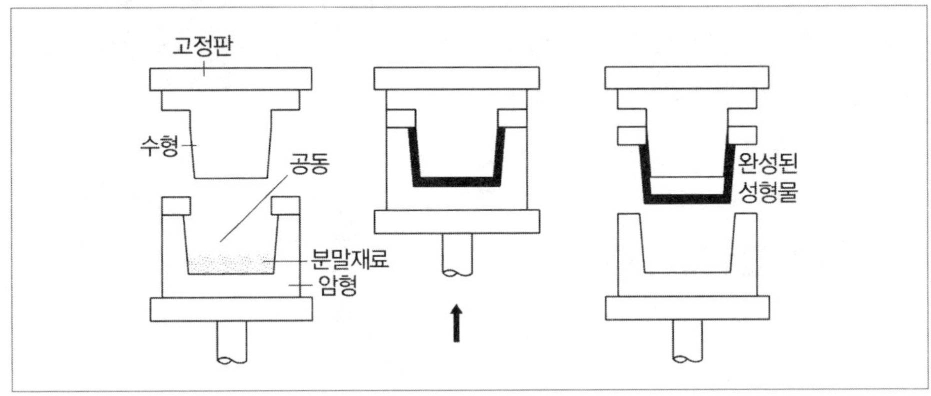

그림 6.2 고분자의 압축 성형.

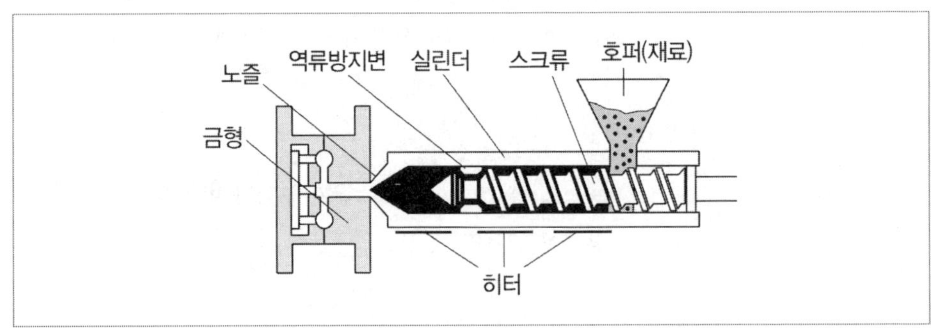

그림 6.3 고분자의 사출 성형.

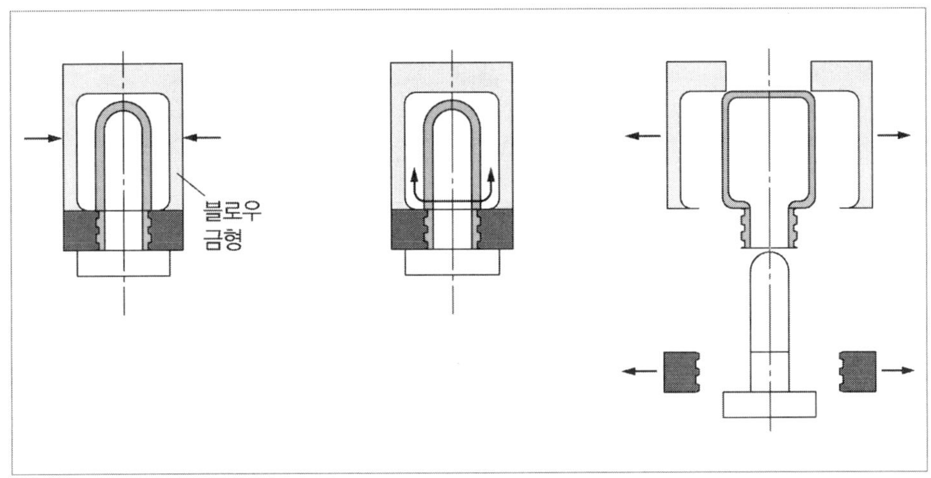

그림 6.4 고분자의 블로우 성형.

6.3.2 압출 성형

압출 성형은 가열하여 용융된 고분자를 스크류를 사용하여 다이(die)를 통해 밀어내는 방식으로 진행된다(그림 6.5). 긴 막대 또는 파이프 모양의 성형품을 얻는 데 주로 사용된다.

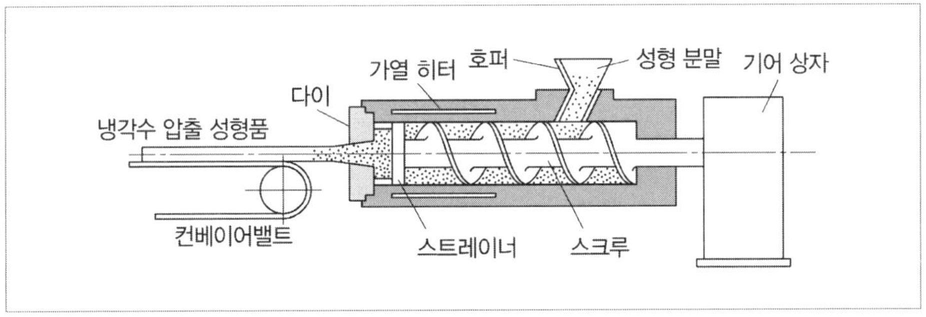

그림 6.5 고분자의 압출 성형.

6.3.3 캐스팅 및 캘린더링

코팅은 물체의 겉면에 고분자의 얇은 막을 도포하는 것을 말한다. 고분자 용액을 스프레이 등의 방법으로 도포한 후 용매를 증발시키면 코팅막이 형성된다. **캐스팅**은 용융된 고분자 또는 용매에 용해된 고분자를 평평한 곳이 부어 식히거나 용매를 증발시켜 필름 모양을 얻는다. 캘린더링은 가열된 롤러 사이에 고분자를 통과시킴으로써 필름 모양을 얻는 방법이다(그림 6.6).

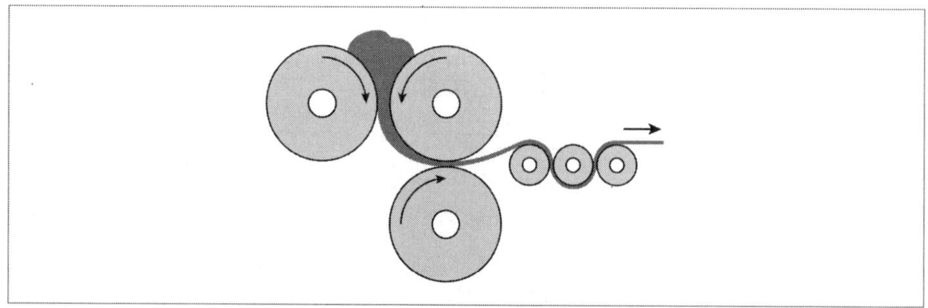

그림 6.6 고분자의 캘린더링.

6.3.4 방적

방적(spinning)은 고분자를 용융 또는 용해 상태로 하여 방적 돌기에서 압출하여 섬유상으로 만드는 방법이다. 그림 6.7에 고분자 용융액으로부터 방적사를 제조하는 장치를 나타내었다. 고분자 용융액을 방적 돌기를 통하여 여러 가닥으로 사출하면서 냉각 공기를 접촉시켜 방적사를 제조한다.

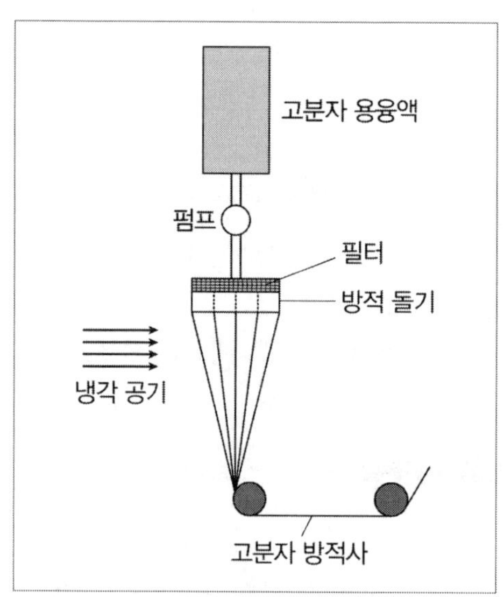

그림 6.7 고분자의 방적.

6.4 고분자 복합재료

6.4.1 고분자 복합재료의 의미

복합재료(composite material)는 2종 이상의 서로 다른 재료들을 혼합하여, 단일 재료가 가지는 특성보다 더 우수한 특성을 발현시키고자 하는 목적으로 제조된다. 복합재료에서는 이렇게 2종 이상의 상을 복합화시킴으로써 한 재료의 결점을 다른 재료가 보완하고 나아가 장점을 강화하는 효과를 얻을 수 있다. 일반적으로 복합재료는 어떤 연속상(continuous phase, 또는 **매트릭스**(matrix)) 속에 들어있는 다른 불연속상(discontinuous phase, 또는 **분산상**(dispersed phase))의 조합으로 구성되어 있다(그림 6.8).

고분자만으로 만들어진 재료는 높은 수준의 기계적, 열적 특성이 요구되는 분야에 활용되기에는 부족한 경우가 종종 있다. 이러한 경우 고분자의 특성을 다른 재료와의 복합화를 통하여 향상시키거나, 또는 고분자에 새로운 기능을 부여하기도 한다. 고분자 복합재료는 고분자를 매트릭스로 하고 분산상(강화재, 충전재, 보강재라고도 함)로서 금속, 세라믹 등의 재료를 혼합한 것을 의미한다. 넓은 의미의 고분자 복합재료에는 고분자끼리의 복합화를 포함시키기도 한다(이것을 고분자 블렌드(polymer blend)라고도 함). 강화재는 **섬유상**, **입자상**, **판상**일 수 있다(표 6.3, 그림 6.8). 섬유상 강화재에는 단섬유, 장섬유(또는 연속섬유)가 있다. 매트릭스 고분자로서는 **에폭시**, **페놀-폼알데하이드**, **불포화 폴리에스터** 등의 열경화성 고분자나 폴리아마이드, 폴리에터에터케톤(polyetheretherketone, PEEK), 폴리페닐렌설파이드(polyphenylenesulfide, PPS), 폴리에터이미드(polyetherimide, PEI) 등의 열가소성 고분자가 주로 사용된다(표 6.4).

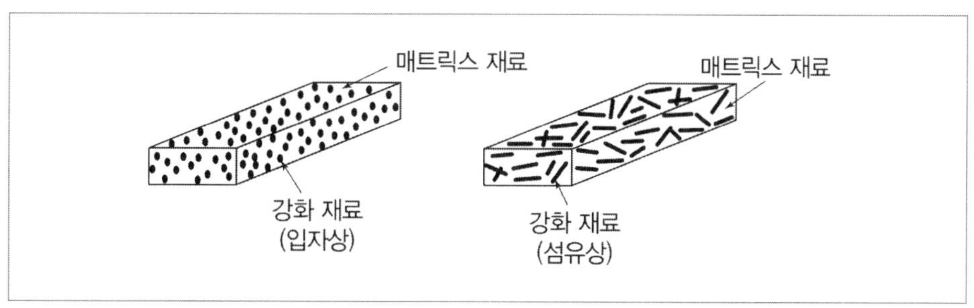

그림 6.8 입자상 또는 섬유상(단섬유) 강화재료 보강된 플라스틱.

표 6.3 강화재의 형태에 따른 복합재료

강화재의 형태	강화재의 예	복합재료의 성능 향상
섬유상 (단섬유, 장섬유)	유리 섬유(GF) 탄소 섬유(CF) 아라미드 섬유(Kevlar)	인장 강도, 강성, 내충격성
입자상	카본블랙(carbon black), 실리카(SiO_2), 알루미나(Al_2O_3), 금속 분말	내마모성, 치수 안정성, 열전도도
판상	그래핀, 점토(clay), 마이카(mica)	기체 차단성, 전기적/열적 특성

표 6.4 고분자 복합재료에 사용되는 매트릭스 고분자의 예

열경화성 고분자	열가소성 고분자
에폭시 페놀-폼알데하이드 유레아-폼알데하이드 불포화 폴리에스터	폴리아마이드 PEEK PPS PEI

6.4.2 섬유 강화 플라스틱

고분자 복합재료의 대표적인 예로서 섬유 강화 플라스틱(fiber-reinforced plastics, FRP)이 있다. FRP는 섬유 형태의 강화재가 플라스틱 매트릭스에 분산되어 매트릭스 재료의 기계적 특성을 향상시킨다. 강화재로서는 유리 섬유, 탄소 섬유, 아라미드 섬유 등이 사용되어 각각 **유리 섬유** 강화 플라스틱(glass fiber-reinforced plastics, GFRP), **탄소 섬유** 강화 플라스틱(carbon fiber-reinforced plastics, CFRP), **아라미드** 섬유 강화 플라스틱(aramid fiber-reinforced plastics, AFRP)을 제조한다. 매트릭스로서는 불포화 폴리에스터 또는 에폭시 수지 같은 열경화성 수지가 주로 사용된다.

유리를 특별한 공정에 의해 지름 0.01 cm 이하의 실처럼 뽑아낸 것을 유리 섬유라고 한다. 유리 섬유 자체는 부서지기 쉽지만 인장 강도가 매우 높기 때문에(즉, 매우 질기기 때문에) 플라스틱에 넣어 매우 높은 강도를 갖는 GFRP를 제조할 수 있다. 가장 많이 사용되는 유리 섬유는 E-glass인데, 1wt% 이하의 alkali oxide를 함유한 알루미노 붕규산염 유리(alumino-borosilicate glass)이다.

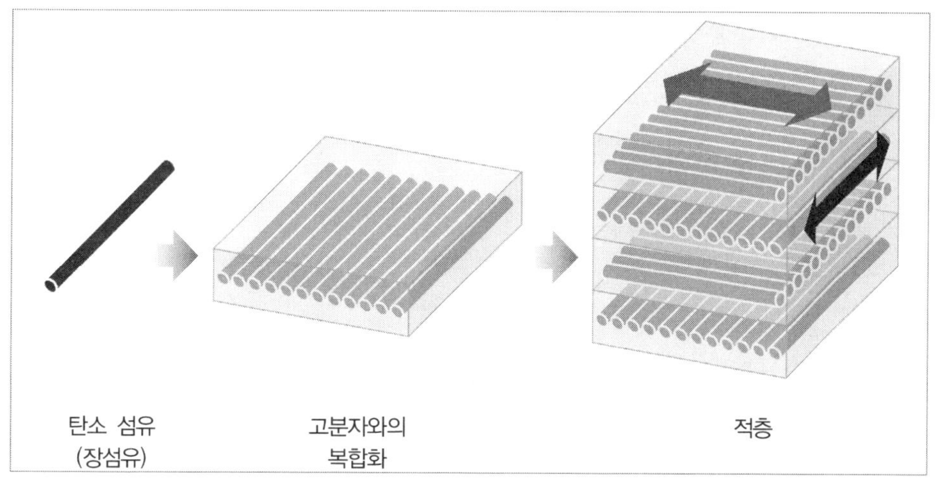

그림 6.9 탄소 섬유(장섬유)를 사용한 CFRP의 복합화와 적층구조 개념도

유리 섬유보다 더 강하고 가벼운 탄소 섬유를 강화 섬유로 사용한 CFRP도 개발되어 있다. 탄소 섬유에는 **폴리아크릴로나이트릴**(polyacrylaonitrile, PAN)을 열분해하여 탄화(carbonization)시킨 PAN계나 콜타르에서 피치(pitch)를 뽑아 탄화시킨 피치계를 사용한다. 에폭시 수지 등과 같은 열경화성 수지를 탄소 섬유 다발 사이에 침투시켜 고강도, 고탄성, 고내충격성, 경량성(밀도 1.5~1.6 g/cm^3)을 갖는 CFRP를 제조한다(그림 6.9). CFRP는 낚싯대, 안전 헬멧, 골프채, 테니스 라켓, 스키 등에 사용되고 있고 자동차, 우주항공 분야에서 구조 재료와 부품으로 사용되고 있다.

6.4.3 고분자 나노복합재료

고분자 복합재료에 사용하는 충전재의 지름이 1~수백 nm인 경우, 고분자 **나노복합재료**(polymer nanocomposite)라고 한다. 마이크로미터 이상 크기의 일반 충전재에 비해 단위 질량당 표면적이 훨씬 크기 때문에, 충전재의 표면 특성이 중요한 역할을 하는 경우, 일반 복합재료에 비하여 소량만 혼합해도 성능이 매우 크게 향상될 수 있다. 사용하는 고분자 매트릭스로는 폴리올레핀, 폴리아마이드 등이 있으며, 나노 충전재로는 구형 나노입자(SiO_2, TiO_2 등), 유기 나노점토(organo nanoclay, 탄소 나노튜브(carbon nano tube, CNT), 그래핀 등이 있다. 나노 강화재의 종류별 특성에 대하여 표 6.5에서 소개한다.

표 6.5 나노 충전재의 종류에 따른 특성 향상

나노 충전재	대표적 예	나노복합재료의 특성 향상
구형 나노입자	SiO_2, TiO_2, ZnO	강도, 내열성, 내스크래치성
나노클레이	층상 실리케이트	가스 차단성, 내열성
나노섬유 또는 나노와이어	CNT, 은나노 와이어	전기 전도성, 열 전도성
2차원 소재	그래핀	강도, 전기전도성

나노 충전재가 고분자의 성질을 향상시키는 원리로서는, 1) 나노 충전재와 고분자 사이의 넓은 계면 영역에서 고분자의 사슬의 움직임을 억제하거나 강한 상호작용이 발생하여 기계적 강도와 내열성이 향상될 수 있고, 2) CNT나 그래핀같이 1D, 2D 구조를 가진 충전재는 고분자 내부에서 전기전도 또는 열전도 경로를 형성하여 전기 또는 열전도성을 부여할 수 있다. 여기서 복합화를 통하여 전기 전도성을 부여하는 것은, (금속을 대체하려는 목적이 아니라) 고분자에 약간의 전기 전도성을 부여하여 정전기 방지, 전자파 간섭 차폐(electromagnetic interference shielding), 센서로서의 활용 등을 목적으로 한 것이다.

고분자 신소재

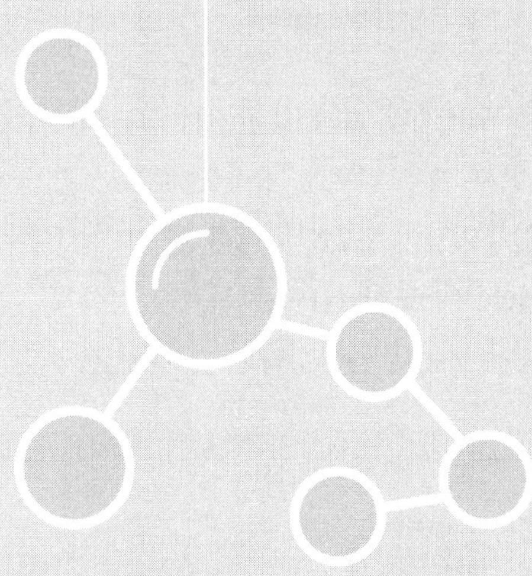

7.1 엔지니어링 플라스틱

듀폰사에서 델린(Delrin)이라는 상품명의 **폴리아세탈**(polyacetal) 제품을 출시했을 때 금속을 대체할 수 있는 플라스틱이라는 의미로 **엔지니어링 플라스틱**(engineering plastic, EP)이라는 단어를 처음 사용하였다. 기존의 PE, PP, PS, PVC 등의 범용 플라스틱보다 우수한 기계적 특성, 내열성, 내화학성을 가지며, 가혹한 물리적, 화학적 조건에서도 오랜 시간 동안 물성이 떨어지지 않고 유지되기 때문에 주로 항공/우주/자동차, 전기전자 제품, 기계의 부품 또는 구조재 등의 산업용 재료로 사용되는 플라스틱을 엔지니어링 플라스틱이라고 한다. 엔지니어링 플라스틱 중에서도 기계적, 열적 성능이 특별히 뛰어난 엔지니어링 플라스틱을 흔히 **슈퍼엔지니어링 플라스틱**(superengineering plastic)으로 부르기도 한다. '플라스틱'이라는 표현을 사용하지만 섬유, 필름 등의 형태도 포함한다.

명확한 기준은 아니지만 이 세 가지 범주의 플라스틱의 특성 기준은 표 7.1과 같다. 연속사용이 가능한 온도는 엔지니어링 플라스틱이 100~200℃, 슈퍼엔지니어링 플라스틱이 200℃ 이상이다.

표 7.1 엔지니어링 및 슈퍼엔지니어링 플라스틱의 특성 비교

특성	범용 플라스틱	엔지니어링 플라스틱	슈퍼엔지니어링 플라스틱
기계적 강도	낮음	중간~높음	매우 높음
연속사용 가능한 대략적인 온도 범위	0~100℃	100~200℃	200℃ 이상

엔지니어링 또는 슈퍼엔지니어링 플라스틱은 구조재나 부품 분야에서 금속이나 세라믹에 필적하는 기계적, 열적 특성을 가지면서 매우 가벼운 경량 소재로서 그 시장을 확대해 가고 있다. 철의 비중이 7.8, 알루미늄이 2.7인데 비해 엔지니어링 플라스틱은 1.1~1.5로 매우 낮아 경량화가 가능하다. 또한, 금속은 복잡한 형상의 제품의 경우 여러 부품을 따로 만들어서 조립해야 하는데 플라스틱은 한 번에 전체를 성형하여 제작할 수 있는 장점이 있다.

7.1.1 엔지니어링 플라스틱의 종류 및 특성

범용 플라스틱의 화학 구조는 사슬의 회전이 자유롭고, 방향족 고리의 비율이 낮고, 측쇄 구조가 있으며, 고결합 에너지 주쇄 구조(amide, imide, sulfone 등)가 없다(표 7.2). 엔지니어링 플라스틱은 범용 플라스틱에 비해 사슬의 강직성(rigidity)이 크고, 방향족 고리 구조를 가진 것이 많고, 측쇄가 없는 편이다. 또한 사슬 회전을 억제하고 전자적 공명 안정화를 부여하여 내열성과 강도를 높이는, '고결합 에너지 결합'(아마이드, 이미드, 설폰(sulfone) 등)을 가진다. 슈퍼엔지니어링 플라스틱은 엔지니어링 플라스틱의 이러한 구조적 특성들이 보다 강화된 구조를 가진다.

대표적인 엔지니어링 플라스틱 고분자로서는 나일론, 폴리옥시메틸렌(poly-oxymethylene, POM), 폴리카보네이트(polycarbonate, PC), 폴리(페닐렌 옥사이드)(poly(phenylene oxide), PPO), 폴리(뷰틸렌 테레프탈레이트)(poly(butylene terephthalate), PBT) 등이 있고, 5대 엔지니어링 플라스틱으로 부른다.

폴리아마이드 중 부분적 또는 전체적으로 지방족 구조가 들어있는 경우 **나일론**이라는 이름으로 불린다. 대표적으로는 그림 7.1에 나타낸 나일론 6과 나일론 66이 있다. 주로 섬유 형태로 많이 사용되고 있지만 인장 강도, 충격 강도 등이 우수하여 플라스틱으로도 사용되고 있다. (방향족 고리 구조가 없는데도) 나일론 6, 나일론 66의 기계적 특성이 좋은 이유로서는, 아마이드 결합에 의한 회전 제약이 크고, N–H기와 카보닐기(C=O) 사이에 형성되는 분자 간 수소 결합 때문이다. 이 수소 결합은 분자 사슬들의 규칙적인 배열을 도와 나일론이 높은 결정성(결정화도 30~60%)을 가지게 하고, 또한 분자 간의 강한 인력을 형성한다(그림 7.2). 폴리아

표 7.2 범용, 엔지니어링, 슈퍼엔지니어링 플라스틱의 화학 구조 비교

	범용 플라스틱	엔지니어링 플라스틱	슈퍼엔지니어링 플라스틱
사슬 강직성(chain rigidity)	낮음(회전 자유로움)	중간(부분적 rigid block 존재)	전체적으로 매우 높음
방향족 고리 비율	낮음	높음	매우 높음
측쇄 구조	대부분 있음	거의 없음	거의 없음
고결합 에너지 주쇄 구조	거의 없음	중간	매우 많음

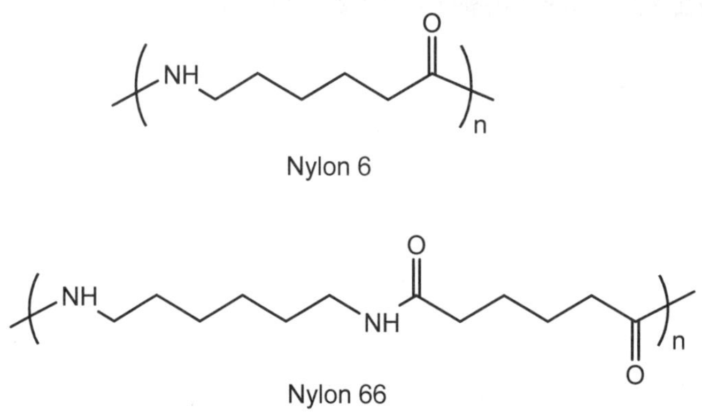

Nylon 6

Nylon 66

그림 7.1 나일론 6와 나일론 66의 화학 구조.

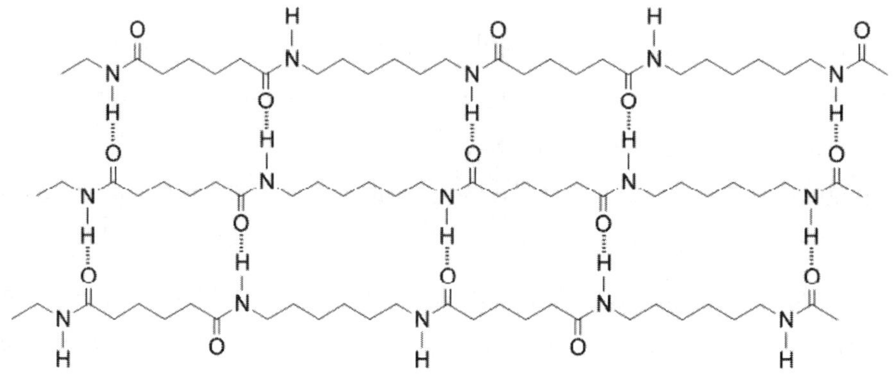

그림 7.2 나일론66의 분자 배열 및 수소 결합 개념도.

마이드는 내마모성, 내화학성, 윤활성도 우수하여 자동차 또는 기계 부품, 전선 피복 등에 사용되고 있다(그림 7.3). 단점은 친수성인 아마이드기 때문에 수분을 쉽게 흡수하여 부피 변화를 일으킨다는 점이다.

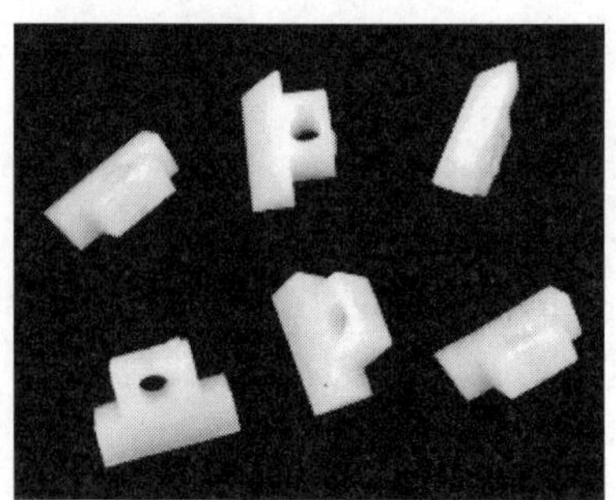

그림 7.3 나일론으로 제작된 엔지니어링 플라스틱 부품.

(출처: TT Zop/Wikimedia Commons)

POM은 그림 7.4의 화학 구조를 가졌으며, 폴리아세탈(polyacetal) 또는 폴리폼알데하이드(polyformaldehyde)라고도 한다. POM은 회전 자유도가 낮은 C–O 결합을 가지고, 사슬이 곧고 규칙적이어서 결정성이 높고(결정화도 70~85%), 녹는점이 높아서(약 175℃) 기계적/열적 특성이 우수하다. 기계 부품, 전기 기기 부품, 자동차 부품으로 널리 사용되고 있다.

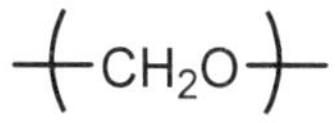

$$-\!\!\left(CH_2O\right)\!\!-$$

그림 7.4 POM의 화학 구조.

PC는 그림 7.5의 화학 구조를 가지며, 내열성, 내충격성, 투명성, 경도, 전기 절연성이 뛰어나 전자 부품으로 주로 사용된다. 아울러, 가시광선 투과성이 필요한 안경 렌즈, 헬멧 창, 투명 건축 자재, 실내 등의 커버 등의 용도에 널리 사용된다.

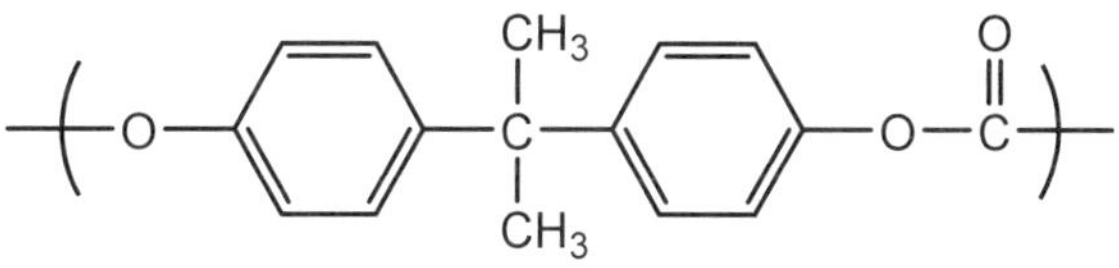

CH3
O
O
C
C
CH3

그림 7.5 PC의 화학 구조.

그림 7.6에 나타낸 PPO는 높은 기계적 강도, 탄성 계수, 치수 안정성 등을 가지고 있으며, 특히 선팽창계수가 열가소성 플라스틱 중에서 가장 낮은 재료 중의 하나이다. 전기 절연성도 우수하다. 구조재, 전자기기 부품, 자동차 부품, 의료용 기기 부품 등으로 사용되고 있다.

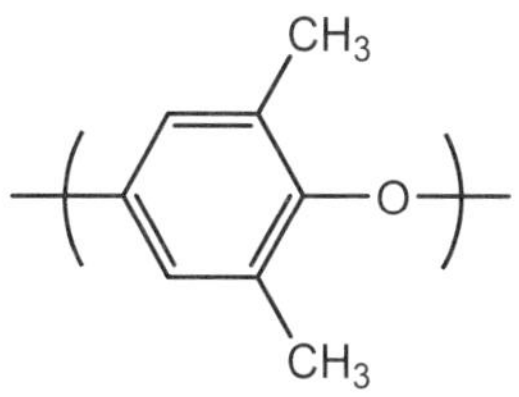

CH3
O
CH3

그림 7.6 PPO의 화학 구조.

PBT는 그림 7.7의 화학 구조를 가지며, 성형성이 좋고 전기 절연성이 우수하여 스위치, 자동차 전기부품 등으로 활용되고 있다.

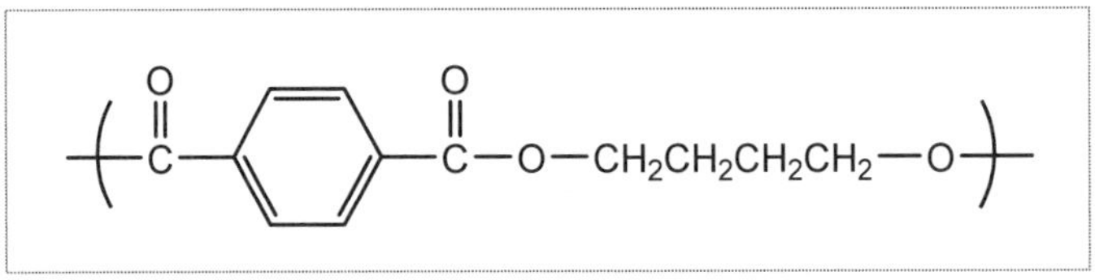

$$-\!\!\left[\!-\overset{\overset{\displaystyle O}{\|}}{C}-C_6H_4-\overset{\overset{\displaystyle O}{\|}}{C}-O-CH_2CH_2CH_2CH_2-O-\right]\!\!-$$

그림 7.7. PBT의 화학 구조.

7.1.2 슈퍼엔지니어링 플라스틱의 종류 및 특성

슈퍼엔지니어링 플라스틱은 일반적인 엔지니어링 플라스틱보다 특히 열적 성능이 더 우수하여, 기본적으로 200℃ 이상의 온도에서 연속 사용이 가능한 고내열성을 갖는다. 대표적인 슈퍼엔지니어링 플라스틱 고분자로는 **폴리설폰**(polysulfone, PSU), **폴리에테르설폰**(polyethersulfone, PES), **폴리(페닐렌 설파이드)**(poly(phenylene sulfide), PPS), 액정 고분자(liquid crystalline polymer, LCP), **폴리이미드**(PI), **폴리에테르이미드**(polyetherimide, PEI), **폴리아마이드이미드**(polyamideimide, PAI) 등이 있다. 이들 고분자의 화학 구조를 표 7.3에 나타내었다.

폴리이미드가 뛰어난 기계적, 열적 특성을 가지는 이유는 다음과 같다. 첫째, 폴리이미드는 강직한(rigid) 이미드 구조 및 방향족 고리 구조를 가진다. 둘째, 전자 공여기–흡인기 간 인력이 작용한다. 폴리이미드의 화학 구조에서 카보닐기 4개가 존재하는 부분에서는 카보닐기가 전자를 끌어당기므로 전자가 부족한 전자 흡인성(electron acceptor) 구조가 형성되고, 질소 원자 2개의 사이에 존재하는 부분에서는 전자가 풍부한 전자 공여성(electron donor) 구조가 형성된다(그림 7.8). 전자 흡인성 구조와 전자 공여성 구조 간의 인력에 의해 형성되는 착체를 전하 이동 착체(charge transfer complex, CTC)라고 하여 분자 간에 강한 인력이 작용한다. 전하 이동 착체는 분자 간뿐만 아니라 분자 내에서도 형성된다. 특히 분자 간의 전하 이동 착체 형성은 폴리이미드가 뛰어난 기계적, 열적 특성을 갖도록 한다.

표 7.3 슈퍼엔지니어링 플라스틱으로 분류되는 대표적인 고분자

명칭	화학 구조
Polysulfone (PSU)	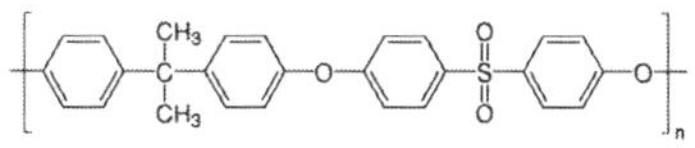
Polyethersulfone (PES)	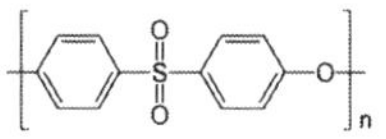
Polyphenylene sulfide (PPS)	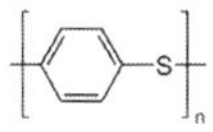
Polyimide (PI)	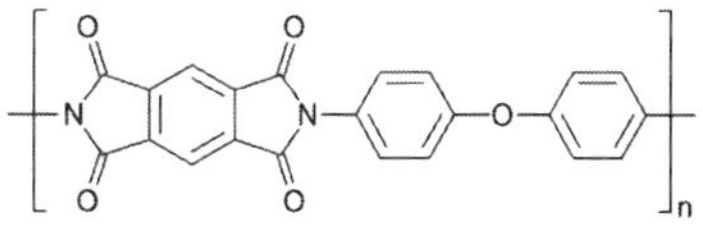
Polyetherimide, (PEI)	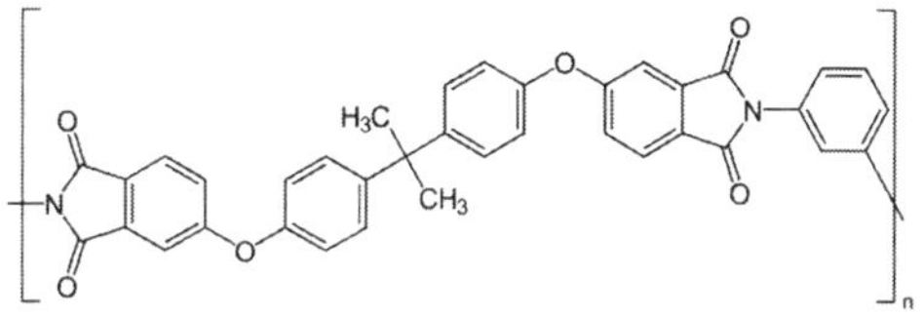
Polyamideimide, (PAI)	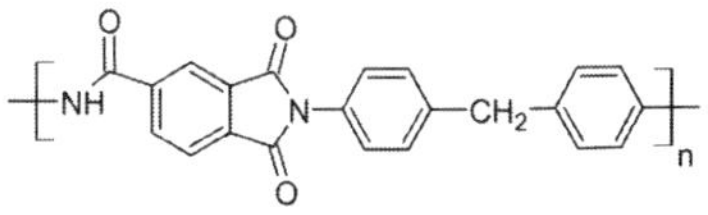
Polyetherether-ketone (PEEK)	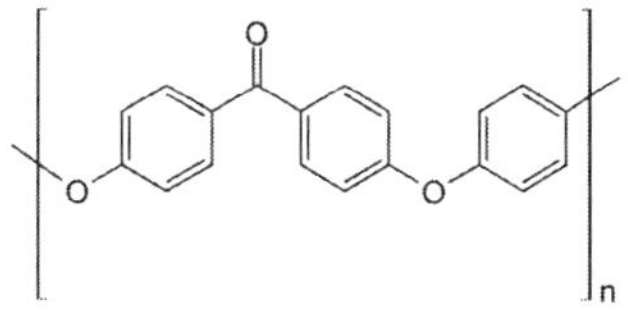
Aramid	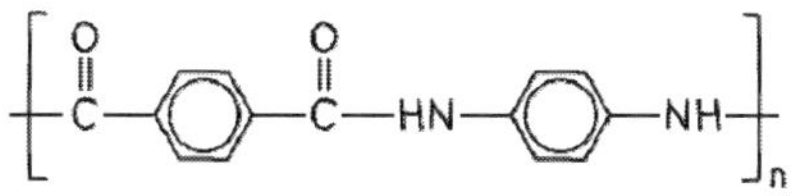

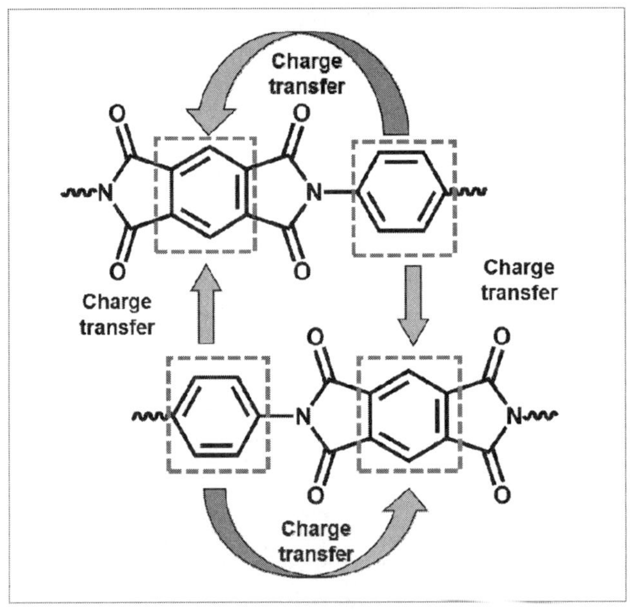

그림 7.8 폴리이미드에서 전하 이동 착체의 형성.

7.2 반도체와 고분자

7.2.1 반도체와 집적회로

7.2.1.1 반도체의 중요성

반도체는 우리의 생활 깊숙이 들어와 있는 첨단 기술이다. 휴대전화, 컴퓨터, TV, 냉장고, 세탁기 등의 제품들에 수많은 반도체 소자가 들어있다. 현재 빠른 속도로 발전하고 있는 인공지능 기술을 뒷받침하는 것도 반도체 소자이다. 2016년에 세계 최고의 바둑기사와 대결을 벌였던 알파고는 300여 대의 기업용 서버를 결합하여 개발한 인공지능 바둑 프로그램으로, 여기에는 천문학적인 숫자의 반도체 소자가 사용되었다. 2019년에 시작되어 전 세계적인 팬데믹을 일으켰던 코로나-19 바이러스에 대한 백신 개발에도 인공지능 기술이 기반이 되었다. 인공지능을 토대로 한 자율주행 기능 자동차에는 1000~2000개 정도의 반도체 소자가 필요하다. 반도체 기술은 이처럼 현재의 인류 문명뿐만 아니라 앞으로의 과학기술의 발전에 필수 불가결한 기술이라고 할 수 있다.

7.2.1.2 집적회로의 발전

반도체 **집적회로**(intergrated circuit, IC)는 트랜지스터, 다이오드, 저항, 커패시터 등의 전자 소자를 반도체 기판(실리콘 웨이퍼) 위에 **미세가공** 기술로 집적(integration)해 제작한 회로이다. 집적도가 높은 반도체를 사용하여 데스크탑 PC, 노트북 PC 등의 전자기기를 작고 가볍게 제작할 수 있으며, 컴퓨터의 성능(처리 속도, 기억 용량)을 비약적으로 높일 수 있는 것이다. 반도체의 집적도를 높이기 위해서는 한정된 작은 면적에 더 많은 회로를 새겨 넣어야 하고, 이를 위해서는 선폭을 더욱 더 작게 만들 수 있는 기술이 중요해진다.

7.2.2 집적회로 제작에 사용되는 고분자

반도체의 회로 패턴을 빛을 사용하여 실리콘 웨이퍼에 새겨 넣는 공정을 **포토리소그래피**(photolithography)라고 한다(그림 7.9). 웨이퍼에 새겨질 회로 패턴을 석영판 위에 그려놓은 것을 마스크라고 하는데, 마스크는 집적회로의 설계도를 웨이퍼에 옮겨 새기는 데 사용된다. 이 마스크에는 집적회로 모양에 따라 빛이 투과하는 부분과 투과하지 않는 부분이 존재하고, 투과하는 부분에서는 빛이 웨이퍼 위에 도포된 감광성 고분자인 **포토레지스트**(photoresist, PR)에 조사되어 광화학 반응을 일으킨다. 하나의 집적회로 칩을 제조하는 데 보통 수십 개의 서로 다른 패턴의 마스크가 필요하다.

산화 규소(SiO_2) 박막이 입혀진 실리콘 웨이퍼 표면에 그림 7.9(b)와 같이 PR을 도포한다. PR은 빛 또는 방사선에 의해 화학 반응을 일으켜 용해도가 변화하는 고분자 재료로서, 1) 집적회로의 패턴을 기판에 옮기고 2) 에칭(etching, 식각)에 저항(resist)하는 특성을 가져 반도체의 리소그래피 공정에 핵심 재료로 사용된다.

광조사(photoirradiation) 단계에서, 빛이 조사된 부분에서만 광화학 반응에 의하여 용해도가 변하는데, 그림 7.9(c) 및 (d)에서는 용해도가 높아진 (빛이 조사된) 부분이 현상(development) 단계에서 현상액에 용해되어 제거되는 방식을 나타내었다. 이처럼 빛이 조사된 부분이 현상액에 의해 제거되는 방식의 PR을 포지티브형(positive type)이라고 한다. 반대로, 빛이 조사되지 않은 부분이 현상 후 제거되고 조사된 부분이 남게 되는 방식은 네거티브형(negative type)이라고 한다. 현상 후

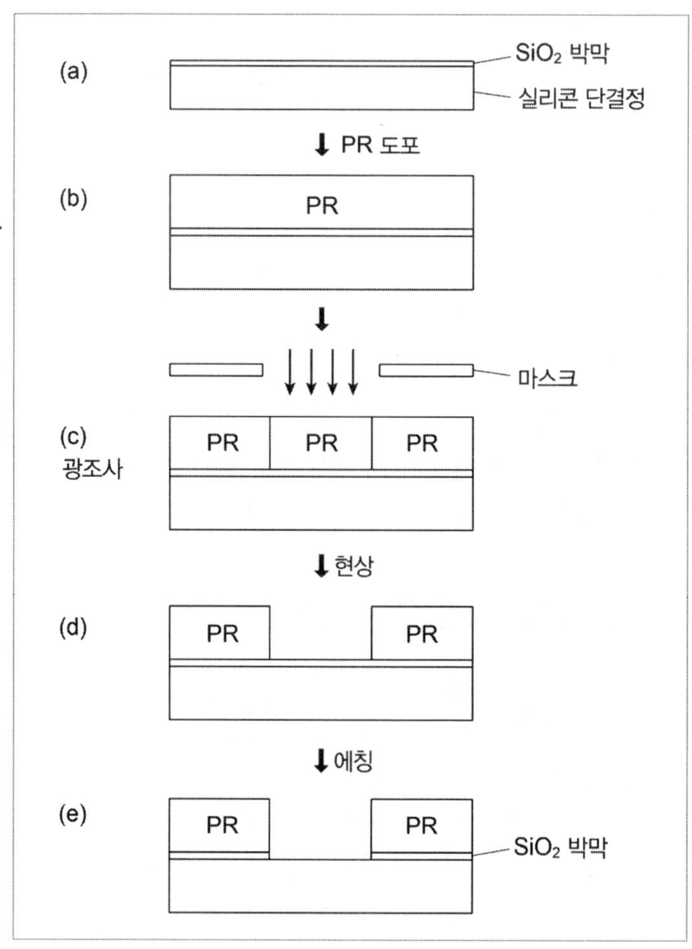

그림 7.9 포지티브형 PR을 사용한 패턴 형성 공정.

기판에 남은 PR막은 다음 단계인 에칭에서 산화 규소 층을 보호하는 역할을 한다.

그림 7.9(c), (d) 단계를 PR의 화학 반응에 초점을 맞추어 좀 더 자세히 기술한다(그림 7.10). 광산 발생제(photoacid generator, PAG) 화합물과 P(BOCST) 고분자로 구성된 PR은, 빛이 조사되면 PAG에서 산이 발생하고, 노광후 가열(post-exposure bake, PEB) 단계에서 이 산이 촉매로 작용하여 터셔리뷰톡시카보닐(*tert*-butoxycarbonyl, *t*-BOC)기를 분해시켜 페놀 구조를 가지는 P(HOST)를 생성한다. 부생생물인 터셔리뷰틸 양이온은 아이소뷰틸렌과 양성자로 전환되는데 이때 발생한 양성자는 *t*-BOC기를 분해하는 데 반복적으로 다시 사용된다. 일반적으로 한 개의 양성자가 수천개의 *t*-BOC기를 분해하는 것으로 알려져 있으며, 이 때문에 **화학증폭**(chemical amplification)형이라고 표현된다. 분해되지 않은 본래의 P(BOCST)는 알칼리 수용액에 녹지 않지만 P(HOST)는 녹기 때문에 빛이 조

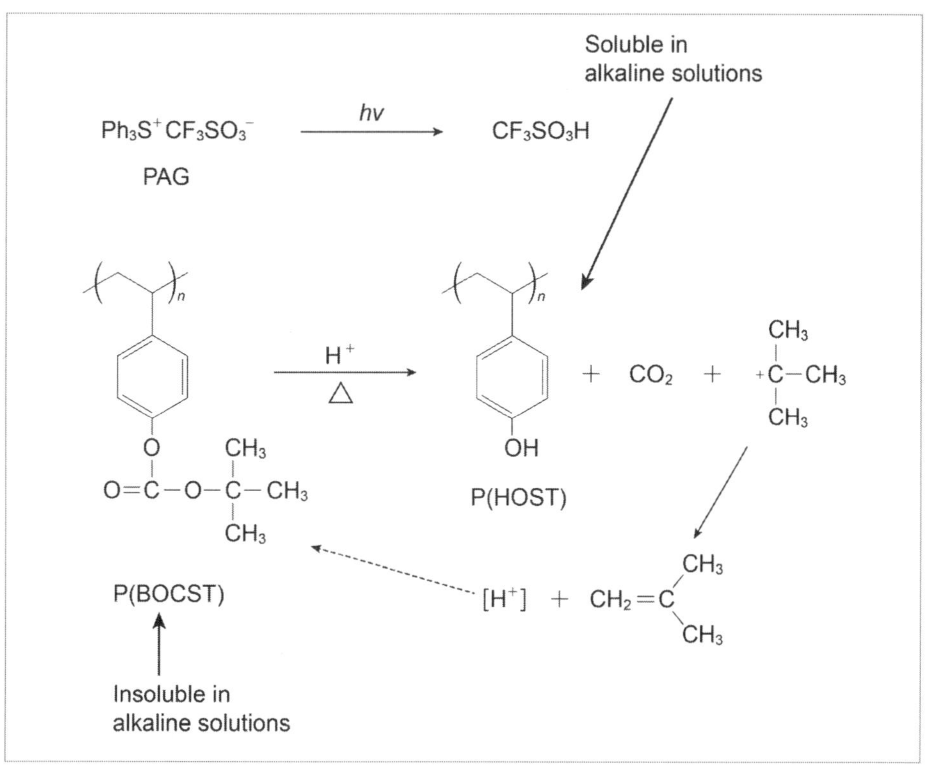

그림 7.10 반도체 KrF 리소그래피용 PR의 화학 반응.

사된 부분만 선택적으로 현상액(알칼리 수용액)에 용해되어 제거되므로 미세 패턴을 얻을 수 있다. 이 미세 패턴은 현상에 의해 노광 부분이 제거된 것이므로 포지티브형이다(그림 7.9). 만약 유기 용매를 현상액으로 사용한다면 극성이 높은 P(HOST)는 녹지 않고 P(BOCST)만 녹게 되므로 비노광 부분이 제거된 네거티브형 패턴을 얻게 된다. 그림 7.11에 PR을 사용하여 제작한 시험 패턴(test pattern)의 사진을 보였다.

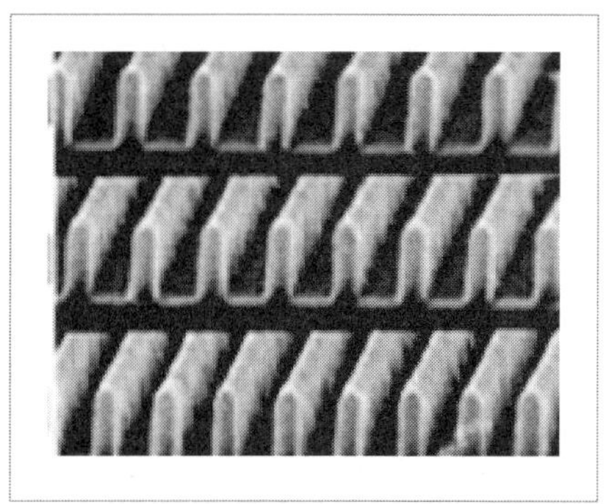

그림 7.11 PR을 이용하여 제작한 시험 패턴.

표 7.4 포토리소그래피의 광파장에 따른 PR 고분자의 화학 구조

리소그래피 종류	광파장(nm)	사용되는 PR용 고분자
KrF	248	화학증폭형 P(BOCST)
ArF	193	방향족 구조를 제거한 화학증폭형 고분자
EUV	13.5	화학증폭형 PR, 분자형 PR,

반도체 집적회로의 성능을 향상시키기 위해서는 회로의 선폭을 감소시켜 같은 기판 면적에 보다 많은 회로 패턴과 소자를 새겨 넣어야 한다. 이를 위해서는 리소그래피에 사용하는 빛의 파장을 감소시켜야 한다(표 7.4). 위에서 소개한 P(BOCST)계 PR은 KrF 레이저(krypton-fluoride excimer laser)용으로서, 248 nm 파장의 빛에 의해 반응을 일으킨다. P(BOCST)계 PR은 ArF 레이저(argon-fluoride excimer laser)광(파장 약 193 nm)을 많이 흡수하기 때문에 ArF 리소그래피에는 사용하지 못한다(빛이 PR 위쪽에서 많이 흡수되어 바닥까지 충분히 도달하지 못함). ArF 리소그래피에는 193 nm에서의 광흡수를 낮추기 위하여 방향족 구조가 제거된 그림 7.12와 같은 고분자(터셔리뷰틸 메타크릴레이트(t-BMA), 메틸 메타크릴레이트(MMA), 메타크릴산(MAA)의 공중합체)를 사용한다. 이 고분자에서도, 빛에 의하여 발생한 산이 노광 후 가열 단계에서 터셔리뷰틸 에스터(*tert*-butyl ester)기를 분해하여 카복실 구조로 전환시킴으로써 빛이 조사된 부분이 알칼리 현상액에 용해되도록 한다. 여기에서도 부생성물인 터셔리뷰틸 양이온은 아이소뷰틸렌과 양성자로 전환되며, 이 양성자는 터셔리뷰틸기를 분해하는 데 반복적으로 다시 사용되므로 화학증폭 현상이 일어난다

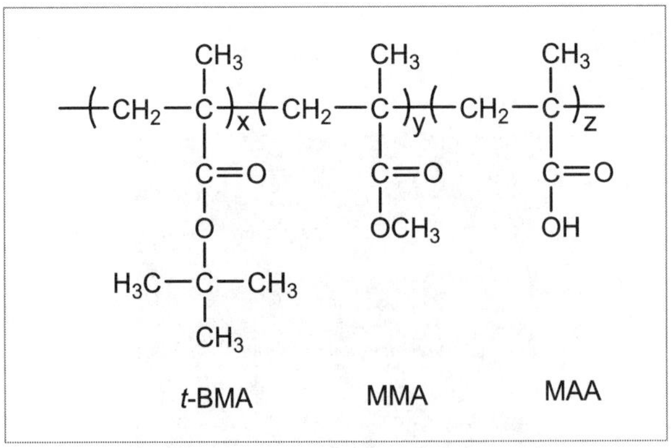

$$-\!\left(CH_2-\underset{\substack{|\\C=O\\|\\O\\|\\H_3C-C-CH_3\\|\\CH_3}}{\overset{\substack{CH_3\\|}}{C}}\right)_x\!\!\left(CH_2-\underset{\substack{|\\C=O\\|\\OCH_3}}{\overset{\substack{CH_3\\|}}{C}}\right)_y\!\!\left(CH_2-\underset{\substack{|\\C=O\\|\\OH}}{\overset{\substack{CH_3\\|}}{C}}\right)_z$$

t-BMA　　MMA　　MAA

그림 7.12 반도체 ArF용 PR을 구성하는 고분자의 예.

표 7.4에 보였듯이 EUV 포토리소그래피는 파장 13.5 nm의 **극자외선**((extreme ultraviolet, EUV) 광원을 사용하여 반도체 미세 패턴을 형성하는 기술로, 7 nm 이하 공정 노드에서 사실상 표준 노광 기술로 자리 잡고 있다. 기존의 KrF 및 ArF 노광에 비해 파장이 매우 짧기 때문에 회절 제한(diffraction limit)을 극복하여 더 미세한 선폭을 구현할 수 있다. EUV의 매우 짧은 파장 및 높은 에너지 때문에 ArF용 PR 고분자는 PR 윗부분에서의 과도한 EUV 흡수, 사슬 절단, 라디칼 생성 등의 문제가 발생하므로, 이를 방지할 수 있는 PR이 개발되었다. 할로겐 도입 메타크릴레이트, 노보넨(norbornene)계 고분자, 락톤계 고분자 등이 알려져 있고, 무기계로서는 HfO_2/ZrO_2 기반 금속-옥사이드 PR이 대표적으로 알려져 있다.

포토리소그래피 공정의 다음으로서, 그림 7.9(e)에서 나타내었듯이 에칭(etching)에 의해 산화규소 막이 제거되어 실리콘 단결정 층이 드러나게 된다. 용도를 다한 PR막은 제거되고 다음 단계인 불순물 확산 공정으로 넘어간다. 집적회로의 층에 따라 회로의 모양이 달라지므로 하나의 반도체 칩을 제조하기 위해서는 위와 같은 공정이 수십 회 반복된다. 각 반복 공정에서는 해당 공정에 맞게 설계된 서로 다른 패턴의 마스크가 필요하다. 그림 7.13에 분순물 확산 공정(impurity diffusion process)을 나타내었다. 그림에는 n형의 반도체 기판에 p형 불순물을 확산시키는 경우를 나타내었고, 반대로 p형의 기판에 n형 불순물을 확산시킬 수도 있다.

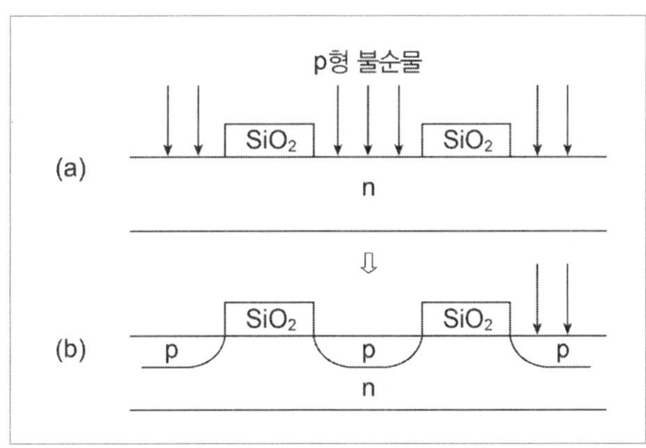

그림 7.13 불순물 확산 공정.

7.3 디스플레이

영상 시대의 개막은 인류 문명에 큰 혁신을 일으켰다. 정적인 사진에 머물렀던 정보의 전달이 눈앞에서 생생하게 움직이는 동영상으로 전환되면서 인류의 삶에 큰 변화를 가져오게 되었다. 이러한 변화는 주로 TV의 발전을 통해 이루어졌다. 1897년 독일의 브라운 박사가 개발한 전자관이 훗날 음극선관(cathode ray tube, CRT)으로 발전하였다. 브라운관이라고 불리는 CRT는 전자 광선의 작용을 통해 전기신호를 영상으로 변환해 표시하는 장치이다.

CRT는 대형 화면으로 갈수록 전자를 가속하는 공간이 커져야 하므로 부피가 커지고 무거워 장소를 많이 차지하고 이동이 불편하였다. 또한 소비전력이 높다는 단점도 있었다. 따라서 특히 휴대용 디스플레이로는 사용하기 어렵다. 이러한 단점을 극복하기 위해 플라즈마 현상을 이용한 플라즈마 디스플레이 패널(plasma display panel, PDP)가 개발되어 TV의 대형화, 슬림화에 기여하였다. 이후 **액정 디스플레이**(liquid crystal display, LCD), 유기발광 다이오드(organic light emitting diode, OLED) 디스플레이 등의 **디스플레이**가 개발되어 현재 주로 사용되고 있다. 이러한 디스플레이는 평판이면서 두께가 얇고 가벼워 액자처럼 벽에 걸거나 휴대가 용이하여 급속하게 생활 전반에 걸쳐 보급되었다. 현대의 영상 문명을 주도하고 있는 LCD, OLED 디스플레이에 대하여 소개하기로 한다.

7.3.1 LCD

액정은 액체와 결정의 중간 상태의 물질이다. 보다 구체적으로는, 액정은 액체의 성질인 유동성을 가지면서 동시에, 결정의 특징인 (어느 정도의) 규칙성이 있는 분자 배열을 갖고 있다. 결과적으로, 액정은 움직임이 가능한 액체이면서도 광학적으로는 배향이 가능한 결정 같은 특성을 가지기 때문에 디스플레이 소재로 사용된다.

분자가 액정 상태를 이루기 위해서는 분자의 형태가 봉 모양으로 생기고 분자의 장축이 동일 방향으로 정렬될 필요가 있다. 분자가 액정 상태를 가지기 쉬운 조건은, 분자의 모양이 폭(D)에 비해 길이(L)가 매우 커야하며, 분자의 중앙 부분이 단단해야 하고, 분자의 끝 부분이 다소 휘기 쉬워야 한다(그림 7.14). 이러한 분자 구조를 메소젠(mesogen) 구조라고 하며, 길이 대비 축(L/D)의 비율이 약 3 이상일

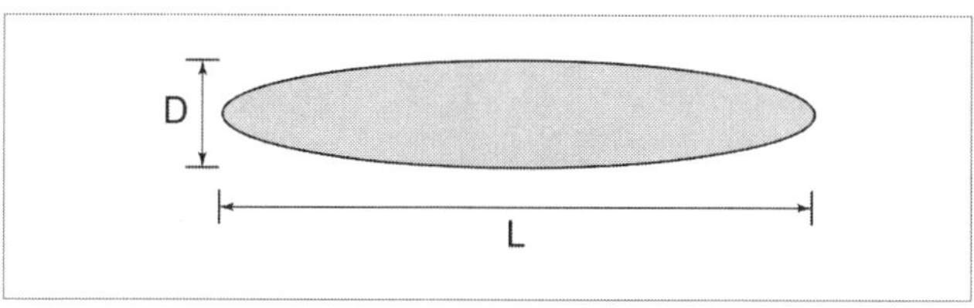

그림 7.14 액정 분자의 개념도.

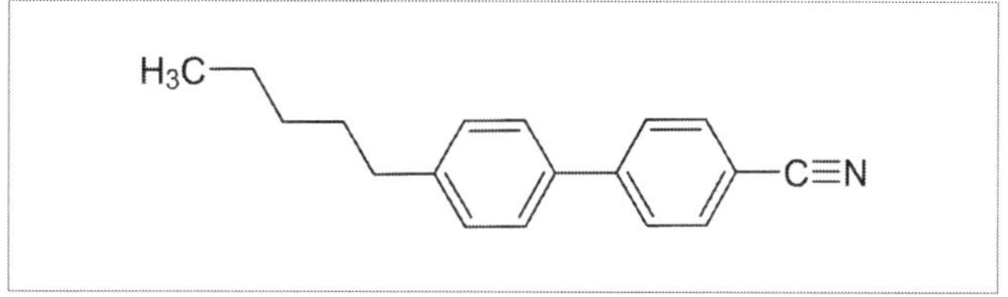

그림 7.15 4-cyano-4'-pentylbiphenyl (5CB)의 화학 구조.

필요가 있다. 액정의 성질을 나타내는 분자의 대표적인 예로서 그림 7.15의 4-사이아노-4'-펜틸바이페닐(4-cyano-4'-pentylbiphenyl (5CB))을 들 수 있다. 이 분자는 강직한(rigid) 벤젠 구조 부분과 유연한(flexible) 알킬 사슬 부분으로 구성되어 있는데, 강직한 구조는 규칙적인 배열을 만드는 역할을, 유연한 구조는 분자가 움직일 수 있게 하는 역할을 담당한다. CN기는 전기 쌍극자이기 때문에 전기장의 변화에 따라 분자의 배향을 바꾸는 역할을 한다.

액정 성질을 나타내는 분자는 5CB 같은 저분자량 분자도 있지만 고분자형 액정도 존재한다. 그림 7.16에 나타내었듯이 주쇄로 연결된 구조(왼쪽)는 액정 분자의 강직한 중앙 부분이 양쪽 끝의 유연한 부분들에 의해 서로 연결되어 있고, 측쇄로 연결된 구조(오른쪽)는 유연한 고분자 사슬을 따라 액정 분자의 끝부분이 매달려 있는 구조이다.

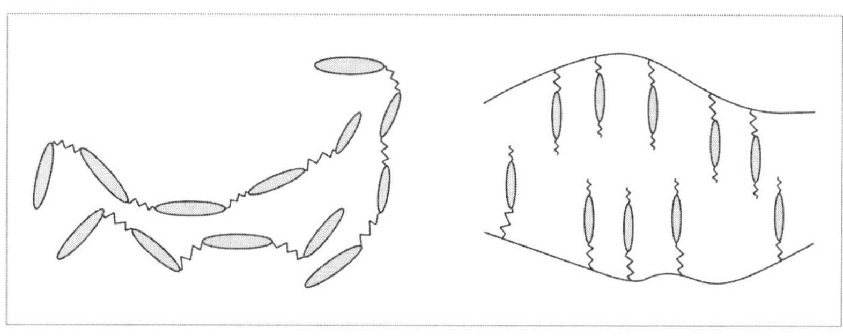

그림 7.16 고분자 액정의 형태.

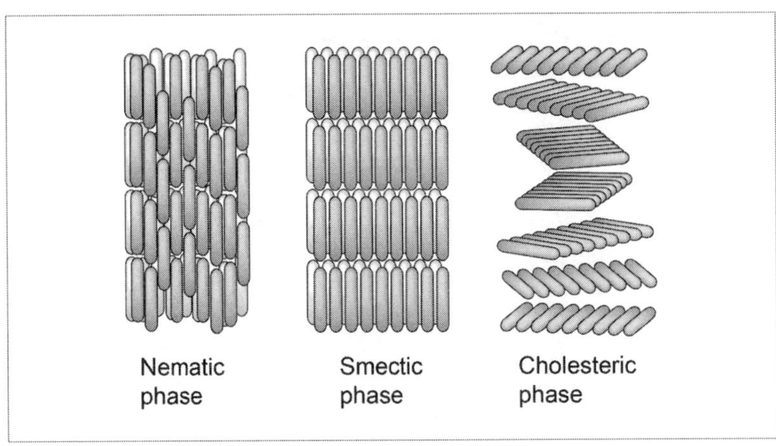

그림 7.17 액정 분자의 배열 방식.

액정 분자들이 장축 방향으로 배열하면서(즉, 방향질서를 가짐) 그림 7.17과 같이 네마틱(nematic), 스멕틱(smectic), 콜레스테릭(cholesteric) 상의 배열을 형성한다. 네마틱 상은 분자들이 거의 일정한 방향을 향해 있고(즉, 방향질서를 가짐) 층상 구조(위치 질서)를 가지지 않는다. 스멕틱 상은 층상 구조를 가지며, 모든 층 내의 분자들이 일정 방향을 향하고 있다. 스멕틱 상은 방향 질서뿐만 아니라 위치 질서도 가지기 때문에 네마틱보다는 규칙성이 더 크고 고체에 가깝다. 콜레스테릭 상은 층상 구조를 가지며, 각층 내의 분자는 일정한 방향으로 배열하고 있고, 층들은 나선형으로 배향되어 있다.

네마틱 상 액정이 특히 큰 이방성(물리적 성질이 방향에 따라 다른 것)을 가지기 때문에 LCD에 주로 이용된다. 현재 많이 사용되고 있는 LCD는 TN(twisted nematic)형인데, 예를 들어 노트북에 사용되는 액정 화면은 TN형 액정을 이용한 것이다. 그림 7.18에 나타낸 것처럼 TN형 LCD에서는 90° 각도로 비틀어진 두 장의 편광판 사이에 액정 분자가 연속적으로 90°만큼 비틀린 액정층이 끼워져 있다. 전기장을 가하지 않은 OFF 상태에서는 한쪽의 편광판을 통과해 진행하는 빛의 진동 방향이 액정층을 통과하면서 90° 회전하게 되므로 다른 쪽 편광판까지 통과하게 되어 밝은 색을 내게 된다. 그러나 전기장이 가해지면(ON 상태) 액정 분자들이 전기장 방향으로 일정하게 배열돼 한쪽 편광판을 통과해 들어온 빛이 액정층에 의해 회전하지 않기 때문에 다른 쪽 편광판을 통과하지 못하게 되어 어둡게 표시된다. 또한, 인가된 전기장의 크기에 따라 투과되는 빛의 양이 조절된다. 이처럼 액정은 LCD에서 빛의 투과 또는 반사량을 조절하는 광 조절 밸브의 역할을 한다.

LCD의 구조를 그림 7.19에 나타내었다. LCD에는 광원으로서 백라이트

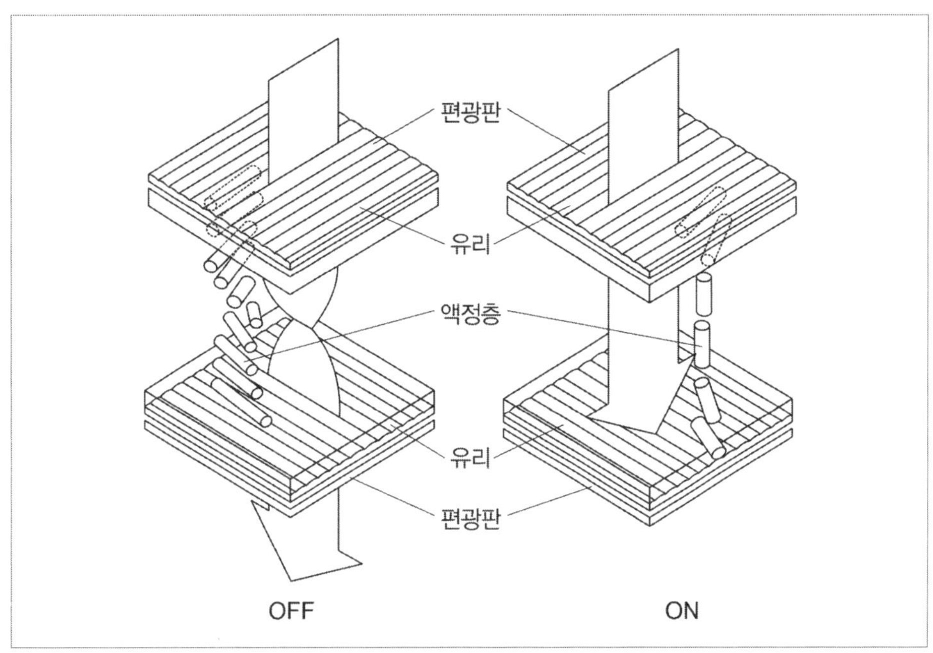

그림 7.18 TN형 LCD의 작동 원리.

(backlight)가 존재하는데, 백라이트로부터 나온 빛은 편광판을 통해 한 방향으로 진동하는 빛(편광)만이 통과하게 된다. 이 빛이 두 장의 유리 기판 사이에 존재하는 액정을 통과하는 과정에서, 전기장의 세기에 따라 액정의 분자 배열이 바꾸면서 빛의 세기가 조절된다. 이 빛이 컬러 필터(color filter)를 통과하면서 원하는 색을 나타내게 된다.

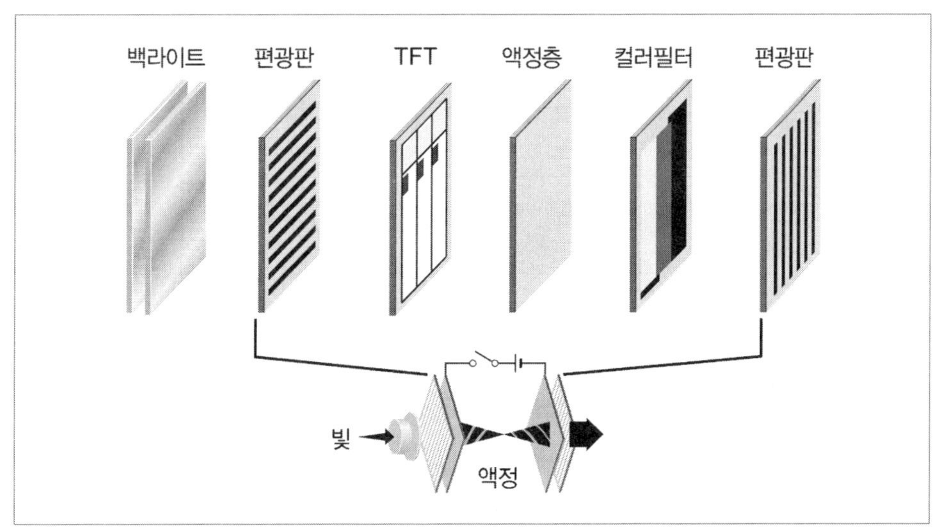

그림 7.19 LCD의 구조.

LCD의 가장 큰 장점은 두께가 얇고 소비전력이 작다는 점인데, 이것은 LCD의 핵심 재료인 액정 층의 두께가 단지 수 μm에 불과하기 때문이다. 그러나 백라이트에서 나온 빛 중에서 필요한 부분만 남기고 차단하는 방식이기 때문에 선명도가 떨어진다. 또한 액정 분자의 움직임의 한계 때문에 응답 속도가 느려, 빠르게 움직이는 동영상을 보면 잔상이 남는다. 화면이 정면에서는 잘 보이지만 비스듬히 보면 잘 보이지 않는 단점도 있다.

7.3.2 OLED 디스플레이

OLED는 유기물로 구성된 디스플레이 소자로서, 무기물을 토대로 하는 LED와 대비되며, 스스로 빛을 내는 자체발광 소자라는 면에서 LCD와 대비된다. OLED 디스플레이는 LCD에 비해 화질 반응속도가 1000배 이상 빠르다. LCD가 액정의 움직임을 통해 동영상 신호를 재생하기 때문에 구조적으로 시야각이 좁고 응답속도가 느린 데 비해, OLED는 어떤 각도에서든 선명한 이미지를 보여줄 수 있고 응답속도가 빨라 잔상이 남지 않는다. OLED는 물질 자체가 RGB(red, green, blue) 색깔을 내는 자체발광 소자이기 때문에 LCD에 있어야 하는 컬러 필터와 백라이트가 필요 없어 더 얇고 가벼운 디스플레이의 제작이 가능하다. 이러한 장점들 때문에 OLED 디스플레이가 LCD를 대체하면서 주력 디스플레이로 등장하고 있다. 두루마리처럼 둘둘 말거나 접어서 갖고 다니다가 필요할 때 펴서 볼 수 있는 OLED 디스플레이도 상업화되었다(그림 7.20). 참고로, OLED는 조명 시장에서도 형광등, 무기물 LED 등을 대체해 갈 전망이다.

OLED 디스플레이의 기본 구조는 그림 7.21에 나타낸 바와 같이 캐쏘드(cathode), 전자 주입층(electron injection layer, EIL), 전자 전달층(electron

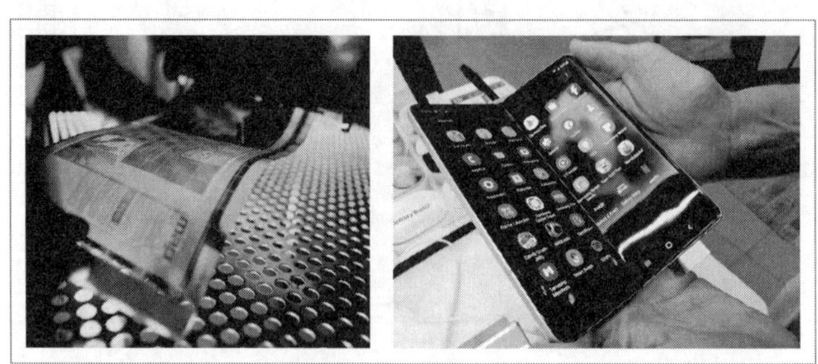

그림 7.20 두루마리형 및 접을 수 있는 OLED 디스플레이.
(출처: U.S. Army RDECOM/Wikimedia Commons, Jan Helebrant/flickr).

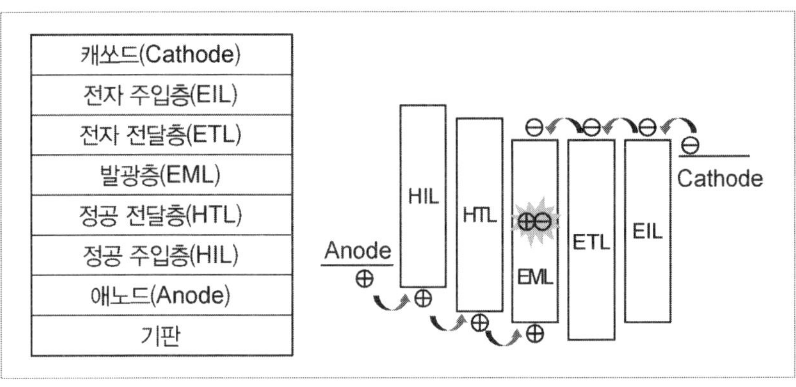

그림 7.21 OLED 디스플레이의 구조.

transport layer, ETL), **발광층**(emitting layer, EML), 정공 전달층(hole transport layer, HTL), 정공 주입층(hole injection layer, HIL), 애노드(anode)의 적층형 구조로 이루어져 있다. 전자 주입층은 캐쏘드로부터의 전자를 전자 전달층에 주입하는 역할을 하며, 전자 전달층은 주입된 전자를 발광층으로 전달하는 역할을 한다. 정공 주입층은 애노드로부터의 정공을 정공 전달층에 주입하는 역할을 하며, 정공 전달층은 주입된 정공을 발광층으로 전달하는 역할을 한다. 발광층에서는 전달된 정공과 전자가 재결합하여 여기자(exciton)를 형성하고, 여기자가 바닥 상태로 전이하면서 발광을 하게 된다.

고분자는 OLED 디스플레이에서 핵심적인 역할을 하고 있다(표 7.5). 특히 **플렉시블**(flexible) OLED와 폴더블(foldable) OLED의 경우 고분자가 주된 소재로 활용 및 연구되고 있다. 전통적으로는 발광층에 저분자량 유기화합물이 증착되어 사용되어 왔지만, 최근에는 고분자 발광재료(polymer OLED, PLED)가 연구되고 있다. PLED는 특히 용액 공정이 가능하여 저가 양산이 가능한 장점이 있다. 발광층에는 PPV, **폴리플루오렌**(polyfluorene, PFO) 등의 전도성 고분자가 활용된다(그림

표 7.5 **OLED 디스플레이에서 고분자의 활용**

구분	사용 고분자의 예	고분자의 기여
발광층	PPV, PFO	발광, 용액 공정 가능
정공 전달층, 전자 전달층	PEDOT:PSS, PTAA	전하주입 효율 향상
봉지층	폴리이미드, 에폭시	수분/산소 차단 → 수명 향상
기판	폴리이미드	플렉시블 또는 폴더블 디스플레이 구현
절연/패시베이션	PBO, 아크릴	TFT 보호

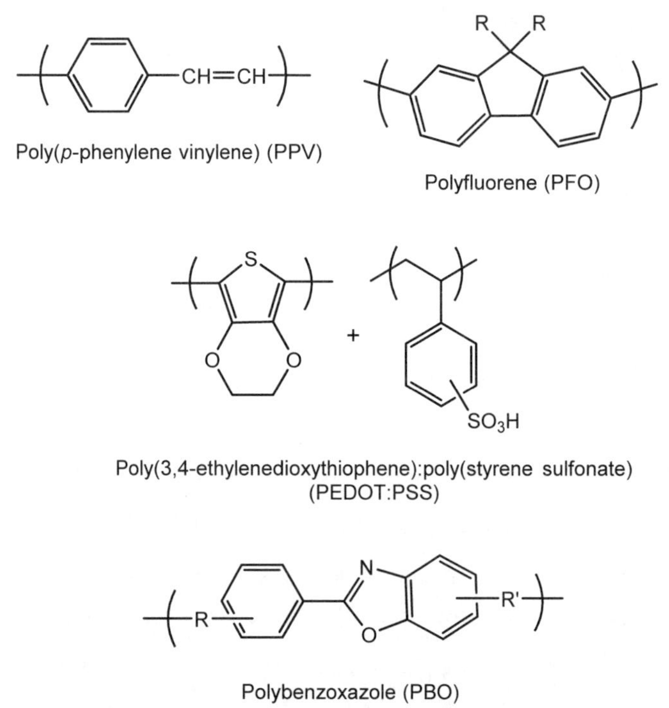

Poly(*p*-phenylene vinylene) (PPV)

Polyfluorene (PFO)

Poly(3,4-ethylenedioxythiophene):poly(styrene sulfonate) (PEDOT:PSS)

Polybenzoxazole (PBO)

그림 7.22 PLED에 활용되는 고분자.

7.22). 정공 또는 전자 전달층에는 대표적으로 PEDOT:PSS 고분자가 활용된다. 디스플레이 소자를 보호하는 봉지층, 그리고 기판 재료로는 대표적으로 슈퍼엔지니어링 플라스틱에 해당하는 **폴리이미드**가 활용된다. 둘둘 말리거나(플렉시블) 접히는(폴더블) 디스플레이의 기판 제작에는 폴리이미드(PI)의 유연성과 내구성이 필요하다. 절연 또는 패시베이션에는 폴리벤족사졸(polybenzoxaxole, PBO)가 활용된다.

7.4 생체의료용 고분자

7.4.1 인공 근육

생체 근육은 뼈와 뼈를 연결하는 관절 부분을 붙들어주는 부위로서, 필요할 때 부드러운 움직임으로 힘을 낼 수 있다. 생체 근육은 근육 섬유 다발로 구성되어 있고,

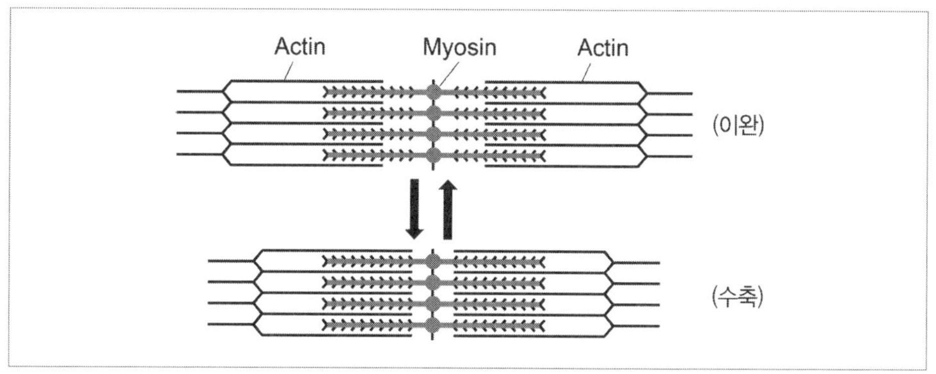

그림 7.23 근육의 수축과 이완의 원리.

근육 섬유 한 가닥은 1,000여 개의 미세근육으로 구성되어 있다. 각각의 미세근육은 마이오신과 액틴이라는 두 종류의 단백질로 구성된다. 뇌의 신호에 따라 액틴이 마이오신 중앙 쪽으로 미끄러져 들어오면서 근육이 수축하게 되면 물건을 드는 힘이 생기는 방식으로 작동한다(그림 7.23). 액틴과 마이오신이 서로 반대 방향으로 움직이면 근육이 이완된다.

생물체의 움직임은 생체 근육의 수축이완 작용으로 부드럽고 자연스럽다. 이에 비해 지금까지 개발된 로봇은 모터나 피스톤 같은 기계 장치에 의해 작동하기 때문에 어색하고 부자연스럽게 움직인다. 향후 **인공 근육**이 개발되어 로봇에 장착된다면 사람처럼 자연스럽게 움직이게 되어 보다 활용성이 커질 것이다. 그림 7.24에 인공 근육이 장착된 로봇 손의 움직임을 나타내었다.

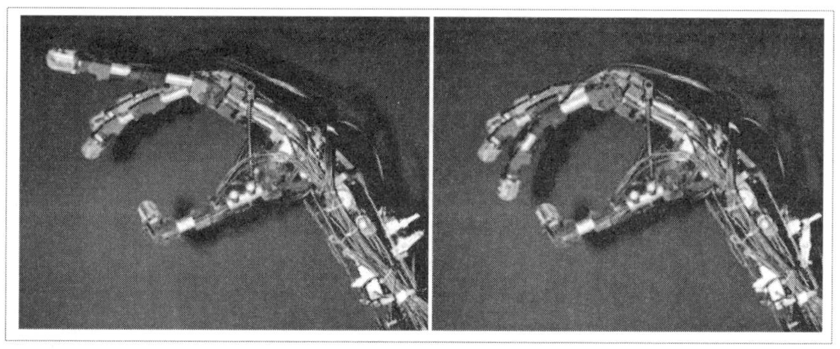

그림 7.24 EAP 인공 근육이 장착된 로봇의 움직임.
(출처: Dr. Graham Whiteley, Sheffield Hallam U., UK./NASA)

7.4.1.1 인공 근육용 고분자

인공 근육은 수축이완 변형을 일으킬 수 있으며, 특정 자극 요소에 의해 변형 속도, 응력 등이 조절될 수 있는 인공소재이다. 인공 근육의 가능성이 있는 재료로는 온도 등에 의해 변형을 일으키는 형상기억합금이 현재 상업화되어 있다. 세라믹의 경우, 전기에 의해 활성을 나타내는 세라믹 있으나 높은 전압이 요구되고 변형률이 적어 인공 근육으로서의 응용은 기대하기 어렵다. 가장 응용 가능성이 큰 재료는 고분자로서, 화학기계 시스템(chemomechanical system)으로 불린다.

고분자 인공 근육 소재는 크게 전기활성 고분자(electroactive polymer, EAP)와 비전기활성 고분자로 나눌 수 있다(표 7.6). EAP는 전기 자극으로 수축이완 변형을 반복적으로 일으킬 수 있는 고분자를 의미하며, 전기자극에 의한 변형률이 높아 인공 근육으로의 응용성이 높을 것으로 기대되고 있다. EAP는 작동 메커니즘에 따라 전장 전기활성 고분자(electronic EAP)와 이온 전기활성 고분자(ionic EAP)로 분류할 수 있다. 전장 전기활성 고분자는 전기장 또는 쿨롱힘에 의해 구동하며(그림 7.25), 이온 전기활성 고분자는 이온의 이동 또는 확산에 의해 구동한다(그림 7.26).

이온 전기활성 고분자의 한 종류로서 현재 가장 활발한 연구가 진행되고 있는 소재는 이온성 고분자-금속 복합재료(ionic polymer metal composite, IPMC)이다. IPMC는 이온 교환이 가능한 고분자 전해질의 양면에 금속 도금을 통한 전극을

표 7.6 인공 근육용 고분자의 분류

분류	전기활성 고분자(EAP)		비전기활성 고분자	
	전장 전기활성 고분자	이온 전기활성 고분자	물리적 자극인자에 의한 재료	화학적 자극인자에 의한 재료
자극 인자	전기	전기	빛, 자기장, 열	이온, pH, 화학 에너지
구동 원리	전기장 또는 쿨롱힘에 의한 구동	이온의 이동 및 확산	상전이, 작용기 간 인력	작용기 간 결합 및 인력, ATP
대표적 예	- 강유전성 EAP - 유전체 EAP - 전기 점탄성체	- 이온 고분자 젤 - IPMC - 전도성 고분자 - 탄소 나노 튜브 - 전기 유동 유체	빛, 자기장, 열에 의하여 변형되는 고분자	이온, pH, 화학 에너지에 의하여 변형되는 고분자

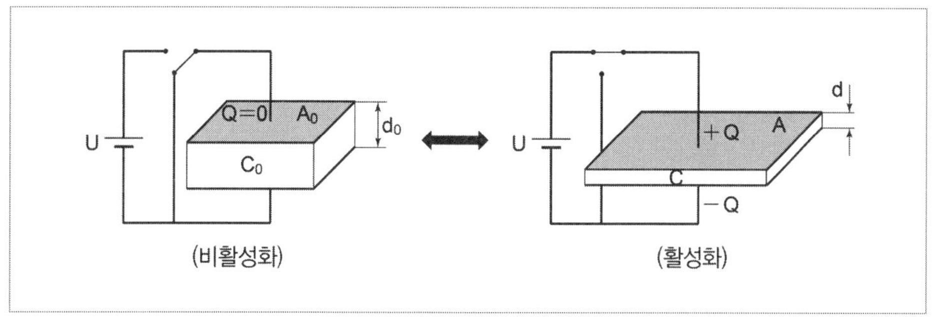

그림 7.25 전장 전기활성 고분자의 구동.

형성한 구조를 가진다(그림 7.26). 예를 들어, 나피온(Nafion)과 같은 고분자 전해질은 곁사슬 말단에 설폰산 음이온(SO_3^-)과 이온쌍을 이루는 양이온을 가지고 있다. 해리 매질(dissociation medium)하에서 이 소재에 전압을 가하면 양이온의 움직임이 발생하여 변형이 일어난다. 이것은 양이온이 해리 매질 분자에 용매화되어 반대 전극으로 이동하는 전기-삼투압(electro-osmosis) 현상에 의한 것이다.

비전기활성 고분자는 전기자극 이외에 물리적 자극 인자(빛, 자기장, 열 등) 또는 화학적 자극 인자(이온, pH, 화학 에너지 등)에 의해 수축이완 변형을 일으킨다. 온도 변환에 따라 변형을 일으키는 재료에는 형상기억합금과 상전이 온도를 기점으로 변형되는 형상기억 고분자, 고분자 젤 등이 있으며, 빛에 의하여 고분자의 작용기 간의 인력이 변화하여 변형되는 재료와 자기장에 의해 분자를 들뜨게 해 변형되는 재료가 있다. 이온과 pH에 따라 고분자의 작용기가 해리되어 작용기 간의 결합

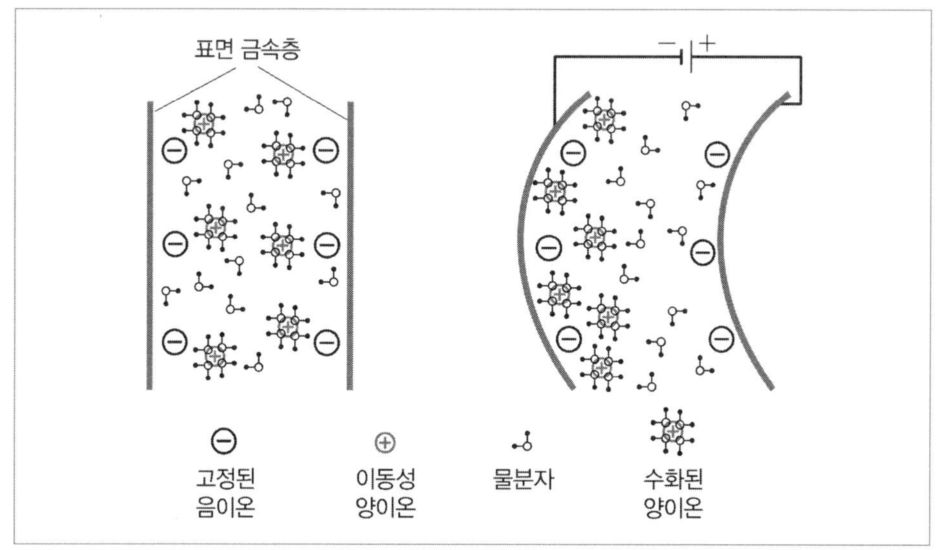

그림 7.26 이온 전기활성 고분자의 구동 원리.

및 인력에 의해 수용액 상에서 변형을 일으키는 재료도 있다. 또한 마이오신, 액틴과 같은 생체 단백질을 이용한 합성고분자 젤이 있으며, 이것은 화학 에너지(ATP)에 의해서 구동된다.

7.4.1.2 인공 근육의 응용

이러한 인공 근육 소재를 로봇에 적용하여 항공, 우주, 군사, 의료 등의 첨단 분야에 활용하기 위한 연구가 활발하게 이루어지고 있다. 예를 들어 우주탐사, 화산탐사, 재난 현장에서의 생존자 수색, 테러나 전쟁에서의 정보 수집 등 인간이 접근하기 어려운 장소에서 활용될 수 있다. 한편, 인류의 삶을 윤택하고 편리하게 하기 위한 인간친화형, 인간생활지원 로봇의 개발이 요구되고 있다. 이러한 바이오 로봇은 인간에 안전해야 하며, 소음도 적어야 하는 등 달성해야 할 물성이 까다롭다. 인공 근육은 기계적 구성요소(모터, 기어 등)가 없어서 소형화가 가능하며, 소음이 없는 장점이 있다.

급속한 노령화와 사회적 가치관의 변화로 인하여, 현 인류는 삶의 질의 향상과 건강한 삶에 대해 매우 큰 관심을 가지고 있다. 인체의 노화로 인한 여러 질병 중 가장 대표적인 것이 노안이며, 일반적으로 40세 이상이 되면 서서히 눈의 조절력이 떨어지기 시작해서 책을 오래 보기가 힘들어지고 눈앞이 침침해지며, 60세 이상이 되면 조절력을 거의 상실하여 가까운 것을 명확히 볼 수 없게 된다. 눈의 조절이란 가까운 물체를 주시하기 위해 눈에서 일어나는 현상으로, 눈의 모양체근의 수축에 의해 모양소대의 이완이 일어나 수정체의 만곡이 증가되어 일어난다. 노안은 이러한 조절의 약화에 의해 가까이 있는 물체에 대한 초점을 제대로 맞추지 못하기 때문에 일어나는 것이다. 인공 근육은 모양체근과 같은 평활근(smooth muscle)을 보완, 대체할 수 있으므로 노화에 따른 질병 치료에 응용할 수 있다. 또한 사고 또는 질병으로 인하여 손상되거나 퇴화된 근육, 즉 안면근(face muscle), 골격근(skeletal muscle), 심장근(cardiac muscle) 등으로 응용할 수 있다.

7.4.2 콘택트렌즈

콘택트렌즈란 안구의 전면에 직접 밀착시켜 사용하는 렌즈(그림 7.27)를 말하며, 시력 교정, 치료 또는 미용을 목적으로 한다. 콘택트렌즈는 유리나 PMMA를 이용한 딱딱한 하드렌즈가 처음 제작되어 사용된 이래, 다양한 고분자 재료를 기반으로 젖

그림 7.27 콘택트렌즈.

(출처: Africa Studio/Shutterstock)

음성(wettability), 유연성, 함수성, 산소 투과성 등을 개선하여 착용감과 생체적합성을 향상시키면서 콘택트렌즈의 대중화가 이루어졌다.

그림 7.28에 콘택트렌즈 제조에 사용되었거나 사용되고 있는 단량체 또는 고분자를 나타내었다. 콘택트렌즈용 단량체는 주로 **바이닐 단량체**이며 **라디칼 중합**으로 고분자를 합성한다. 라디칼 중합은 반응의 조절이 용이하며 가교 구조의 형성에 의해 젤을 제조하기가 쉽다. **가교제**(crosslinking agent)로는 두 개의 작용기를 가지는 에틸렌글라이콜 다이메타크릴레이트(ethyleneglycol dimethacrylate, EGDMA) 등을

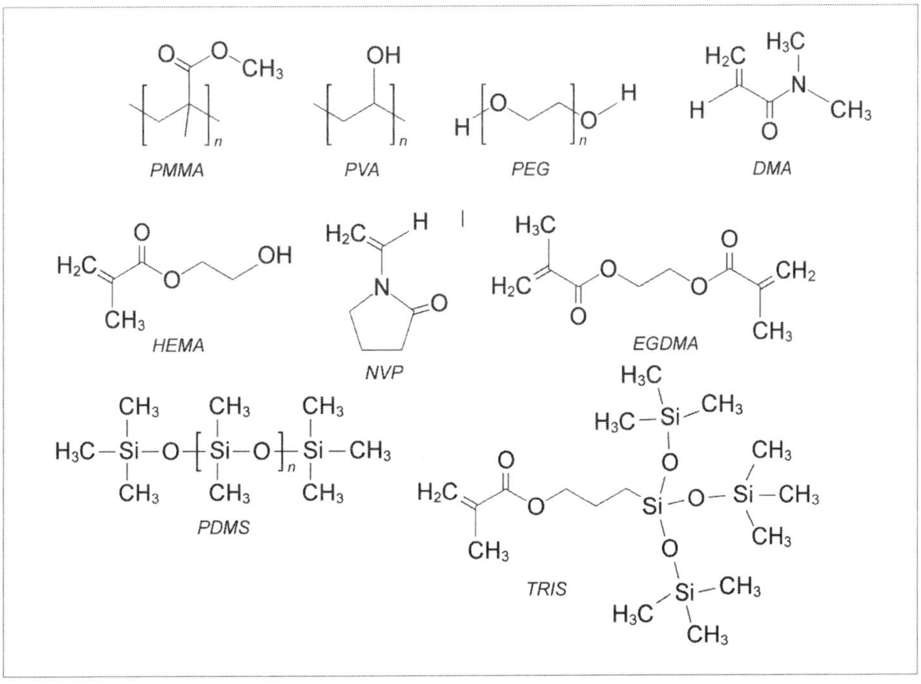

PMMA PVA PEG DMA
HEMA NVP EGDMA
PDMS TRIS

그림 7.28 콘택트렌즈 제조에 주로 활용되는 단량체와 고분자.

사용한다. 고분자의 가교 밀도를 변화시켜 젤의 탄성 계수를 조절할 수도 있다.

대부분의 콘택트렌즈는 두 종류 이상의 단량체를 공중합시켜 제조한다. 공중합을 시킴으로써 단일 종류의 고분자가 가지는 단점을 보완할 수 있다. 예를 들어, 높은 산소 투과성을 얻기 위해 콘택트렌즈에 실리콘(silicone) 고분자를 사용할 수 있지만, 소수성(hydrophobic)이 높아서 젖음성이 낮고 착용감이 떨어지게 된다. 이러한 문제를 해결하기 위해 친수성(극성이 높은) 단량체를 실리콘 단량체와 공중합시킬 수 있다. 또한, 실리콘 기반 소재의 탄성 계수를 낮추기 위해 연성 고분자(soft polymer)를 포함시킬 수 있다.

7.4.2.1 콘택트렌즈용 고분자

● 하드렌즈

콘택트렌즈는 재질에 따라 하드렌즈, 소프트렌즈로 분류된다. 하드렌즈는 가스 불투과성 렌즈와 가스 투과성 렌즈로 나누어진다. 그림 7.29에 콘택트렌즈의 발전 역사를 나타내었다. 가스 불투과성 하드렌즈는 1880년대에 유리로 제조된 렌즈로 시작되었는데 착용감이 떨어지는 단점이 있었다. 이후 1930년대에 PMMA를 기본 재료로 하여 제조된 렌즈가 출시되었다. PMMA 렌즈는 광학적으로 우수하고 안정도가 높은 장점 때문에 초기 콘택트렌즈 시장의 대부분을 차지하였다. 그러나 젖음성(wettability)이 좋지 않아 착용감이 떨어지고 각막(cornea)에 대한 산소 투과성이 매우 낮아 생리적 문제를 일으켰다. 특히 장시간 착용하거나 높은 도수의 두꺼운 렌즈를 착용한 사람들에게 많은 문제가 발생하였다. 이러한 단점을 개선하기 위하여 가스 투과성 하드렌즈가 개발되었다.

가스 투과성(rigid gas permeable (RGP) 하드렌즈는 플루오로-실록세인 아크릴레이트 고분자(fluoro-siloxane acrylate polymer)를 주로 이용하였다. PMMA

산소 불투과성 하드렌즈(유리 → PMMA)
⇩
RGP 하드렌즈(불소-실리콘 수지)
⇩
하이드로젤 소프트렌즈(HEMA)
⇩
실리콘 하이드로젤 소프트렌즈(HEMA/PDMS 공중합체)

그림 7.29 콘택트렌즈 소재의 발전.

표 7.7 콘택트렌즈 소재의 특성

소재	산소 투과도 (Dk)	수분 함량 (중량%)	탄성 계수 (MPa)	착용 특징
하드렌즈(PMMA)	~0	~0	2,000	현재 거의 사용 안함
RGP 하드렌즈	80~200	~0	100~1,500	장기 착용 가능 착용감 좋지 않음
하이드로젤 소프트렌즈	10~40	38~70	0.3~0.6	장시간 착용시 산소 부족 문제
실리콘 하이드로젤 소프트렌즈	60~175	24~48	0.6~1.3	장기 착용 가능(수면 시 포함)

기반 하드렌즈에 비하여 산소 투과도는 어느 정도 개선되었지만 여전히 젖음성이 낮아 착용감이 좋지 않다는 단점이 있었다. 표 7.7에 콘택트렌즈 종류별로 산소 투과도, 수분 함량, 탄성 계수를 비교하였다.

● 소프트렌즈

소프트렌즈는 하드렌즈에 비해 유연(flexible)하고, 말거나 접어도 손상을 입지 않는다. 하드렌즈가 눈에 편안해질 때까지 어느 정도의 적응 기간이 필요한 반면, 소프트렌즈는 통증이나 불편함 없이 빨리 적응할 수 있다. 2-하이드록시에틸 메타크릴레이트(2-hydroxyethyl methacrylate, HEMA)의 고분자는 산소 투과성과 젖음성이 우수한 고분자로, 분자 내에 친수성 하이드록시기(-OH)가 있어 수분 함량(water content)이 높은 **하이드로젤**(hydrogel) 소프트렌즈 제조에 주로 사용되었다. 하이드로젤 렌즈는 HEMA와 소량의 가교제에 의해 그물 모양으로 형성되어 다량의 물을 함유한다. 이 하이드로젤 렌즈는 착용감이 우수한 장점이 있지만 장시간 착용 시 단백질과 지방 등이 렌즈 표면에 침착된다. 특히 단백질 침착물은 렌즈의 수명을 단축시키고 착용 시 이물감을 느끼게 하며, 심한 경우 알레르기성 결막염, 안구 건조증, 각막염 등의 문제를 발생한다.

이러한 단점을 개선하기 위하여 **실리콘 하이드로젤**(silicone hydrogel) 렌즈가 개발되었다. Si-O 결합을 갖는 실리콘 고분자는 렌즈 표면이 소수성 성질을 띠므로 단백질 흡착 억제 특성을 가진다. 또한 실리콘 하이드로젤 렌즈는 HEMA와 실리콘 고분자의 공중합체로 제조되어 하이드로젤 렌즈의 젖음 특성과 실리콘 고분자의 높은 산소투과성을 동시에 가진다. 이후 산소투과성과 젖음성을 향상시키기 위한 연구개발이 지속되고 있다.

7.4.2.2 콘택트렌즈의 개발 동향

콘택트렌즈 소재 개발의 가장 중요한 목표는 긴 착용 시간과 우수한 착용감이다. 이를 달성하기 위하여 고려되어야 할 요소들을 그림 7.30에 정리하였다. 기본적으로, 우수한 젖음성, 산소 투과성, 수분 함량이 갖추어져야 한다. 실리콘 소재의 사용이 산소 투과성 향상에 가장 크게 기여하고 있다. 또한 소재의 수분 함량이 높을수록 젖음성과 함께 산소 투과성이 증가한다. 여기에 더하여 적절한 두께와 기계적 특성을 가져야 한다. 실리콘 하이드로겔 렌즈는 다른 소재에 비하여 산소 투과도가 가장 높고, 수분 함량이 양호하며, 높은 Si-O 결합 에너지 때문에 내구성이 우수하여 가장 많이 사용되고 있다.

최근 **폴리(바이닐 알코올)**(poly(vinyl alcohol), PVA)을 기본 소재로 하는 콘택트렌즈가 많은 관심의 대상이 되고 있다. PVA 기반 하이드로겔은 낮은 비용, 높은 생체이용율(bioavailability), 우수한 젖음 특성 등이 장점이다. 특히 PVA는 하이드록실기가 존재하기 때문에 원하는 특성을 얻기 위한 화학적 변환(chemical modification)이 용이하다.

흡습성 생체 고분자(hydroscopic biopolymer)인 **히알루론산**(hyaluronic acid, HA) (그림 7.31)도 콘택트렌즈의 연구개발에서 많은 관심을 받고 있다. HA가 가지는 아미노산 구조 및 하이드록시기는 친수성을 강화시켜 높은 생체 친화성을 갖게 한다. 현재 시판되는 일부 콘택트렌즈 제품에는 HA가 윤활제(lubricating agent)로서 첨가되어 있다. 향후, HEMA 기반 하이드로젤이나 실리콘 하이드로젤의 특성을 향상시키기 위해서 HA가 윤활제로서 더 많이 활용될 것으로 예상된다.

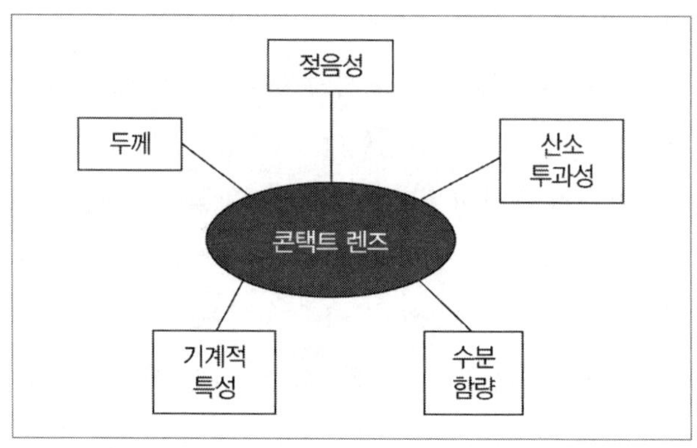

그림 7.30 콘택트렌즈 개발에서 고려되어야 할 요소들.

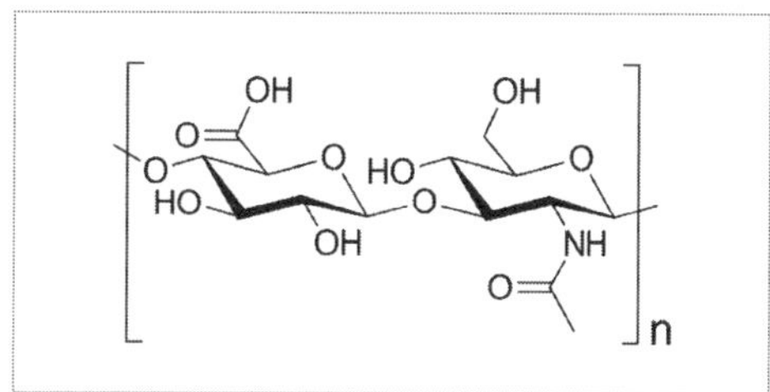

그림 7.31 히알루론산의 화학 구조.

그러나 HA의 높은 가격 때문에 불리한 점도 있다.

현재까지의 콘택트렌즈는 대부분 시력 보정 혹은 미용 등의 목적으로 활용되었다면, 최근에는 착용만으로 생체 정보나 건강상태를 실시간으로 진단하여 휴대전화로 무선전송을 해 주는 등의 **스마트 콘택트렌즈** 연구도 활발히 진행되고 있다. 예를 들어, 가해지는 응력에 따른 저항 변화로 미세한 부피 변화를 감지하는 응력 센서(strain sensor)를 콘택트렌즈에 집적화함으로써, 실시간으로 안압을 진단하는 스마트 콘택트렌즈(smart contact lenses)가 개발된 바 있다(그림 7.32). 이러한 렌즈에 사용되는 소재는 센서나 무선 송신을 담당하는 전자 회로(near field communication (NFC) chip) 등이 연결될 수 있어야 한다. 실리콘 하이드로젤 렌즈(탄성 계수 $\approx$ 0.09 MPa)에 탄성 계수가 매우 높은 UV 경화형 고분자층(UV curable polymer layer, 탄성 계수 $\approx$ 360 MPa)를 일부 혼합하여, 센서에 안구의 부피 변화에 따른 응력을 최대한 집중시킴으로써 미세한 압력까지 감지할 수 있도록 설계하고 있다.

이외에도, 포도당과 반응하여 광학적 특성이 달라지는 발색 소재를 소프트 콘택

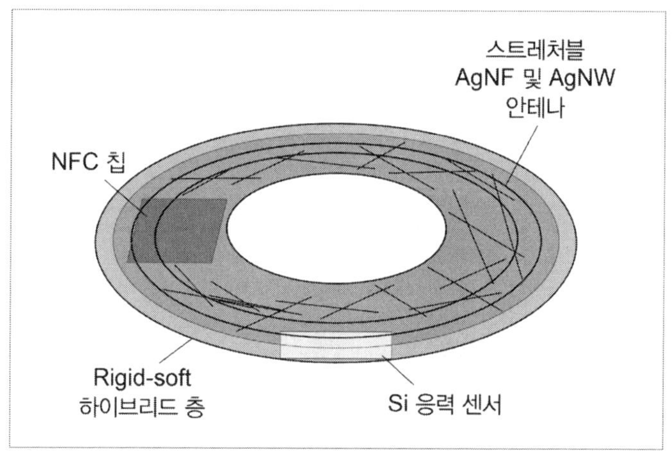

그림 7.32 스마트 콘택트렌즈의 구조.

트렌즈에 내장하여, 눈물 속 포도당 농도 변화에 따른 색변화로 혈당 수치를 측정하는 스마트 콘택트렌즈도 개발된 바 있다. 콘택트렌즈로 혈당 수치를 진단하는 것은 혈액을 채취하는 방법에 비해 부담이 작고 간편하며, 실시간 진단이 가능한 장점이 있다.

이처럼 다양한 기능의 스마트 콘택트렌즈들이 개발되고 있지만, 상용화를 위해서는 초고감도 및 질환 인자에 대한 선택성이 명확한 소재의 개발, 또한 생체적합성이 우수한 소재의 접목이 필수적이다. 아직은 질환 인자의 검출을 위한 시간이 오래 소요되거나, 시료의 부피가 많이 요구되는 등 극복해야 할 한계점들이 산적해 있다. 그럼에도 병원을 방문하지 않고도 환자의 거부감 없이 건강상태의 실시간 진단이 가능하다는 점에서 계속 주목받고 있다.

7.4.3 치아수복용 복합수지

치아는 그림 7.33에 나타내었듯이 바깥층으로부터 법랑질(enamel), 상아질(dentin), 백악질(cementum), 치수(pulp)로 구분되어진다. 법랑질은 무기질(인산석회, $Ca_{10}(PO_4)_6(OH)_2$) 95~98 질량%, 유기질 3~5 질량%로 구성되어 있다. 법랑질은 세포가 없고 모스 경도(Mohs hardness)가 6~7 정도로 생물체 구성 성분 중 가장 단단하며, 손상을 입으면 재생이 불가능하다. 상아질은 딱딱하고 견고한 조직처럼 느껴지지만, 확대해보면 미세한 구멍이 많은 조직이다. 75 질량%의 무기질, 20 질량%의 유기질, 5 질량%의 물과 기타 물질로 이루어져 있으며, 모스 경도 4~5 정도인 약간 유연한 조직이다. 치수는 치아의 가장 안쪽 부분을 구성하는 조직으로, 치아의 성장과 발육 시기에 치아에 영양을 공급한다.

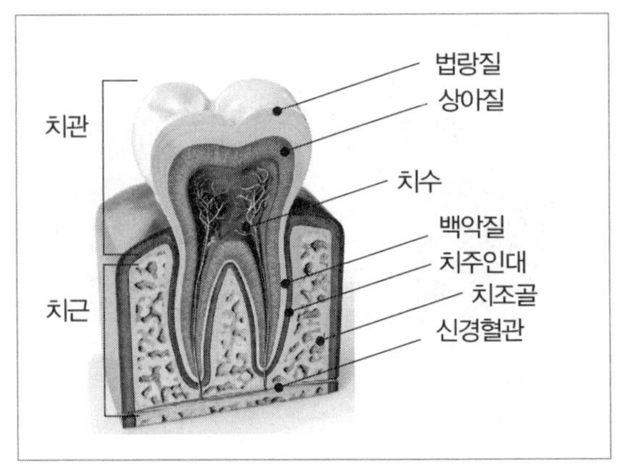

그림 7.33 치아의 구조.

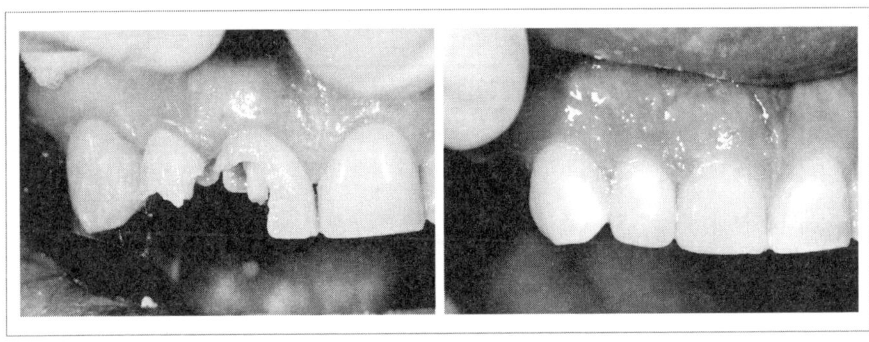

그림 7.34 손상된 치아(왼쪽)과 고분자 복합수지로 수복한 치아(오른쪽).
(출처: Lighthunter/ Shtterstock)

충치 등에 의해 치아의 법랑질이 손상되면, 재생이 불가능하기 때문에 인공재료로 수복해야 한다. 과거에 널리 사용되어오던 아말감(amalgam)은 수은의 합금으로서, 시술이 쉽고 내마모성(durability of abrasion) 등의 기계적 물성은 우수하지만, 자연치아와의 색상의 차이가 뚜렷하여 심미성이 떨어지고 치아조직과의 접합성이 좋지 않을 뿐 아니라 수은의 점진적인 유출로 인하여 장기적인 관점에서 의료인이나 환자의 인체에 유해하다는 단점이 있었다. 따라서 이러한 단점을 극복할 수 있는 고분자 복합수지가 개발되어 현재 주로 사용되고 있다. 치아수복용 고분자 복합수지는 심미성과 기계적 특성이 우수하고 인체 유해성이 낮은 장점이 있다. 그림 7.34에 손상된 치아를 고분자 복합수지로 수복한 사례를 나타내었다. 치아수복용 고분자 복합수지는 6.4절에서 설명한 고분자-세라믹 복합재료에 해당한다.

7.4.3.1 복합수지의 구성

치아수복용 고분자 복합수지의 주요 구성 물질로는 **이작용성 단량체**(difunctional monomer), 반응성 희석제(reactive diluent), **광개시제**(photoinitiator), 촉진제(activator), **무기 충전재**(inorganic filler), 색소(pigment)를 들 수 있다(표 7.8). 이작용성 단량체로서는 그림 7.35에 나타낸 bis-GMA와 UDMA가 단독으로 또는 혼합되어 사용되는데, 중합이 가능한 메타크릴레이트기를 2개씩 가지고 있다. 이들 단량체를 한 개의 메타크릴레이트기를 가지며 분자량이 작은 메틸메타크릴레이트(methyl methacrylate, MMA)와 비교하면, bis-GMA와 UDMA는 분자량이 커서 **중합수축**(polymerization shrinkage)이 작고, 중합이 가능한 작용기가 2개이므로 강도가 더 높은 그물구조 중합체를 생성하며, 휘발성이 없으며 구강 내에서

표 7.8 치아수복용 고분자 복합수지 구성성분의 역할

구성 성분	대표적 성분	기능
이작용성 단량체	bis-GMA, UDMA	중합에 의해 가교 구조 생성
반응성 희석제	TEGDMA	단량체의 점도 낮춤
광개시제	CQ	광중합 개시
촉진제	DMAEMA	광중합 촉진
무기 충전재	석영, 붕규산염 유리 등	수복재료의 기계적 특성
색소	산화철 등	치아와 유사한 색상 발현

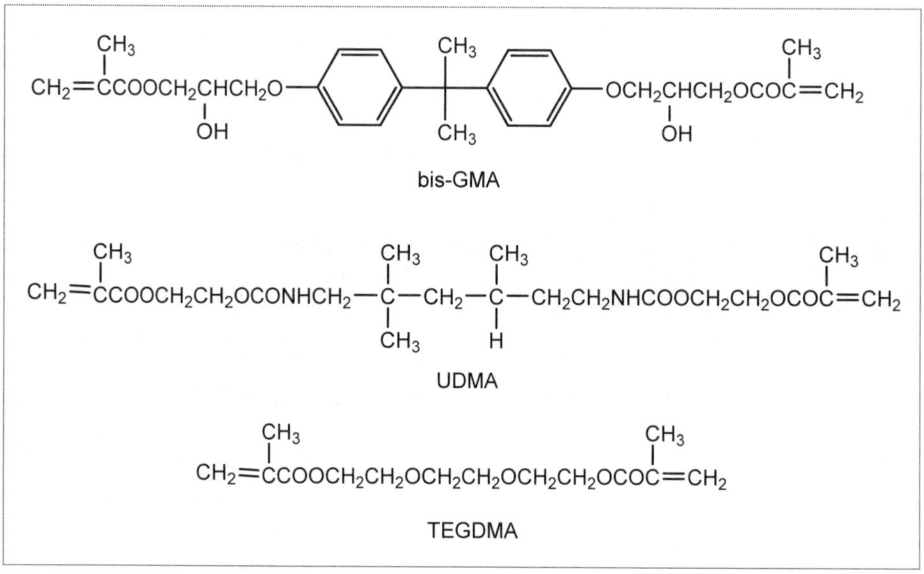

$CH_2{=}C(CH_3)COOCH_2CH(OH)CH_2O{-}C_6H_4{-}C(CH_3)_2{-}C_6H_4{-}OCH_2CH(OH)CH_2OCOC(CH_3){=}CH_2$

bis-GMA

$CH_2{=}C(CH_3)COOCH_2CH_2OCONHCH_2{-}C(CH_3)_2{-}CH_2{-}CH(CH_3){-}CH_2CH_2NHCOOCH_2CH_2OCOC(CH_3){=}CH_2$

UDMA

$CH_2{=}C(CH_3)COOCH_2CH_2OCH_2CH_2OCH_2CH_2OCOC(CH_3){=}CH_2$

TEGDMA

그림 7.35 치아수복용 복합수지에 사용되는 단량체와 반응성 희석제.

빨리 굳는다. 그러나 bis-GMA와 UDMA는 점도가 높아서 충분한 양의 무기 충전재를 혼합하기가 어렵다. 따라서 점도가 매우 낮은 TEGDMA를 반응성 희석제로서 bis-GMA 또는 UDMA 단량체에 혼합하여 점도를 낮춘다. TEGDMA도 메타크릴레이트기를 2개 가지기 때문에 중합에 참여할 수 있다.

복합수지가 1) 우수한 기계적 성질(특히 치아의 저작압(occlusal pressure)에 견딜 수 있는), 2) 우수한 마모 저항성, 3) 낮은 열팽창 계수, 4) 낮은 중합수축을 나타낼 수 있도록 무기(세라믹) 충전재 분말을 혼합한다. 무기 충전재는 복합수지 전체 중량의 70% 이상 혼합되며, 주로 석영, 붕규산염 유리, 리튬 알루미노규산염 유리(lithium aluminosilicate glass), 바륨 유리(barium glass), 바륨 알루미노규

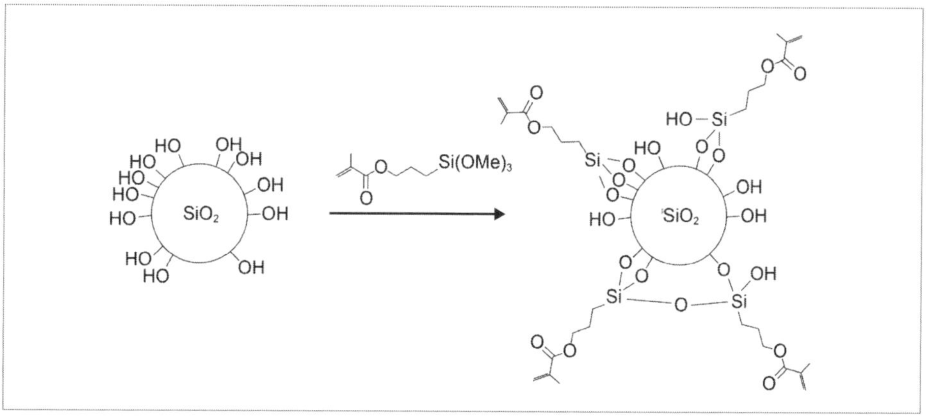

그림 7.36 표면개질된 무기 입자.

산염 유리(barium aluminosilicate glass), 알루미나, 알루미노규산염 유리 등을 사용한다. 무기 충전재 입자의 크기는 일반적으로 1~100 μm 범위이다.

고분자와 무기 충전재의 결합력이 부족하면 시술 시 또는 사용 시에 복합수지 표면에서 충전재 입자가 탈리될 수 있고, 고분자-무기 분말 간의 계면으로 물이 침투하여 복합수지 강도의 저하 및 변색을 일으킬 수 있다. 따라서 무기 충전재 입자를 실레인 커플링제(silane coupling agent)로 표면 개질(surface modification)하여 고분자와 무기 충전재 입자가 화학적으로 단단하게 결합하도록 한다. 그림 7.36에 표면 개질된 무기 충전재 입자를 나타내었다. 표면 개질제로는 대표적으로 3-트라이메톡시실릴프로필 메타크릴레이트(3-(trimethoxysilyl)propyl methacrylate, 3-TMSPMA)를 사용한다. 실리카 입자의 표면에 존재하는 실란올(silanol)기와 3-TMSPMA 메톡시실란기의 축합 반응에 의해 Si-O-Si 구조가 생성되면서 메타크릴레이트기가 실리카 입자 표면에 공유 결합으로 붙게 된다. 이 메타크릴레이드기는 bis-GMA 또는 UDMA의 중합시에 함께 중합되어 매트릭스 고분자에 단단하게 결합한다.

광개시제로서는 인체에 무해하고 가시광선(420~480 nm 파장) 조사에 의해 분해되어 라디칼 화학종을 생성할 수 있는 캠퍼퀴논(camphorquinone, CQ)이 주로 사용된다. 캠퍼퀴논만으로는 감도가 낮고 중합 반응이 느리게 진행되기 때문에 촉진제로서 *N,N*-다이아미노에틸 메타크릴레이트(*N,N*-dimethylaminoethyl methacrylate, DMAEMA) 같은 3차 아민이 소량 첨가되어 사용된다. 기타, 복합수지의 색상을 자연치아와 유사하게 만들기 위한 색소가 포함된다.

7.4.3.2 복합수지의 경화 반응

복합수지 조성물(composite resin formulation)은 말랑거리는 반죽 상태이다. 치아의 손상 부위에 복합수지 조성물을 충진한 후 광조사기로 빛을 조사하면 먼저 캠퍼퀴논에 라디칼 구조가 생성된다(그림 7.37). 이 라디칼 화학종이 촉진제에서 수소 원자를 뽑아오면서 촉진제에 라디칼 구조가 생성되고, 이 촉진제의 라디칼 화학종이 단량체의 메타크릴레이트기를 공격하면서 라디칼 중합이 시작된다.

복합수지 조성물에 사용되는 단량체와 희석제는 메타크릴레이트기가 2개씩인 이작용성이기 때문에 그림 7.38에 나타낸 것처럼 가교 중합이 일어나 그물구조 모양의 중합체가 생성된다. 중합에 의해 가교 구조가 형성되면서 점도가 빠르게 증가하여 대략 1분 내에 딱딱하게 굳는다. 조성물이 굳으면서 분자의 움직임이 급격하게 제한되기 때문에 어느 정도의 메타크릴레이트기가 미반응으로 잔류하기 쉽다. 이것을 PMG(pendant methacrylate group)라고 하는데, PMG는 생체 유해성을 나타낼 수 있으므로 메타크릴레이트기의 반응을 최대한 일으켜 PMG의 수를 최소화할 필요가 있다. 무기 충전제의 표면에 존재하는 메타크릴레이트기도 중합에 함께 참

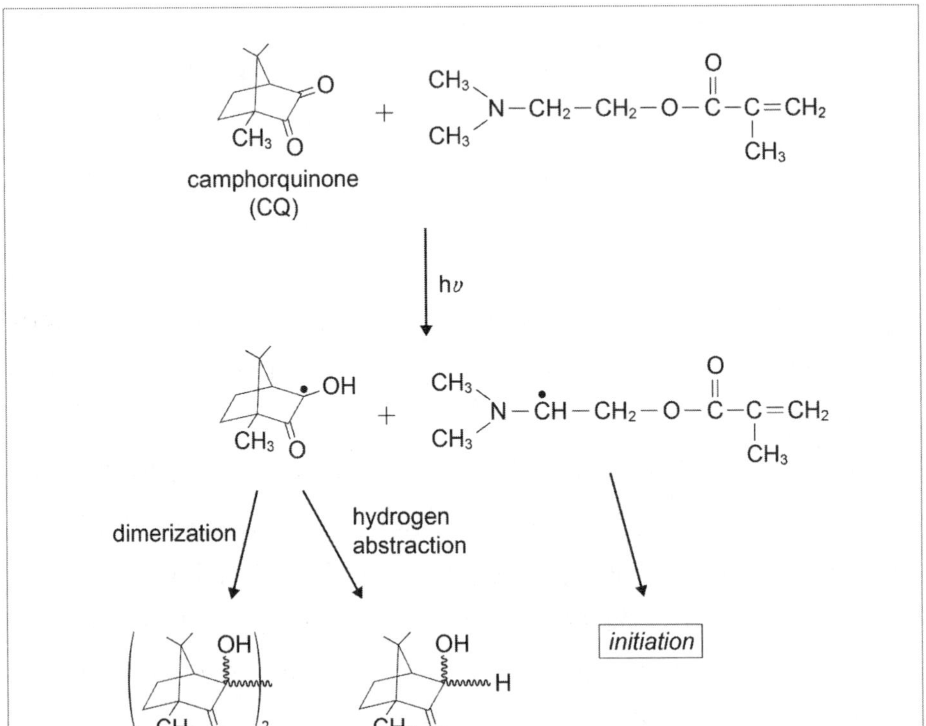

그림 7.37 캠퍼퀴논과 촉진제를 사용한 광중합 개시 반응.

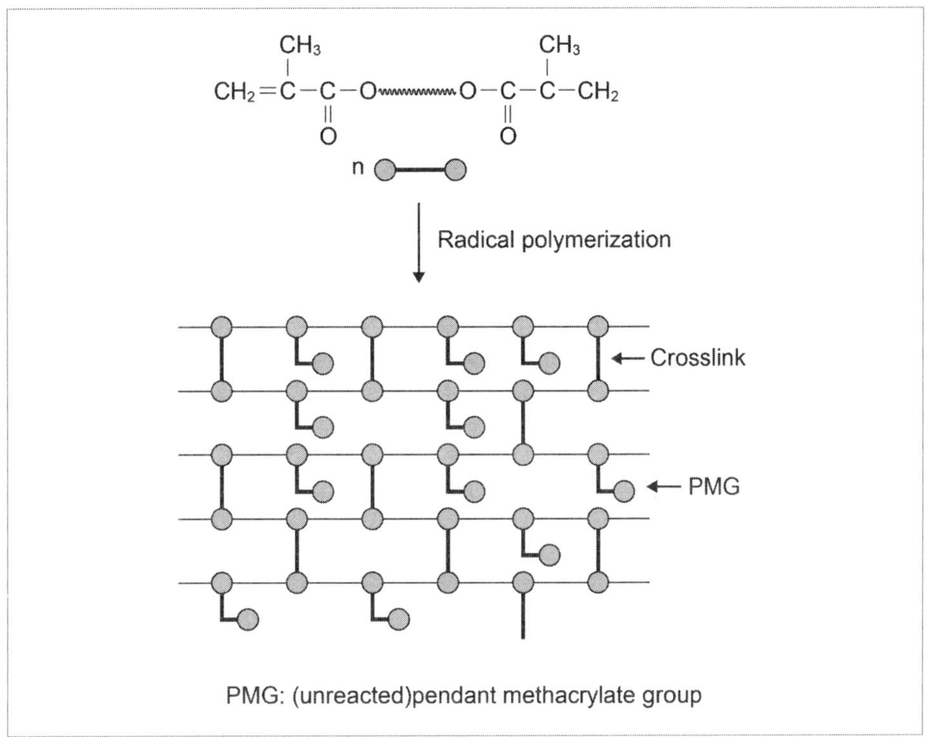

그림 7.38 이작용성 메타크릴레이트 화합물의 가교반응에 의한 그물구조 중합체 생성.

여하여 충전제 입자가 가교 중합체에 공유 결합으로 단단하게 고정된다.

7.4.3.3 치아수복용 복합수지 개발 동향

최근에는 단순히 기존의 치아를 대신하는 기본적인 역할 이외에도 자연치아와 조화를 이루는 심미적 요소를 고려할 뿐만 아니라, 시술 후에도 이차적인 충치 예방을 할 수 있도록 서서히 플루오린(불소) 이온을 방출하는 등 복합적 기능을 수행하는 재료들이 개발되고 있다.

복합수지 조성물의 중합 과정에서 메타크릴레이트기가 서로 접근하게 되므로 중합수축이 일어나게 된다. 그림 7.39에 나타낸 것처럼 빛이 가장 강하게 조사되는 윗부분부터 중합이 일어나므로 중합이 나중에 진행되는 옆부분과 아랫부분의 복합수지 부분이 들려 올라가게 된다. 이에 따라 복합수지와 치아와의 접착력이 약화될 수 있고, 발생한 틈에 이차적인 충치가 발생할 수 있다. 따라서 중합수축을 최소화하는 것이 중요한 과제 중의 하나이다. 중합수축을 감소시키는 일반적인 방법으로서는 1) 무기 충전제의 함량을 높이거나, 2) 분자량이 더 큰 단량체를 사용하거나,

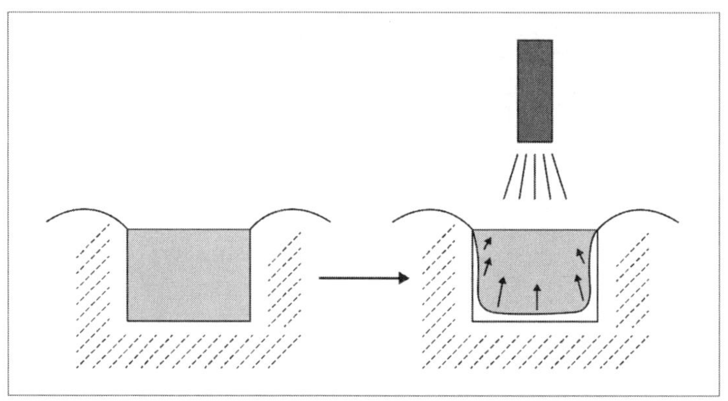

그림 7.39 치아수복용 복합수지 조성물의 중합 시 발생하는 중합수축.

3) 개환 반응(ring-opening reaction)에 의해 부피가 팽창하거나 또는 부피 수축이 최소화된 단량체를 개발하는 것 등이 있다.

7.5 에너지와 고분자

7.5.1 리튬 이온 이차 전지

이차 전지는 전기 에너지를 화학 에너지로 변환하여 저장한 후 필요할 때 전기 에너지로 바꾸어 사용하는 개념이다. 한 번만 사용할 수 있는 일차 전지와 달리, 이차 전지는 충전을 통해 여러 번 재사용이 가능하므로 환경적 · 경제적으로 유리하다. 이러한 이차 전지는 가전제품, 컴퓨터, 휴대전화 등 다양한 전자기기의 동력원으로 활용될 뿐만 아니라, 전기자동차 및 대용량 전력저장장치(energy storage system, ESS) 등으로 그 응용 범위가 확대되고 있다.

리튬 이온 이차 전지는 애노드와 캐쏘드 사이에서 리튬 이온이 이동하며 일어나는 산화 · 환원 반응을 이용하여 전기 에너지를 저장하고 발생하는 전지로, 1991년에 상용화되었다. 리튬은 모든 금속 중 전극 전위가 가장 낮아 높은 전지 전압을 구현할 수 있으며, 또한 가벼운 금속이므로 단위 질량당 저장 에너지(에너지 밀도)가 커 고성능 전지 재료로서 매우 유리하다. 이러한 장점 때문에 리튬 이온 전지는 현재 이차 전지 시장에서 우위를 점하고 있다. 특히 최근 시장이 급성장하고 있는 전기

자동차의 경우 1회 충전으로 주행이 가능한 거리를 최대화하기 위하여 전지의 에너지 밀도 향상이 연구개발의 중요한 이슈로 대두되고 있다. 아울러 가격이 저렴하고 내구성과 안전성, 그리고 빠른 충전 속도를 갖춘 전지를 개발하기 위한 경쟁이 치열하게 전개되고 있다. 이를 위하여 전지의 주요 구성 요소인 애노드, 캐쏘드, 분리막, 전해질을 개선하기 위한 연구가 다양하게 진행되고 있다.

7.5.1.1 리튬 이온 이차 전지의 구조 및 원리

리튬 이온 이차 전지는 크게 애노드, 캐쏘드, 전해질, 분리막으로 구성되어 있다. 본래 전해질은 용매에 용해되어 이온 종을 생성할 수 있는 물질을 지칭하지만, 리튬 이차 전지에서는 리튬 이온이 이동하는 매체를 **전해질**이라고 부른다. 그림 7.40에 리튬 전지의 구성과 충방전의 원리를 나타내었다. 탄소재가 애노드로 사용되고, 캐쏘드로는 Li_xCoO_2와 같은 리튬계 산화물 소재가 사용되며, 이 전극 물질들은 층상 구조를 가진다. 방전 시에는 애노드에 있던 Li^+ 이온이 전해질과 분리막을 통해 이동하여 캐쏘드의 층 사이로 들어가면서 캐쏘드에서 층간 삽입(intercalation) 반응이 일어나게 된다(식 7.1). 충전 시에는 식 7.1 반응의 역반응으로, 산화물 캐쏘드 층간에 들어있던 리튬 이온이 빠져나가 전해질과 분리막을 통하여 애노드로 이동한다.

$$CoO_2 + xLi^+ + xe^- \rightarrow Li_xCoO_2 \tag{7.1}$$

애노드에는 결정성 흑연이 주로 사용되는데, 캐쏘드와 마찬가지로 층상구조를 가져 리튬 이온이 층간에 삽입될 수 있고, 또 탈리될 수도 있다. 애노드에서는 방

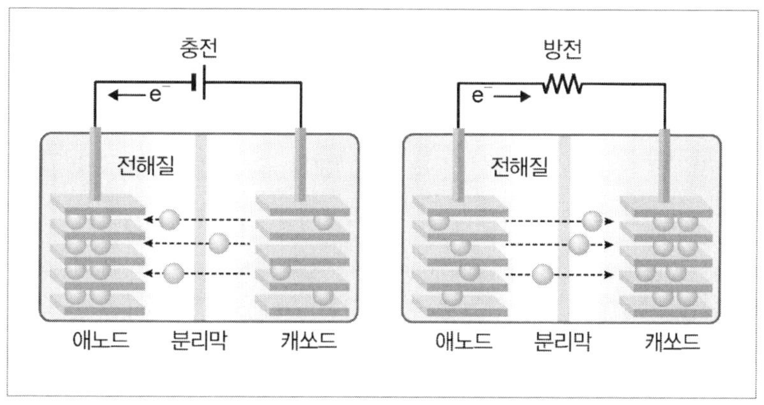

그림 7.40 리튬 이차 전지의 구성과 충방전의 원리.

전 시에 식 7.2의 산화 반응이 일어나고, 생성된 전자는 외부 회로를 따라 캐쏘드 쪽으로 흐른다. 충전 시에는 이 반응의 역반응이 일어난다.

$$CLi_x \rightarrow C + xLi^+ + xe^- \tag{7.2}$$

전해질은 리튬 이온의 이동이 일어나는 매체로서, 일반적으로 리튬염을 유기 용매에 용해시킨 혼합물을 사용한다. 두 전극에서의 반응에 의하여 전해질 중에 존재하는 리튬 이온의 농도는 일정하게 유지된다. 리튬 이차 전지의 구성 요소들 중 특히 분리막은 고분자 소재로 제작되고 있고, 최근에는 전해질에도 고분자 소재를 적용하려는 연구가 활발하게 진행되고 있다.

7.5.1.2 리튬 이온 이차 전지용 분리막

분리막은 캐쏘드와 애노드 사이에 위치하여 두 전극의 직접적인 접촉을 막아 내부 단락을 방지함으로써 이차 전지의 안정성의 측면에서 중요한 역할을 담당한다. 동시에 전지의 충방전 시 리튬 이온이 원활하게 통과할 수 있는 통로를 제공함으로써 전지의 출력 특성에도 영향을 준다.

일반적으로 분리막은 **폴리올레핀**(polyolefin)계 재료로 제조된다. PE 또는 PP의 단층막으로 제조되거나 PE/PP 또는 PP/PE/PP 등의 다층막 구조로 되어 있다. 분리막은 용매 추출과 이축 연신을 기반으로 하는 습식 공정(wet process) 또는 일축 연신을 기반으로 하는 건식 공정(dry process)을 통해 수 nm에서 수 μm에 이르는 미세 기공을 가지는 다공성 필름의 형태로 만들어져 리튬 이온이 통과할 수 있도록 한다(그림 7.41).

충전 및 방전 과정에서 온도가 증가하고 전류가 과다하게 흐를 경우(즉, 열 폭주가 일어날 경우), 폴리올레핀계 분리막은 특정 온도에 도달하면 미세 기공이 닫히는 셧다운(shutdown) 작용을 통해 리튬 이온의 이동을 막아 전류를 감소 또는 차단함으로써 폭발을 방지한다. PE 막의 셧다운 온도는 130~135℃, PP는 160~165℃이다. PE/PP 및 PP/PE/PP 다층막의 경우는 130℃ 부근에서 PE층의 기공이 먼저 닫히고 PP가 기계적 지지체 역할을 유지한다. 사용되는 PE 및 PP는 부분 결정성(partially crystalline)으로서, 결정성 부분이 용융됨으로써 셧다운이 일어난다.

리튬 이온 이차 전지의 분리막으로 사용되기 위해서는 다양한 다양한 특성들을 만족해야 한다. 첫째, 분리막은 애노드와 캐쏘드의 접촉을 방지해야 하므로 **전기 절연체**여야 한다. 둘째, 장시간의 전지 작동 과정에서 화학적으로 안정해야 한다. 셋

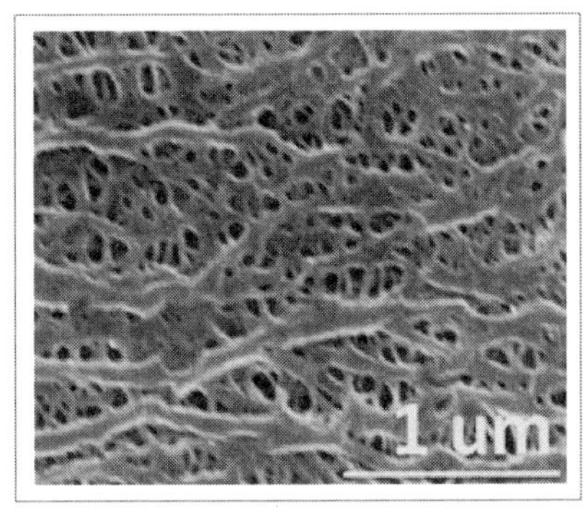

그림 7.41 리튬 이온 이차 전지의 폴리올레핀 분리막의 전자현미경 사진.
(출처: Shi, J., Xia, Y., Yuan, Z. et al. Porous membrane with high curvature, three-dimensional heat-resistance skeleton: a new and practical separator candidate for high safety lithium ion battery. Sci Rep 5, 8255 (2015). https://doi.org/10.1038/srep08255. Open access).

째, 분리막은 두께는 얇을수록 리튬 이온의 통과가 원활해져 에너지 밀도와 출력 밀도가 높아지지만 반대로 기계적 강도가 떨어지게 된다. 기계적 강도가 낮으면 특히 전지 작동 과정에서 형성되는 리튬 덴드라이트(dendrite)에 의한 손상을 쉽게 입을 수 있다. 따라서 분리막은 두께가 얇아 우수한 전지 성능을 나타내면서도 충분한 기계적 안정성을 가질 필요가 있다(상업화된 분리막은 평균 두께가 9~12 μm이다). 넷째, 다공도(porosity)가 높을수록 이온 전도도가 높아지지만 반대로 기계적 강도가 감소하므로 적절한 다공도를 가져야 한다(이상적인 다공도는 30~60%로 알려져 있다). 기공 크기는 캐쏘드의 활물질이나 첨가제의 침투를 막들 수 있을 만큼 충분히 작아야 하며, 1 μm를 넘지 않은 것이 좋다. 다섯째, 젖음성(wettability)은 분리막이 액체 전해질을 얼마나 잘 흡수하여 젖어있는지를 보여주는 지표인데 젖음성이 높을수록 리튬 이온의 수송 능력이 높아진다. 여섯째, 분리막은 전지에 비정상적으로 열 폭주가 일어날 경우 미세 기공구조가 닫혀 리튬 이온의 이동을 억제할 수 있어야 한다. 전체적인 열 수축(thermal shrinkage)은 5% 미만이어야 한다.

현재 상용화된 폴리올리핀계 분리막은, 전자기기의 빠른 발전에 따라 리튬 이온 이차 전지에 요구되는 더욱 높은 에너지 밀도, 열적 안정성 등의 조건을 충족시키지 못하는 단점이 있다. 또한, 일반적으로 사용되는 전해액은 에틸렌 카보네이트(ethylene carbonate) 또는 다이에틸 카보네이트(diethyl carbonate) 등 친수성의 카보네이트 계열 유기용매를 사용하는데, 폴리올레핀 분리막은 소수성을 가지기 때문에 전해액이 분리막에 빠르게 젖어 들지 못하여 이온 전도도에 좋지 않은 영향

표 7.9 리튬 이차 전지용 폴리올레핀 분리막의 개선 방향

개선 방향	방법	원리
열 안정성 강화	PP/PE/PP 3층 구조	PE 셧다운 시 PP가 분리막 형상 유지
	분리막 표면에 내열성 세라믹 또는 고분자 입자 코팅	내열성 입자(Al_2O_3, 내열성 고분자)로 인해 분리막의 열수축 억제
전해질 친화성 향상	분리막 표면에 친수성 세라믹 또는 고분자 입자 코팅	코팅에 의해 분리막 표면의 친수성 증가, 전해질 젖음성 향상
기계적 특성 향상	분리막 표면에 세라믹 또는 고분자 코팅	코팅에 의해 분리막의 기계적 특성 향상

을 미치는 문제점도 존재한다. 이러한 단점을 개선하기 위해 보다 진보된 분리막 재료의 개발이 필요하다. 표 7.9에 현재 상업화된 폴리올레핀 분리막의 단점과 개선 방향을 정리하였다.

7.5.1.3 리튬 이온 이차 전지용 고체 고분자 전해질

리튬 이차 전지에서 충전-방전 반응이 일어날 때 외부 전기회로에서는 전자가 이동하고, 전지 내부에서는 전해질을 통해 리튬 이온이 이동한다. 이 전해질은 용매를 함유하고 있으며 용매의 상태에 따라 전해질을 표 7.10과 같이 분류할 수 있다. 액체 용매를 사용하는 **액체 전해질**은 리튬 염을 유기 용매에 용해시킨 것으로, 현재 생산되고 있는 대부분의 리튬 이차 전지에 적용되고 있다. 이온 전도도가 높지만 화재나 폭발 위험성을 가지는 것이 단점이다. 무기물이나 고체 고분자를 사용하는 **고체 전해질**은 액체 상태의 전해질에 비해 안전성이 높지만 일반적으로 이온 전도도가 낮다. 그러나 최근 액체 전해질과 유사한 높은 이온 전도도를 나타내는 고체 전해질이 다수 보고되면서 상용화를 위한 연구개발이 활발히 진행되고 있다. 액체 전해질과 고체 **고분자 전해질**을 사용하는 전지를 그림 7.42에 각각 보였다. 젤

표 7.10 용매 종류에 따른 리튬 이차 전지 전해질의 분류 및 특성

용매의 상태	액체	고체	젤 고분자
용매의 조성	유기 액체	무기물 또는 고분자	고분자 + 유기 액체
이온 전도도	high	low	good
안전성	poor	high	good
기술 완성도	high	low	good

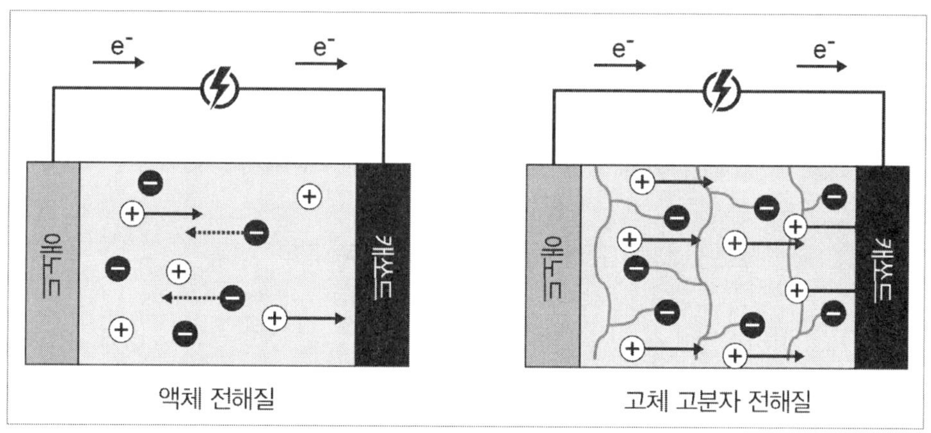

그림 7.42 액체 전해질 전지와 고체 고분자 전해질 전지.

고분자 전해질은 액체 전해질과 고체 전해질의 중간적 특성을 보이며, 현재 시판되고 있는 리튬 폴리머 전지에 일부 적용되고 있다.

기존 리튬 이온 이차 전지에서 사용되고 있는 액체 전해질을 고체 전해질로 대체하려는 연구가 진행되고 있다. 액체 전해질은 발화 시 연료 역할을 할 수 있어 화재나 폭발의 위험성이 있기 때문이다. 반면 고체 전해질은 전지의 안전한 사용을 가능하게 한다. 또한 고체 전해질은 액체 전해질에 적용하기 어려운 애노드와 캐소드 소재를 사용하여 전지의 에너지 용량을 높일 수 있다. 그리고 액체 전해질 전지에 비하여 패키징의 공정 비용을 감소시킬 수도 있다. 액체 전해질의 경우 액체의 누출을 방지하기 위해 각 단위 셀의 밀봉이 필요하기 때문이다. 고체 전해질을 사용하는 경우에는 캐소드, 전해질, 애노드의 단순 적층으로 공정이 이루어져 누출의 가능성이 작다. 산화물계, 황화물계, 할라이드계, 고분자계 고체 전해질이 연구되고 있다.

리튬 고분자 전지는, 전해질로 고분자 필름을 사용함으로써 전지의 구성요소 전체가 고체로 제작된다. 따라서 전극과 전해질을 얇게 할 수 있어서 전지의 부피가 작아지고, 액체의 유출이 없으며, 다양하고 유연한 형태의 전지 제작이 가능하다. 특히 화재나 폭발의 위험성이 없다. 전해질은 고분자와 리튬 염의 혼합물로 되어 있다. 전해질이 고체 전해질로 바뀔 경우, 고체 전해질이 분리막과 전해질 역할을 동시에 수행(즉, 독립적인 분리막이 필요 없이 고체 전해질만 사용)할 수도 있고, 계면 접촉성, 덴드라이트 억제, 기계적 안정성 등을 보완해 주는 보조층이 분리막 대신 고체 전해질과 함께 사용될 수 있다.

고분자를 고체 전해질로 사용하려면 다음 조건이 충족되어야 한다. 첫째, 리튬

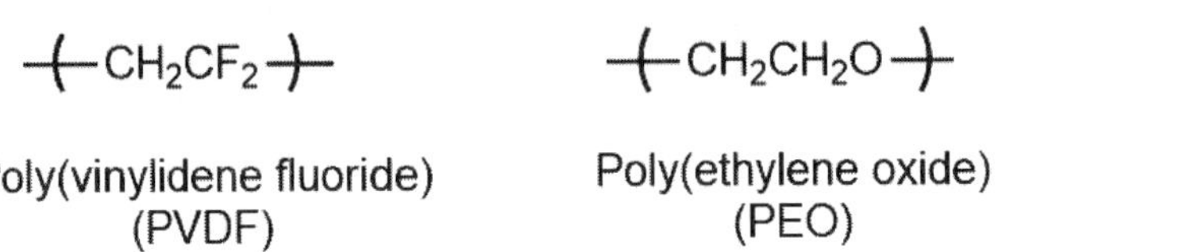

그림 7.43 PVDF와 PEO의 화학 구조.

염을 용해시켜 이온화될 수 있는 화학 구조여야 한다. 둘째, 고분자 사슬 내에 리튬 이온과 배위(coordination) 가능한 작용기(예: 에터, 카보닐 등)가 존재해야 한다. 셋째, 고분자 사슬이 어느 정도 유연성을 가져야 한다. 즉, 사슬의 부분적 운동(segmental motion)이 가능해야 한다. 넷째, 고분자의 결정화도(crystallinity)가 낮아야 한다(고분자의 결정성이 높으면 이온이 통과할 경로가 막힘). 이러한 조건을 갖춘 전해질용 고분자로서 폴리(바이닐리딘 플로라이드)(poly(vinylidene fluoride), PVDF), 폴리(에틸렌 옥사이드)(poly(ethylene oxide), PEO) 등이 사용된다(그림 7.43).

고체 고분자 전해질에서의 리튬 이온의 이동은 리튬 이온이 고분자 사슬과 상호작용하면서 일어나는 **배위–탈배위**(coordination–decoupling) 메커니즘으로 설명된다(그림 7.44). 리튬 이온은 고분자 사슬의 배위 가능한 작용기(예: PEO의 에터 산소(–O–) 등)에 배위 결합(coordination bond)을 하여 Li–O 복합체(complex)를 형성한다. 이동을 위해서는 리튬 이온이 한 배위 자리에서 벗어나야(즉, 탈배위(decoupling))하고, 다음 배위가 가능한 곳(즉, 다른 산소 작용기 등)으로 이동한 뒤 다시 배위(재배위, re–coordination)할 수 있어야한다. 이 과정이 고분자 사슬의 부분적 운동과 연계되어야 원활한 이동이 가능하다. 즉, 고분자 사슬의 작은 진동이나 부분적 운동이 리튬 이온이 배위 자리 사이를 이동하도록 도와준다(사슬의 부분 운동이 잘 일어나면 리튬 이온이 더 쉽게 이동할 수 있음). 이러한 이동은 고분자 사슬 내 또는 사슬 간에서 일어날 수 있다. 리튬 이온의 이동은 이러한 배위–탈배위–재배위 메커니즘을 기반으로 한 이온 점프(hopping) 모델 또는 통로(pathway) 방식 모델이 제안되어 있다. 이온 점프 모델은 리튬 이온이 배위 자리 사이를 '점프(hop)'하듯이 이동(불연속적인 점프)한다는 개념이고, 통로 방식 모델은 고분자 사슬 사이의 자유 체적(free volume)의 경로를 따라 리튬 이온이 연속적으로 이동한다는 개념이다. PVDF의 경우는, 리튬 이온과 배위할 수 있는 전자 공여기를 가지지 않으므로 위와 같은 메커니즘은 성립하지 않고, 유전적 염 분리–계면 전도–도메인 경로에 의해 이동이 일어난다.

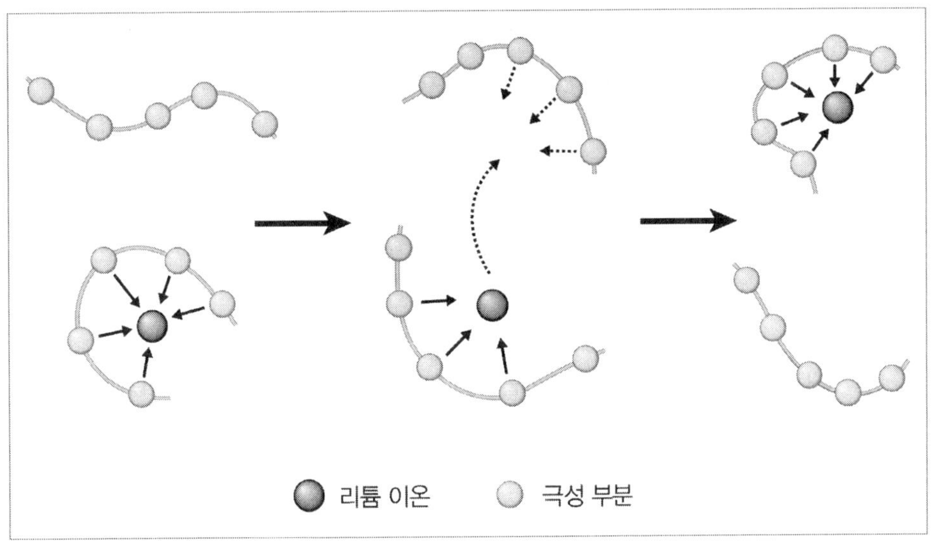

그림 7.44 고체 고분자 전해질을 통한 리튬 이온의 이동 원리(배위–탈배위–재배위, 이온 점프).

7.5.2 연료 전지

인류 문명에 기여해 온 화석 연료(석유, 천연가스, 석탄)는 매장량이 한정되고 연소 시 환경 문제를 일으키므로, 공급이 안정적이며 친환경적인 대체 에너지를 개발하는 것은 시급한 과제이다. 현재 가장 주목받고 있는 대체 에너지원의 하나로 **연료 전지**(fuel cell)를 들 수 있다. 현재 연료 전지 분야에서 진행되고 있는 주요 연구는 자동차의 내연기관을 연료 전지로 대체하는 것이다. 우리가 주로 사용하고 있는 내연기관 자동차는 화석 연료를 사용하고 있기 때문에 배기가스 중에 들어있는 일산화 질소(NO)와 이산화 탄소가 대기를 오염시키고 지구 온난화를 심화시키고 있다. 자동차에 수소 연료 전지를 사용하면 전기 동력을 얻으면서 물만 배출되기 때문에, 자동차 배기가스에 의한 환경 문제를 근본적으로 해결할 수 있다.

연료 전지는 연료의 화학 에너지를 전기화학적인 반응에 의해 전기와 열로 직접 변환시키는 장치이다. 일반적으로 수소와 산소(또는 공기)를 전기화학적으로 반응시키며, 내연기관에 비하여 효율이 매우 높다. 반응 과정에서 나오는 배출 열까지 효과적으로 이용할 경우 최대 효율 80%까지 달성할 수 있다. 전기를 생산하는 과정에서 배출되는 주된 물질이 물이므로 공해 문제를 유발하지 않는다는 중요한 장점도 가진다. 또한, 기존의 발전 기술과는 달리 기계 운동이 없으므로 소음이나 진동이 없다는 것도 특징이 된다.

일반 전지는 전지 내에 들어있는 물질의 화학 반응으로 전기 에너지를 얻지만, 연료 전지는 반응 물질(연료)을 외부에서 공급받는다. 개발된 연료 전지는 모두 환원 전극에 산소(또는 공기)를 사용하고 있으며, 산화 전극에는 주로 수소가 사용된다. 산소는 공기로부터 분리하여 얻을 수 있으며, 수소는 석유, 석탄, 천연가스, 메탄올, LPG 등 다양한 원료로부터 얻을 수 있어서 연료의 확보가 용이하고 안정적이다.

7.5.2.1 고분자 전해질형 연료 전지

고분자는 각종 연료 전지에서 다양한 기능을 담당하고 있다. 연료 전지 중에서 특히 고분자가 핵심적인 역할을 하는 것은 **고분자 전해질형 연료 전지**(polymer electrolyte membrane fuel cell: PEMFC)이다(그림 7.45). 낮은 작동 온도, 높은 출력 밀도, 소형화 용이성 등의 장점 때문에 가장 주목 받고 있다. 특히 출력을 기민하게 변화시킬 수 있어 신속한 시동이 요구되는 전기 자동차의 동력 공급원으로 사용하기에 가장 적합하다.

고분자 전해질형 연료 전지에서 일어나는 반응은, 산화 전극(애노드)에서의 반응(식 7.3), 환원 전극(캐쏘드)에서의 반응(식 7.4), 전체 반응식(식 7.5)으로 나타내어진다. 산화 전극에서 생성된 양성자(proton)은 고분자 전해질막을 통하여 환원 전극으로 이동한다.

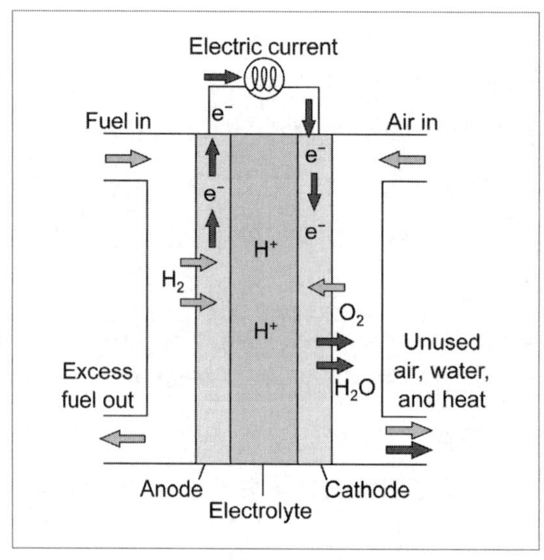

그림 7.45 PEMFC의 구조.

$$H_2 \rightarrow 2H^+ + 2e^- \tag{7.3}$$

$$\frac{1}{2}O_2 + 2H^+ + 2e^- \rightarrow H_2O \tag{7.4}$$

$$H_2 + \frac{1}{2}O_2 \rightarrow H_2O \tag{7.5}$$

7.5.2.2 연료 전지 전해질용 고분자

고분자 전해질막은 전기적으로는 절연체이지만 산화 전극으로부터 환원 전극으로 양성자를 전달하는 매개체로 작용한다. 현재 PEMFC용 전해질막으로 상용화되어 가장 널리 사용되고 있는 고분자는 듀폰사에서 개발한 플루오린계 양이온 교환 수지(상품명 Nafion)로, **폴리테트라플루오로에틸렌**(polytetrafluoroethylene, PTFE)을 주쇄로 하고 측쇄에 설폰기($-SO_3H$)를 갖는 과플루오린화설폰산고분자(per-fluorosulfonic acid polymer)이다(그림 7.46). 이 고분자는 무게의 25% 이상이 수화된 상태에서 설폰기가 해리되어 높은 이온 전도도(~0.1 S/cm, 25℃)를 나타낸다. 또 주쇄인 PTFE에 기인하는 기계적 물성, 내화학성, 내식성, 전기화학적 안정성이 우수하다.

일반적으로 플루오린계 이온 교환 수지는 고가이기 때문에 저렴한 가격의 **비플루오린계 수지**로 대체하려는 연구도 진행되고 있다. 최근 개발된 비플루오린계 이온 교환 수지의 예로서, **폴리에테르에테르케톤**(PEEK)에 설폰기를 도입한 수지와, **폴리설폰**(PSU)에 아미노기를 도입한 수지의 구조를 그림 7.47에 나타내었다. 화학 구조에서 볼 수 있듯이 전해질용으로 개발된 비플루오린계 이온 교환 수지는 일반적으로 벤젠 고리를 포함하는 탄화수소계 고분자를 주쇄로 하고 측쇄에 이온 교환이 가능한 작용기를 가진다. 이밖에, 다공성 수지에 양이온 교환 수지를 함침시킨 강화복합막 전해질과, 양이온 교환 수지에 친수성 무기물을 첨가한 무기물 충진형 복합전해질막 등도 개발되고 있다.

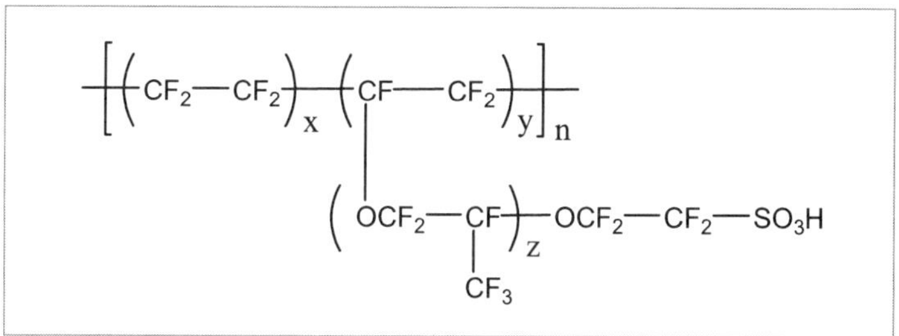

$$-\left[\left(CF_2-CF_2\right)_x\left(CF-CF_2\right)_y\right]_n- \quad \text{side chain on CF: } \left(OCF_2-CF(CF_3)\right)_z-OCF_2-CF_2-SO_3H$$

그림 7.46 연료 전지 전해질용 고분자의 예(플루오린계).

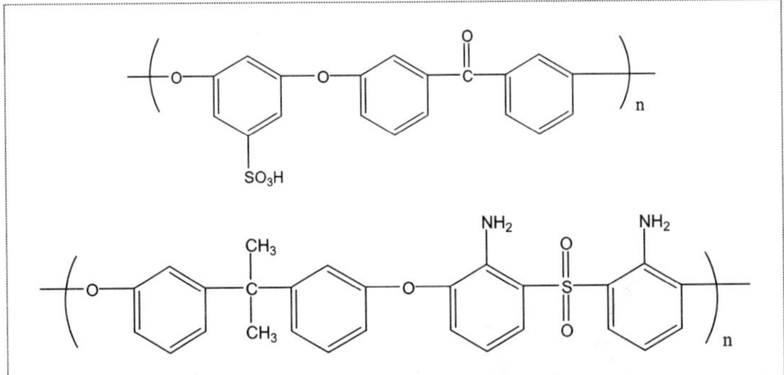

그림 7.47 연료 전지 전해질용 고분자의 예(비플루오린계).

7.6 3D 프린팅용 고분자

7.6.1 3D 프린팅 기술

3D 프린팅 기술(3D printing technology)은 3차원 정보로 이루어진 설계도를 바탕으로 다양한 물질을 사용하여 입체적인 물체를 제작하는 기술이다. 3D 프린팅 기술은 현재 전자소자, 자동차, 항공기, 주택 등 다양한 제조업 분야에 응용되고 있거나 응용개발이 진행되고 있고, 치아 보형물, 인공 장기, 피부 이식 등의 의료 분야에서도 연구가 진행 중이다. 그림 7.48에 3D 프린팅 기술로 제작한 제트엔진과 인공심장을 나타내었다. 그림 7.49에는 3D 프린터를 이용하여 집을 건축하는 모습을 나타내었다.

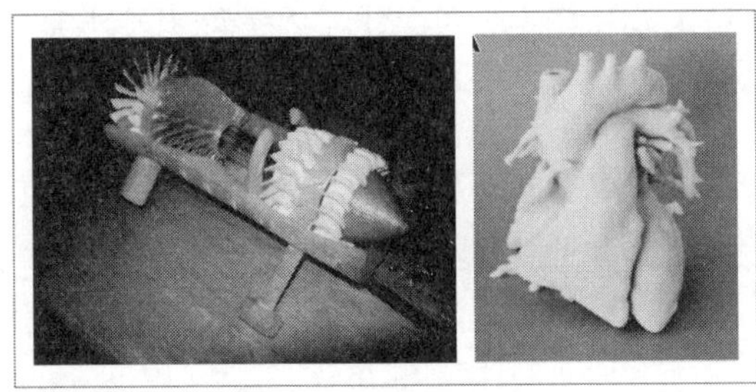

그림 7.48 3D 프린팅 기술로 제작된 제트엔진(왼쪽)과 인공심장(오른쪽).
(왼쪽. 출처: CMitchell/Wikimedia Commons)과 인공심장(오른쪽. 출처: Giovanni Biglino, Despina Koniordou, Marisa Gasparini, Claudio Capelli, Lindsay-Kay Leaver, Sachin Khambadkone, Silvia Schievano, Andrew M. Taylor, Jo Wray /Wikimedia Commons).

그림 7.49 3D 프린터로 집을 건축하는 모습.
(출처: guteksk7/Shutterstock)

2016년 다보스 세계경제포럼에서는 3D 프린팅 기술을 4차 산업혁명의 주요 기술로 선정한 바 있다. 3D 프린팅 기술은 제조 설비, 설계 비용, 제작 시간, 투입 인력을 대폭 줄이며 다양한 형태의 제품 제작이 가능하다는 점에서 제조업의 혁명을 일으킬 것으로 기대되고 있다.

그 이유로서는 첫째, 과거에는 제품을 만들기 위해 많은 경우에 제품의 모양이 새겨진 금형을 먼저 제작해야 했다. 이런 금형을 제작하는 과정은 적지 않은 시간과 비용이 든다. 그러나 3D 프린터를 사용하면 금형을 제작하는 과정을 생략할 수 있다. 둘째, 금형을 사용하는 방식으로는 가능하지 않았던 특수한 형상도 자유롭게 제작할 수 있다. 예를 들어 기존 방법으로는 구현하기 어려운 격자 구조를 3D 프린팅 방식으로 만들 수 있다. 셋째, 기존의 제조업에서는 중앙에서 물품을 생산하여 지역으로 운송하는 시스템인 데 비하여 지역 특성에 따라 분산 생산이 가능해진다. 넷째, 각 생산 단계에서 필요할 때마다 물품을 제작하여 사용할 수 있기 때문에 재고를 크게 줄일 수 있을 것으로 예상하고 있다. 다섯째, 사용자들이 물품을 구매하는 대신에 원하는 물품을 직접 디자인하고 생산하는 것이 가능해진다. 결과적으로 물품의 제조 방식뿐만 아니라 기업의 운용과 유통 체계에까지도 큰 영향을 줄 것으로 예측된다.

7.6.2 3D 프린팅 방식과 고분자 재료

3D 프린팅 기술을 활용한 실물 제작 단계는 모델링(modeling), 프린팅, 피니싱(finishing)의 3단계로 구성된다(그림 7.50). 모델링 단계에서는 CAD(computer aided design), 3D 모델링 프로그램 또는 3D 스캐너 등을 사용하여 제품을 설계한다. 프린팅 단계는 설계도에 따라 물체를 만드는 단계로, 바텀업(bottom-up) 방식으로 소재를 한 층씩(layer by layer) 인쇄하는 적층가공 방식(additive manufacturing) 또는 탑다운(top-down) 형식으로 소재를 깎아나가는 절삭가공 방식(subtractive manufacturing)으로 3차원 구조물을 제작한다. 피니싱 단계는 제작물에 대해서 보완 작업을 하는 단계로서, 색을 칠하거나 표면을 연마하거나 부분 제작물을 조립하는 등의 작업을 진행한다.

적층가공 방식은 재료를 액체, 분말, 섬유 등의 상태로 0.01~0.08 mm의 높이로 적층하여 입체 형상을 제작하는 방식으로서, 층이 얇을수록 보다 정밀한 형상을 얻을 수 있다. 형상 제작과 동시에 채색을 진행할 수 있는 장점이 있다. 절삭가공 방식은 한 개의 덩어리로 된 재료를 조각하듯이 깎아내 입체 형상을 제작하는 방식이다. 적층가공 방식에 비해 완성품이 더 정밀하다는 장점이 있지만, 재료가 많이 소모되고 컵처럼 안쪽이 빈 모양은 제작하기 어려우며 채색 작업을 별도로 해야 하는 단점이 있다. 3D 프린팅 기술에서는 적층가공 방식이 주로 사용되고 있다.

3D 프린팅에 활용되는 소재는 고분자, 금속, 세라믹, 식재료 등 매우 다양하며, 액체, 분말, 섬유 등의 형태로 사용된다. 재료의 형태에 따라 조형성, 견고성 등의 특성이 달라진다. 액체 기반의 방식은 정확한 조형이 가능하다는 장점이 있으나 내구성이 떨어지는 단점이 있다. 분말 기반의 방식은 다양한 원료의 사용이 가능하며 제작물이 견고한 장점이 있다. 플라스틱과 금속이 3D 프린팅용의 주요 재료로 사

그림 7.50 3D 프린팅 기술을 활용한 실물 제작 단계.

(출처: http://3dprintingindustry.com)

표 7.11 3D 프린팅 방식

3D 프린팅 방식의 구분	세부적인 방식	장점
필라멘트 용융-압출 방식	FDM, FFF.	장비 및 재료가 저렴, 유지보수 용이
액상 수지 광경화 방식	SLA, DLP, LCD	정밀도 높음
분말 소결 방식	SLS	고내구성 부품 제작 가능
잉크젯 방식	MJM	다재질 부품 제작 가능

용되고 있다. 플라스틱을 사용하는 프린팅은 저가형의 개인용 프린터에 주로 활용되고 있고, 일반적으로 제조업에 사용되는 많은 플라스틱 소재들이 3D 프린팅에 사용되고 있다.

3D 프린팅 기술에서 고분자를 활용하는 대표적인 제조 방식은 크게, 고분자 고체를 가열(용융)-적층으로 진행되는 방식과, 액상 수지를 광경화-적층으로 진행하는 방식, 분말 소결 방식으로 나누어진다. 표 7.11에 각 방식에 해당하는 세부적인 방식을 정리하였다.

적층가공 방식의 대표적인 기술들은 다음과 같다. 먼저, FDM(fused deposition modeling) 방식은 압출(extrusion)을 이용하는 방식이다. 그림 7.51에 나타내었듯이 열가소성 수지 필라멘트가 가열된 노즐을 통과하면서 용융되어 적층되고 냉각되면서 굳어지는 방식이 많이 사용된다. 필라멘트를 사용하는 이 방법을 FFF(fused filament fabrication)이라고 부르기도 한다. 그 외에 점성 액체 또는 슬러리 상태의 재료를 용융 장치 없는 노즐을 통하여 공급하는 방식도 사용된다. XY 평면상에서 움직이는 재료추출 헤드의 노즐을 통하여 액상의 재료가 나오면서 적층된다. 한 층의 제작이 완료되면 제작판이 Z 방향으로 움직인 후 다음 층을 제작한다. 간단한 기계장치로 구성되어 있으며 가격 및 유지보수 비용이 저렴하다는 장점이 있지만, 성형 속도가 느리고 층별로 쌓이면서 미세한 굴곡이 발생하여 이를 제거하기 위해 연마 등의 후처리가 필요한 단점도 있다. 비교적 단순한 형상을 빠르고 저렴하게 제작하는 데 주로 사용된다. FDM 방식에는 주로 열가소성 플라스틱이 사용된다. 대표적인 예로서 폴리락트산(poly(lactic acid), PLA), 아크릴로나이트릴-뷰타다이엔-스타이렌(ABS), 폴리페닐설폰(polyphenylsulfone, PPSF), PC, 글라이콜 변성 PET(poly(ethylene terephthalate glycol-modified, PETG), PEI, 나일론, PP 등을 들 수 있다. 이 중 ABS가 광택이 좋고 착색이 쉬우며 성형성과 내화학성이 우수하여 가장 많이 사용된다. PLA는 옥수수 전분에서 추출한 원료로 만든 친환경

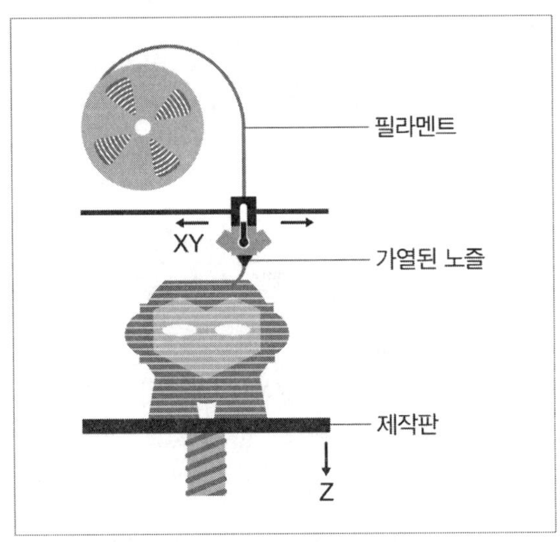

그림 7.51 FDM 방식.

수지로서, ABS보다 내열성과 강도가 떨어지지만 폐기되었을 때 미생물에 의해 생분해되는 장점이 있다.

SLA(stereo lithography apparatus) 방식은 액체 상태의 광경화성 플라스틱 전구체(prepolymer) 수지가 담긴 용기의 한 면에 자외선 레이저를 조사하여 용기 내부의 액체를 한 층씩 경화시키면서 적층하는 방식이다(그림 7.52). Vat photopolymerization(VP) 방식이라고도 한다. 유사한 방식으로서, 한 층 전체의 이미지를 한 번에 노광하는 DLP(digital light processing) 방식이 있다. 사용되는 재료는 고분자 전구체(단량체 포함), 점도를 낮추기 위한 반응성 희석제(reactive diluent), 광중합 개시제 등으로 구성된다. 아크릴레이트계 수지를 라디

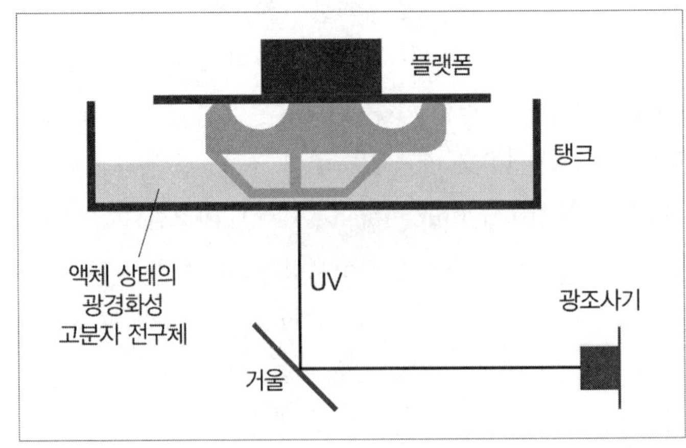

그림 7.52 SLA 방식.

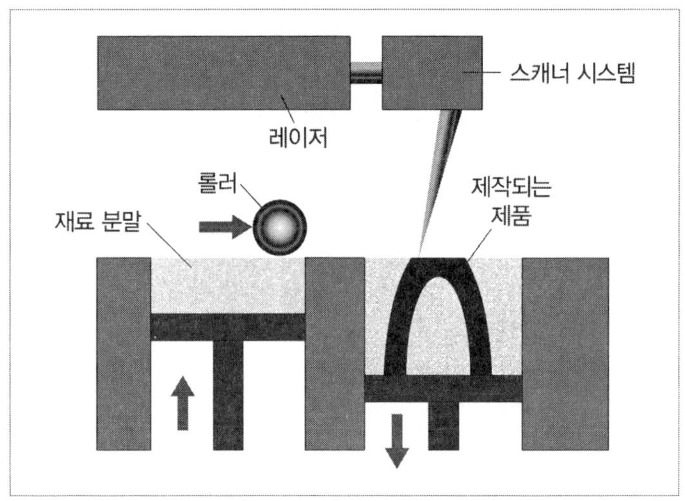

그림 7.53 SLS 방식.

칼 중합시키거나, 에폭시계 수지를 양이온 중합시킨다. 정밀도가 높은 것이 장점이지만 제품의 강도는 약한 편이다. 높은 정밀도 때문에 장신구, 치기공(dental technology), 의료용 용도에 사용된다.

SLS(selective laser sintering) 방식은 분말 형태의 고분자 재료를 고출력 레이저로 국소 소결하여 적층하는 기술이다. 그림 7.53에 나타낸 것처럼 롤러를 이용하여 분말 재료를 얇게 올린 후 레이저로 녹여 굳히는 단계를 반복하여 형상을 제작한다. 레이저를 사용하기 때문에 정밀도가 높고, 복잡한 형상의 제작이 가능하며, 내구성이 높은 부품 제작이 가능하여 주로 산업용으로 사용된다. 재료에 따라 가열 온도 및 레이저 조작 등의 설정이 복잡하고 장비의 가격이 비싼 것이 단점이다. 고분자 재료는 나일론이 가장 많이 사용되지만 PS, PP, PEEK 등도 사용된다. 유리 섬유, 탄소 섬유 등으로 강화시킨 고분자 재료도 사용된다.

MJM(multi jetting modeling) 방식은 하나 또는 여러 개의 잉크젯 프린팅 헤드가 방울 상태의 재료를 선택적으로 분사하고 자외선으로 경화시켜 적층하는 방식이다. 사용되는 재료에는 광경화성 수지, 왁스 등이 있다. 한 층의 높이가 매우 낮은 정밀한 3D 프린팅 기술로서, 피니싱 작업이 거의 필요 없고 주로 산업용으로 사용된다. PP, ABS 등이 주로 사용된다.

참고문헌

박오옥 등, 고마운 고분자 이야기, 자유아카데미

김승주 등, 고체화학, 자유아카데미

권혁상 등, 공업재료 이론과 응용, 교보문고

정찬문, 공업화학, 자유아카데미

공업화학 전망, 한국공업화학회

김영근 등, 신소재 이야기. 자유아카데미

전창림, 알기쉬운 고분자, 자유아카데미

박오옥, 알기쉬운 고분자 이야기, 자유아카데미

일반화학교재연구회, 일반화학, 자유아카데미

화학교재연구회, 일반화학, 사이플러스

박영준 등, 임상치과재료학, 군자출판사

원동연 등, 재료과학, 집문당

정찬문, 재료화학, 자유아카데미

월간중앙

고영무 등, 치과재료학, 군자출판사

화학세계, 대한화학회

物質と材料の基本化学, 共立出版株式会社

Harry R. Allcock, Introduction to Materials Chemistry, Wiley

Malcolm P. Stevens, Polymer Chemistry An Introduction, Oxford

3William D. Callester, Jr. et al., Material Science and Engineering, Wiley

찾아보기

[ㅅ]

[ㅇ]

[ㅎ]

[영문 및 기타]

저자 소개

정찬문
연세대학교 화학공학과 졸업
연세대학교 대학원 화학공학과 석사
Tokyo University 합성화학과 박사
Cornell University 화학과 박사후연구원
한국과학기술연구원 고분자연구부 선임연구원
현) 연세대학교 과학기술융합대학 화학및의화학과 교수
E-mail: cmchung@yonsei.ac.kr

고분자화학

저 자 정찬문
발 행 인 김지영
발 행 처 자유아카데미
주 소 경기도 파주시 회동길 37-42
파주출판도시
전 화 031-955-1321
팩 스 031-955-1322
홈페이지 www.freeaca.com
전자우편 main@freeaca.com (대표)
editor@freeaca.com (편집)
crm@freeaca.com (영업)
등 록 제406-2003-017호, 1980. 7. 12
제1판1쇄 2026년 1월 30일 발행

저자와의
협의하에
인지생략

ISBN 979-11-5808-802-6 93430